EUV リソグラフィ技術

Extreme ultraviolet lithography

～レジスト材料・光源・露光装置技術・各種構成の変遷と現状～

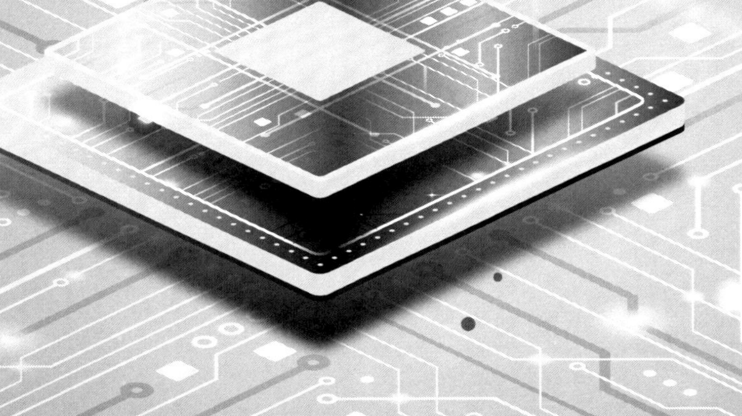

監修：渡邊　健夫（兵庫県立大学）

執筆者紹介

第1章・第4章第5節・第6章

渡邊　健夫　兵庫県立大学 高度産業科学技術研究所
極端紫外線リソグラフィー研究開発センター 教授
（学長特別補佐（先端科学技術・異分野融合研究推進）、
所長特別補佐、センター長)／博士（理学）

第2章

第1節

藤森　亨　富士フイルム株式会社
エレクトロニクスマテリアルズ研究所 シニアエキスパート

第2節

丸山　研　JSR株式会社 四日市研究センター 精密電子研究所 副所長
アドバンスリソグラフィー材料開発室 室長／博士（工学）

第3節

中村　剛　東京応化工業株式会社 開発本部 先端材料開発2部
シニアエキスパート

第4節

工藤　宏人　関西大学 化学生命工学部 教授／兵庫県立大学 客員教授／
博士（工学）

第3章

関口　淳　リソテックジャパン株式会社
ナノサイエンス研究所 所長／博士（工学）

執筆者紹介

第4章

第1節

溝口　計　ギガフォトン株式会社 シニアフェロー／
九州大学 客員教授／工学博士

第2節

長野　晃尚　ウシオ電機株式会社 業統括本部 Industrial Process事業部 EUV
GBU技術開発統括部 研究開発二課 課長／博士（工学）

第3節

鈴木　一明　東京工業大学 産学協創教育コーディネーター／
九州大学 アドバイザー／博士（工学）

第4節

永原　誠司　東京エレクトロン株式会社
シニアチーフエンジニア（Senior Director）／博士（工学）

第5章

第1節

森川　泰考　大日本印刷株式会社
ファインデバイス事業部 第1製造本部 技術部 リーダー

第2節

笑喜　勉　HOYA株式会社 プリンシパル／工学博士

第3節

小野　陽介　三井化学株式会社 主任研究員／理学博士
石川　彰　三井化学株式会社 主任研究員／工学博士

目次

第1章

EUVリソグラフィの概要
～EUVリソグラフィ用材料・技術の進化と
半導体業界の変遷～

第1章　EUVリソグラフィの概要
～EUVリソグラフィ用材料・技術の進化と半導体業界の変遷～

兵庫県立大学　渡邊　健夫

はじめに

Internet of Things（IoT）やArtificial Intelligence（AI）はクラウドコンピューティングの進展を支えており、そこには先端のロジックデバイスやメモリが使用されている。そして、これらの先端デバイスは飛躍的な半導体微細加工技術の発展によるところが大きい。

世界半導体市場統計[1]によると半導体の世界市場は現在70兆円を超えており、2030年には100兆円に達すると予想されている。そのような状況の中で、半導体デバイス別ではICデバイスであるMPUやメモリが大きな市場を支えている。そして、このICの市場を主に支えているのがデータセンター用のクラウドコンピュータに続いて、スマートフォンであり、その次がPCである。

半導体微細加工技術は半導体製造技術の中で前工程の最重要技術であり、その核となっているのがリソグラフィ技術（以降は「リソグラフィ」と呼ぶことにする）である。これまでリソグラフィによるパタン形成の線幅は露光波長の短波長および露光光学系の開口数の向上を図ることで実現されてきた。リソグラフィの露光波長はg線の436 nm、i線の365 nm、KrFの248 nm、ArFの193 nmと変遷してきた。回路の線幅をより微細にすることで、メモリ容量の増大、回路の動作速度向上、低省電力の実現、並びに半導体素子のトランジスタ1個当たりの製造コスト低減を図ってきた。

表1に2022年版（2022年11月）半導体国際ロードマップ[2]を示す。このロードマップは米国の電子学会（IEEE）が取りまとめているロードマップであり、International Roadmap for Device and System（IRDS）と呼ばれている。日本側の意見をSDRJ委員会で議論し、IRDSのその意見を反映している。IRDSの以前はInternational Technology Roadmap for Semiconductor（ITRS）であり、全体を取りまとめられていた。ITRSの時代はDRAMがデバイスのドライビングフォースであったが、近年デバイスの多様化が進んでおり、IRDSは下流側のデバイスの利用の観点から上流側の製造プロセスであるリソグラフィ技術のロードマップであるIIRDSに移行した。

表1　IRDS半導体国際ロードマップ（2022年版）

YEAR OF PRODUCTION	2022	2025	2028	2031	2034	2037
	G48M24	G45M20	G42M16	G40M16/T2	G38M16/T4	G38M16/T6
Logic industry "Node Range" Labeling	"3nm"	"2nm"	"1.5nm"	"1.0nm eq"	"0.7nm eq"	"0.5nm eq"
Fine-pitch 3D integration scheme	Stacking	Stacking	Stacking	3DVLSI	3DVLSI	3DVLSI
Logic device structure options	finFET LGAA	LGAA	LGAA CFET-SRAM	LGAA-3D CFET-SRAM	LGAA-3D CFET-SRAM	LGAA-3D CFET-SRAM
Platform device for logic	finFET	LGAA	LGAA CFET-SRAM	LGAA-3D CFET-SRAM-3D	LGAA-3D CFET-SRAM-3D	LGAA-3D CFET-SRAM-3D
	Drain Gate Source Oxide	Drain Gate Source Oxide	Drain Gate Source Oxide Drain Gate Source Oxide	tier tier Drain Gate Source Oxide tier tier Oxide	tier tier Drain Gate Source Oxide tier tier Oxide	tier tier Drain Gate Source Oxide tier tier Oxide
LOGIC DEVICE GROUND RULES						
Mx pitch (nm)	32	24	20	16	16	16
M1 pitch (nm)	32	23	21	20	19	19
M0 pitch (nm)	24	20	16	16	16	16
Gate pitch (nm)	48	45	42	40	38	38
Lg: Gate Length - HP (nm)	16	14	12	12	12	12
Lg: Gate Length - HD (nm)	18	14	12	12	12	12
Channel overlap ratio - two-sided	0.20	0.20	0.20	0.20	0.20	0.20
Spacer width (nm)	6	6	5	5	4	4
Spacer k value	3.5	3.3	3.0	3.0	2.7	2.7
Contact CD (nm) - finFET, LGAA	20	19	20	18	18	18
Device architecture key ground rules						
Device lateral pitch (nm)	24	26	24	24	23	23
Device height (nm)	48	52	48	64	60	56
FinFET Fin width (nm)	5.0					
Footprint drive efficiency - finFET	4.21					
Lateral GAA vertical pitch (nm)		18.0	16.0	16.0	15.0	14.0
Lateral GAA (nanosheet) thickness (nm)		6.0	6.0	6.0	5.0	4.0
Number of vertically stacked nanosheets on one device		3	3	4	4	4
LGAA width (nm) - HP		30	30	20	15	15
LGAA width (nm) - HD		15	10	10	6	6
LGAA width (nm) - SRAM		7	6	6	6	6
Footprint drive efficiency - lateral GAA - HP		4.41	4.50	5.47	5.00	4.75
Device effective width (nm) - HP	101.0	216.0	216.0	208.0	160.0	152.0
Device effective width (nm) - HD	101.0	126.0	96.0	128.0	88.0	80.0
PN seperation width (nm)	45	40	20	15	15	10

波長13.5 nmのEUV（extreme ultraviolet）光を用いた極端紫外線リソグラフィ（EUVL；Extreme Ultraviolet Lithography）技術は2019年より7 nm世代のロジックデバイスの量産技術に適用された。IRDSのロードマップによると、少なくとも1 nm世代のロジックデバイスまではEUVLが使用される。EUVLの技術課題は①EUVレジスト開発（高感度、高解像、低LWR（line width roughness）を同時に満足）、②無欠陥EUVマスク開発、③高パワーかつ高安定EUV光源の開発である。

さらに、0.7 nm世代以降のリソグラフィ技術ではEUV光の約1/2の波長を用いたBeyond EUVL（BEUVL）が候補に挙がっている。

1.　露光光学系と露光装置

1986年の秋の応用物理学会でNTTの研究グループにより軟X線縮小リソグラフィ技術について報告がなされた[3)]。この報告では、露光波長が11 nmであり、露光光学系にシュバルツシルド光学系（SC；Schwarzschild optics）が用いられ、この2枚の球面ミラーの反射面としてW/Si多層膜材料が適用され、またマスクにステンシルマスクが用いられ、0.2 mmのPMMAパタン形成が確認された。1984年にBarbee氏がMo/Si多層膜を提案した[4)]。この多層膜が現在のEUVL用多層膜となっていく。その後、NTTの研究グループがMo/Si多層膜を反射面としたシュバルツシルド鏡により、1989年のEIPBNの国際会議で、NTTのグループは、縮小倍率1/8のSCの露光光学系および反射型マスクを用いて、0.5 μmL/SのPMMAレジストパタンを形成した[5)]。この会議でこの露光方式が「X線縮リソグラフィ」と命名された。この会議で、AT&Tのグループが提案したSCが用いられ、50 nmのラインドスペースパタン形成が確認された[6]。そのような状況を経て、日本でも1993年に通産省の国家プロジェクトにより設立されたSORTEC社で軟X線縮小リソグラフィ技術開発が進められた[7,8]。

シュバルツシルド鏡の光学系ではマスク像面とウエハの結像面は2枚の球面ミラーの中心線上に配置されているため、ウエハ面上の露光領域が約Φ 300 μm程度であり、像面を大きくすると像歪みが大きくなり、リソグラフィの量産には不向きであった。

そこで、この問題を解決するため、マスクおよびウエハの各像面が露光光学系を構成する反射型ミラーの中心からずれた位置になるようなオフナー型の露光光学系の検討がなされた[9]。

この中で、NTTの研究グループが非球面2枚系から成る露光光学性を提案し[10]、マスクとウエハを同期走査することで大面積露光実現し、0.1 μmのパタン形成を確認した[11]。

さらに、姫路工業大学（現、兵庫県立大学）の研究グループが1998年に非球面3枚ミラーから成る露光光学系の設計・構築を進め[12]、ニコンと日立中央研究との共同研究でETS-1露光装置の開発を進めた。その後、通産省のEUVLの国家プロジェクトであるASETが開始され、2000年にはニュースバル放射光施設の供用開始後に、この装置を用いて、マスクとウエハの静止露光下で、世界で初めて1 mm×2 mmの露光領域で56 nm L&Sパタンおよび40 nmの孤立ラインのパタン形成を確認した[13-16]。また、マスクとウエハステージの同期走査により、この露光装置の仕様、概要、並びに写真をそれぞれ表2、図1、並びに図2に示し、この露光光学系に搭載された非球面3枚ミラーの写真および仕様を図3に示す。この露光装置を用いて、マスクとウエハステージの同期走査させることで、図4に示すとおり、10 mm×10 mmの大面積で60 nm L&Sパタン形成を確認した[17,18]。この研究成果は2000年10月に開催された第2回EUV国際ワークショップで報告がなされ、今後のEUVLの量産適用に向けた開発にグリーン信号が灯った瞬間であった。また、このETS-1露光装置が現在のASMLの露光装置の原型となっている。

表2　EUV露光装置ETS-1の仕様

Imaging optics	3-aspherical mirrors
Exposure wavelength	13.5 nm
Numerical aperture	0.1
Magnification	1/5
Diffraction limit	60 nm
Depth of focus (@100 nm L&S)	1.9 μm
Exposure area (static)	30 mm × 1 mm
Exposure area (scanning mask & wafer)	30 mm × 28 mm
Mask & wafer alignment accuracy	30 nm (3σ)
Mask size	4 inch～8 inch, ULE6025
Wafer size	8 inch
Exposure environment	In vacuum

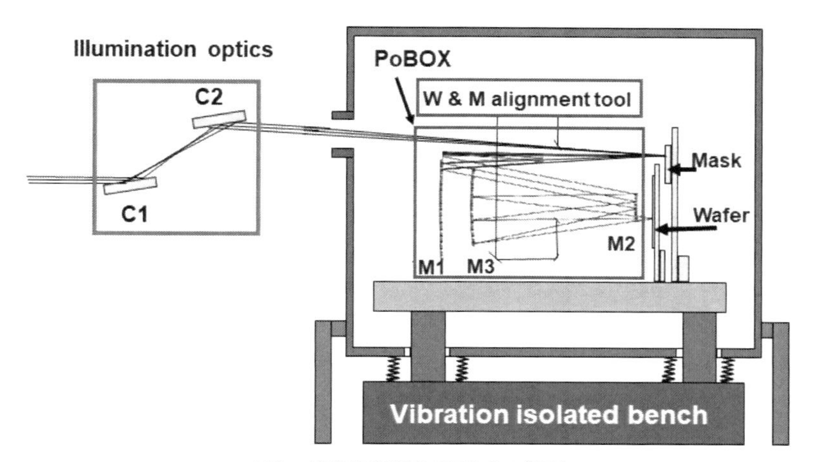

図1　EUV露光装置ETS-1の概要

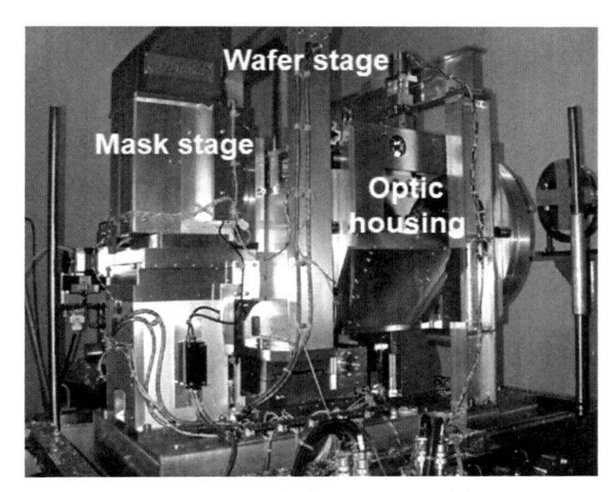

図2　EUV露光装置ETS-1の写真

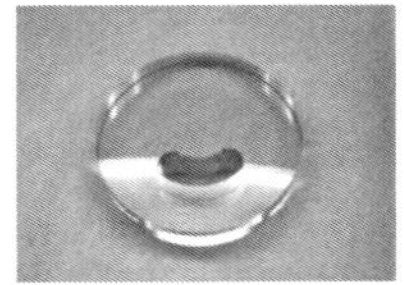
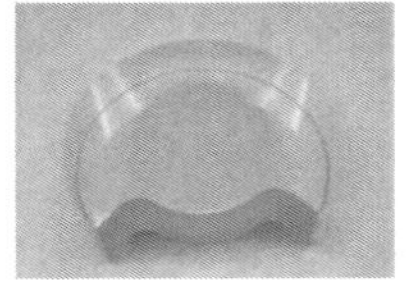

	M1-mirror	M2-mirror	M3-mirror
直径	272 mm	116 mm	224 mm
形状精度 (rms)	0.58 nm	0.58 nm	0.58 nm
表面粗さ (rms)	0.28 nm	0.31 nm	0.35 nm

図3　EUV露光装置ETS-1に搭載の３枚非球面Zerodurガラス基板

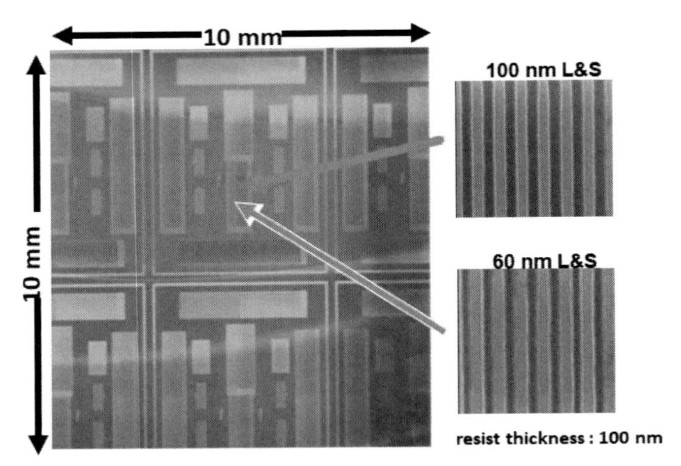

図4　EUV露光装置ETS-1を用いてシリコンウエハ上に
10 mm×10 mmの露光領域で形成した60 nm L&Sパタン

兵庫県立大学高度産業科学技術研究所は国内大学最大の放射光施設ニュースバル（New SUBARU）[19,20]を管理運営している。図5にNewSUBARU全体概要の鳥瞰図を示す。この施設は軟X線領域の中型の放射光施設であり、電子蓄積リングの周長は約120 mであり、1.0－1.5 GeVの電子蓄積リングを擁しており、9本のビームラインが稼働している。この内、図6に示す3本のEUV専用ビームラインでEUV基盤技術の研究開発を進めている。これまでに、4つの国家プロジェクト（ASET, SELET, EUVA, 並びにEIDEC）を推進し、国内外の企業のべ約320社との共同研究を進めてきた。その成果の結果、EUVLが2019年から先端半導体デバイスの量産適用に大いに貢献した。

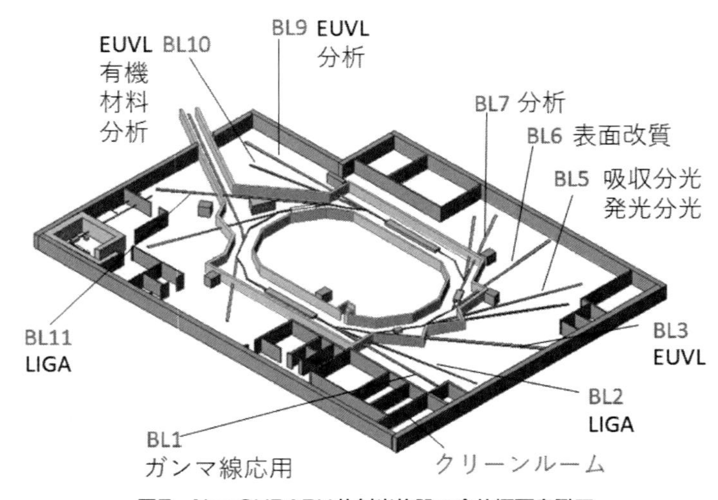

図5　NewSUBARU放射光施設の全体概要鳥瞰図

ニュースバルのEUVリソグラフィ研究用ビームライン群

世界唯一の装置群
- **国内外21社との共同研究により、基礎研究を通して産業利用に貢献**
- **2019年よりEUVL技術を実用化を実現**
  米国、台湾、韓国、欧州で最先端半導体デバイスを製造

図6　EUV基盤技術の研究開発用ビームライン群の写真；
(a) BL03ビームライン
(b) (c) BL09＆BL10ビームライン
(d) レジスト膜構造評価用光電子顕微鏡

また、近年、NewSUBARU専用の入射器整備が必要になり、2016年よりSPring-8の加速器チームの協力の元で、図7に示す工程で入射器整備を進め、2021年4月20日より新入射器による共用を開始した。図8に現在のNewSUBARUの全景の写真を示す。写真中の左手前の細長い建屋が入射器用のクライストロンギャラリーであり、この中に電子銃制御盤、並びにsバンドおよびcバンド用のRF電源がそれぞれ1台と4台収納されている。これにより、約17％蓄積電流値の向上を図り、安定した電子ビームの逐次入射（トップアップ運転）により350 mAを実現した。ニュースバルの輝度スペクトルを図9に示す。ニュースバルでは電子ビームのエネルギーが1.0 GeVの場合、偏向電磁石から発生する放射光（波長13.5 nm）の輝度は太陽光線のそれの約40倍であり、10.8 mの長尺アンジュレータから発生する放射光（波長13.5 nm）の輝度は太陽光線のそれの約1,000万倍である。

図7　NewSUBARU専用入射器建設の様子；
(a) 撤去前の電子ビーム輸送系（2020年7月）
(b) 電子ビーム輸送系撤去後にユーティリティ整備（2020年9月）
(c) 新専用入射器用電子銃およびs-band加速管の設置（2020年度11月）
(d) c-band加速管設置（2020年度11月）

図8　新専用入射器整備後のNewSUBARU放射光施設の全景写真

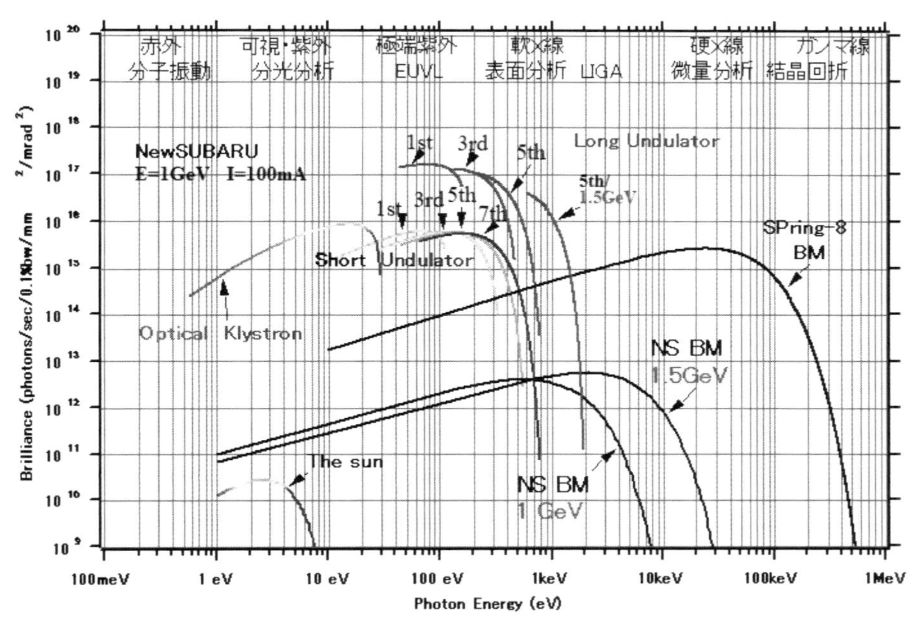

図9　NewSUBARUおよびSPring-8の放射光の輝度スペクトル

2.　EUVマスク

EUVマスクは従来の光リソグラフィ用のマスクと異なって、反射型マスクが採用されている。従来のマスクブランクスは6025の合成石英であったが、EUVマスクブランクス基板に低膨張ガラス材であるULE6025レチクルが用いられており、その表面にMo/Si多層膜が形成されている。EUVのactinic maskはその上に吸収体パタンが形成され、図10に示す3次元構造を有している。

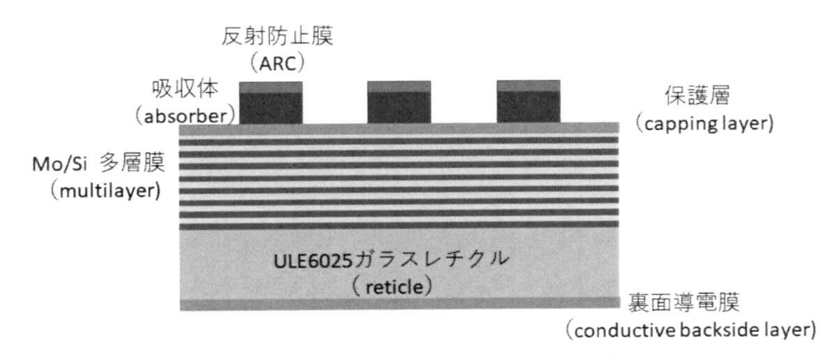

図10　EUV Actinic Maskの断面構造

このため、EUVマスク欠陥は強度欠陥および位相欠陥に大別される。強度欠陥は多層膜表面や吸収体の欠けに起因した欠陥である。一方、位相欠陥はULE6025レチクル表面の異物やキズ、並びに多層膜中の異物に起因した欠陥である。この位相欠陥は従来のDUV光による欠陥検査技術では検出が困難であるので、EUVマスク欠陥検査は13.5 nmの露光波長であるEUV光を用いて行う必要がある。

兵庫県立大学のニュースバル放射光施設のBL3ビームラインにマスクの欠陥検査用にEUV光によ

る明視野顕微鏡を構築した[21]。この装置は開口数0.3のSCによりマスク欠陥像を30倍に拡大し、CsIの光電変換面により光の像を電子に変換し、200倍の電磁レンズにより合計6,000倍に像を拡大した後、マイクロチャネルネルプレートにより光の情報に戻して、CCDカメラで撮像できる。そして、この装置を用いて、欠陥の大きさと高さをパラメータに欠陥転写の可否領域を明らかにした。

一方で、日本の国家プロジェクトでは暗視野EUV顕微鏡の開発が進められた[22]。この方式の長所は明視野の方式に比べて欠陥検出が短時間で検査が可能な点にあるが、一方で欠陥の大きさや高さの情報を得ることができない欠点がある。

そこで、欠陥の大きさと高さ情報を得るために兵庫県立大学で開発を進めたのが、EUVスキャトロメトリ顕微鏡（CSM；Coherent Scatterometry Microscope）である[23]。この装置は、ピンホールを経た光を折り返しミラーにてサンプルに照射し、サンプルからの反射光を真空用CCDカメラで回折像をフーリエ変換像として観測できる。この像を逆フーリエ変換とフーリエ変換を繰り返すことで、強度像と位相像に再生できる特徴を有する。この装置の光源に高次高調波レーザーを用いてスタンドアロンな装置を組むことができ、88 nmのL&Sのマスクパタンの内、2 nm細い細線が欠陥として存在下でも検出が可能なことを確認した[24]。

EUVスキャトロメトリ顕微鏡でサンプル上にEUV光をさらに絞ることを目的にフレネルゾーンプレートを導入したμ-CSMの開発を進めた。これにより、欠陥による僅かな凹凸の変化も感度良く検出ができるようになり、その結果として、EUVマスクの自然欠陥の検出が可能になった[25]。

ASMLの実露光機では真空中のカーボンコンタミネーション低減を目的に5 Pa程度の水素ガスを導入している。水素は質量数が最も小さい原子であり、マスクの金属材料やペリクルに水素脆性を誘発する可能性がある。そこで、ニュースバルのBL09Cのアウトガス測定系の上流に水素圧力5～70 Paでサンプル上に最大30 W/cm^{2}のEUV光強度が照射可能な水素脆性評価系であるH2exp装置を構築し、高強度EUV光による水素環境下での耐久加速試験を進めている[26]。

これらマスクの欠陥検査技術については4章5節で述べることにする。

3. EUVレジスト

EUVレジストの技術課題は、高解像、高感度、並びに低LWR（line width roughness）を同時に満足するレジストの開発である。これらの技術課題の中で、最も優先順位が高く難易度が高いのは低LWRの実現である。LWRが大きいと配線の寄生抵抗がばらつくため、回路の時定数がばらつくので、微細化をすることで回路の動作スピードの向上等の有効性を図ることができない。

LWRの低減を実現するにはレジストプロセスや材料に起因する各種ばらつきを低減する必要がある。これらのばらつきは、①レジスト薄膜形成中の基剤の空間濃度分布、②EUV光子数のばらつきに起因したショットノイズ、③prebake後の残留溶媒の空間濃度分布や自由空間の分布、④post exposure bake（PEB）時の感光性剤に起因した反応のばらつき、⑤PEB時の自由空間分布、⑥EUV光以外の波長（OoB；out of band）によると考えられる[27]。

これらの確率的ばらつきはstochasticとよばれており、上記した要因の中でショットノイズによる影響は僅か0.6～0.7 nm程度であり、現状のLWRが3～4 nm程度であることを考慮するとレジスト材料に起因したものが支配的であると考えられている。一方で、DUV光等のOoBによる影響も無視できない。これらの内容について以下で後程言及することにする。

化学増幅系レジスト薄膜は、ポリマー基材（base polymer）、ポリマー基剤に付加された溶解抑止基、光酸発生材（photoacid generator）、アミン、並びに残留溶媒からなる。これらの内、特に反応のばらつき低減に重要なのはベースポリマー、光酸発生材、アミンなどの空間濃度分布の均一性である。これまで、レジスト構成材の濃度均一性を評価する手法がなかった。そこで、兵庫県立大学の研究グループはその評価を目的に、透過による軟X線共鳴散乱法により平均的な情報ではあるが、世界ではじめてEUVレジスト構成材の濃度分布の観測に成功した[28]。図11に示すとおり、(a)軟X線吸収分光法を用いて着目する結合を有する光子のエネルギーを特定したのち、(b)この光子エネルギーを用いて散乱強度分布を測定し、(c)散乱強度分布を求める。そして、そこから特徴的な結合ごとに散乱強度分布を求め、(d)散乱ベクトルの大きさを計算し、これを比較することで、濃度均一性が評価できる。その結果、図12に示すとおり、(a)化学増幅系レジストは電子線用主査切断レジストである(b)ZEP-520Aに比べて特徴的な散乱ベクトルの大きさの分布が大きいことが分かり、この手法の有効性が確認されており、低LWRの実現には散乱ベクトルのパワースペクトルの分布を完全に揃える必要があると考えている。

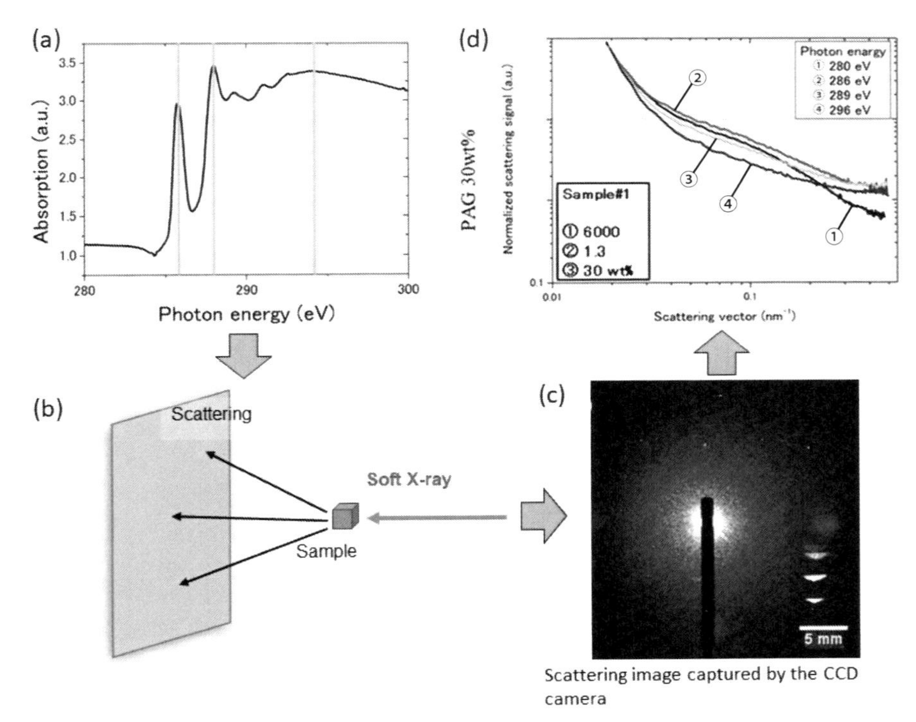

図11　透過による軟X線共鳴散乱法の測定の詳細；
(a) 軟X線吸収分光法を用いて着目する結合を有する光子のエネルギーを特定したのち、
(b) この光子エネルギーを用いて散乱強度分布を測定し、
(c) 求めた散乱強度分布、そして、特徴的な結合ごとに散乱強度分布を求め、
(d) それらから散乱ベクトルの大きさを計算

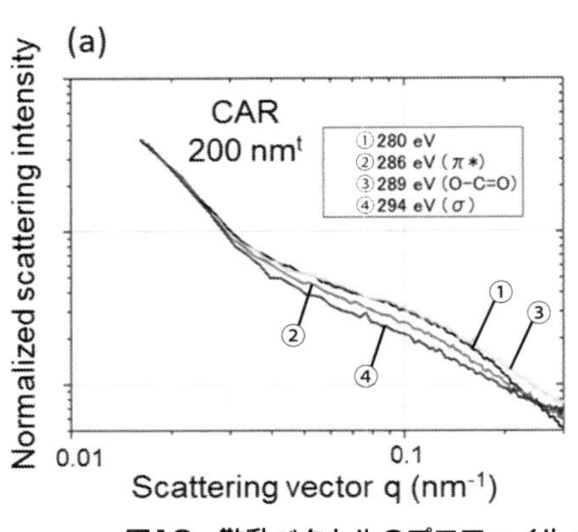

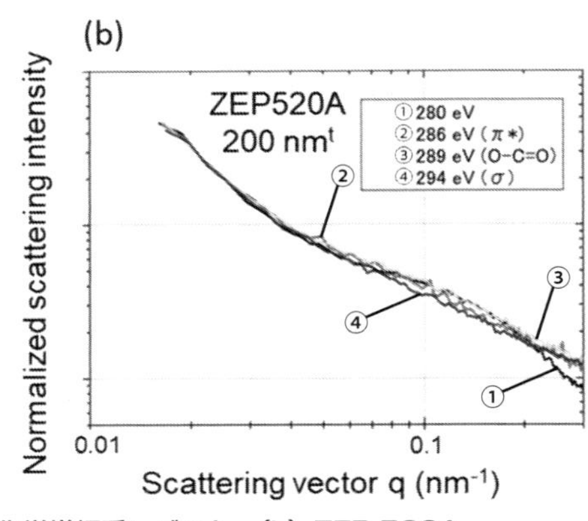

図12　散乱ベクトルのプロファイル；（a）化学増幅系レジスト、（b）ZEP-520A

一方で、平均的な情報ではなく、3次元のケミカルマッピングが可能な装置として、BL09Aの10.8 m長の長尺アンジュレータビームラインのエンドステーションに図13に示す光電子顕微鏡系を構築した[29)]。この顕微鏡は試料測定室、資料準備室、試料交換用ロードロック室で構成され、光電子顕微鏡を試料測定室に、クラスターイオンビーム源を試料準備室に設置している。軟X線領域では光電子顕微鏡の観測深さが約1 nm程度で極表面の化学状態が観測できる。そして、クラスターイオンビームにより深さ方向の観測ではダメージの無いエッチングを施したのちに、光電子顕微鏡で表面を観測し、これを繰り返すことで、3次元の化学状態の分布（ケミカルマッピング）を得ることが可能になる。花崗岩を材料とする架台とホーバークラフトによる光軸調整機構を採用による振動の低減策を施した結果、現在この顕微鏡の空間分解能は約40 nmとなっている。さらなる分解能を得るために、さらなる振動の低減等の対策を進めている。

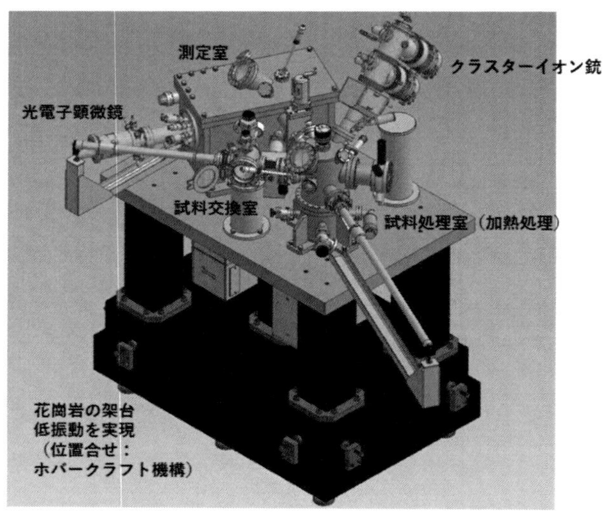

図13　BL09Aの10.8 m長の長尺アンジュレータビームラインの
エンドステーションに構築した光電子顕微鏡系

DUV光等のOoBによるEUVマスクのMo/Si多層膜やTaN系の吸収体の表面反射率は図14に示すように約30％もあり、レジスト表面にDUVが照射されるとEUV光によるレジストパタンの露光時のEUV光コントラストが低下し、これがLWRが増大する要因となる。このため、OoBの低減対策が必須である。EUVおよびOoBによる反射率評価系ビームラインの概要を図15に示す。このビームラインでは分光器の配置を容易に変えることが可能であるため、EUV光（波長範囲：10 ～ 80 nm）に加えてDUV光（波長範囲：80 ～ 200 nm）での反射率測定が可能である[30]。

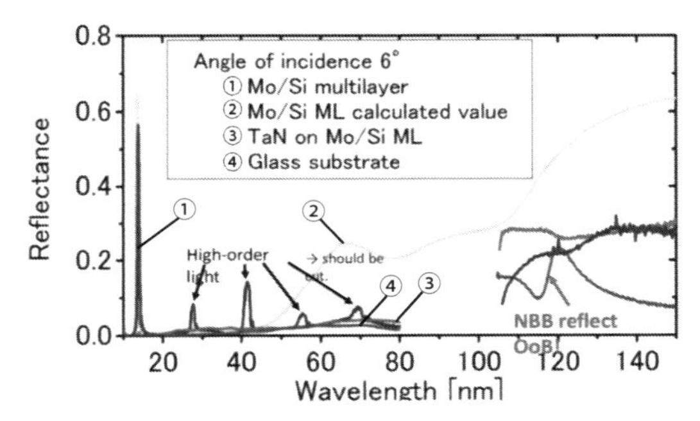

図14　OoB光およびEUV光領域でのマスク材料の反射率スペクトル

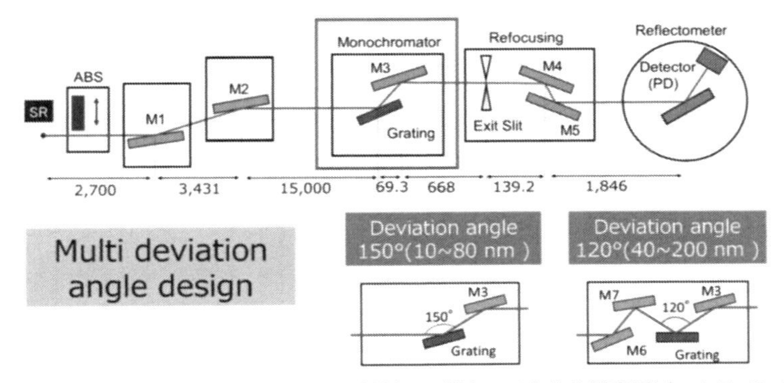

図15　OoBおよびEUV光領域でのマスク材料の反射率スペクトル測定系ビームラインの概要

一方で、露光感度はウエハのスループットに大きく影響する。このため、高感度レジストの開発が必須であり、EUV光に高い吸収を有する材料が高感度を実現する上で重要であるが、全体のレジスト特性のバランスの中で材料を選定する必要がある。参考のために、図16に波長13.5 nmのEUV光に対するレジスト用元素の原子吸光断面積を示す。一般的に、EUV光がレジストに照射されると光電子（2次電子）が発生するので、吸収が大きい材料程多くの２次電子が発生する。レジスト開発に関する内容は第6章で述べることにする。

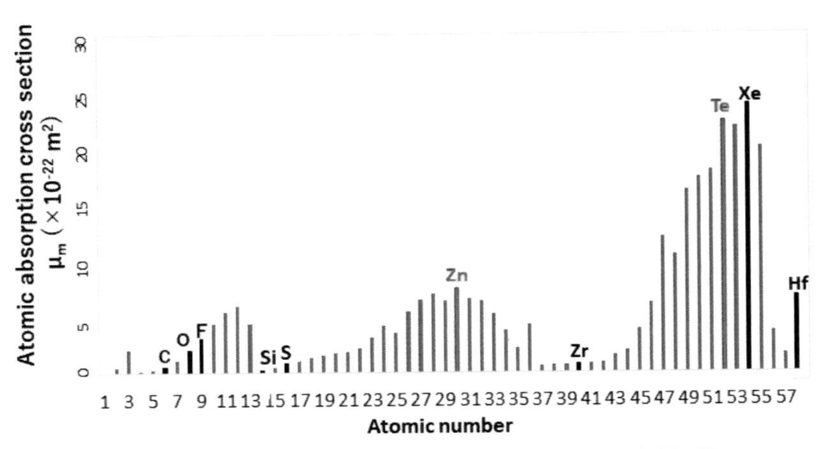

図16　波長13.5 nmについて、レジスト用元素の原子吸収断面積

おわりに

EUVリソグラフィは開発の黎明期ではX線縮小リソグラフィと呼ばれていた。その頃は、Mo/Si多層膜、大面積露光が可能な露光光学系、露光光学系のミラーのアライメント等、露光装置開発を含めた基盤技術開発が日米を中心に、研究機関および大学で開発が進められてきた。当時はこれらの機関に属していた研究者はこのEUVL技術開発に大きな夢を抱きながら活発に研究開発を進めていた。この時代を経験してきた研究者がいたからこそ、現在のEUVリソグラフィの量産技術として進展したと言っても過言ではない。35年に亘り、技術開発が進められてきたからこそ、量産に繋がった。一つの技術が開花するまでには、相当な辛抱と開発の戦略が必要であり、今後も他の分野でも同様なことができるような研究基盤の環境作りが必須と考える。このため、今後の日本が再度技術立国としてよみがえるには、早急に結果を求めるのではなく、長らく研究が継続できるような環境や仕組み作りが必要である。

参考文献

1）世界半導体市場統計（WSTS）(jeita.or.jp)

2）https://irds.ieee.org/editions/2022

3）H. Kinoshita, T. Kaneko, H. Takei, N. Takeuchi, and S. Ishihara, "Study on x-ray reduction projection lithography," *presented at the 47th Autumn Meeting of the Japan Society of Applied Physics,* Paper No. 28-ZF-15, 322 (1986).

4）T. W. Barbee, S. Mrowka, and M. C. Hettrick, "Molybdenum-silicon multilayer mirrors for the extreme ultraviolet," *Applied Optics,* **24**, 883-886 (1985).

5) H. Kinoshita, K. Kurihara, Y. Ishii, and Y. Torii, "Soft x-ray reduction lithography using multilayer mirrors," *J. Vac. Sci. Technol.*, B7, 1648 (1989).

6) J. E. Bjorkholm, J. Boker, L. Eichner, R.R. Freeman, J. Gregus, T. E. Jewell, W. M. Mansfi eld, A. A. MacDowell, E. L. Raab, W. T. Silfvast, J. H. Szeto, D. M. Tennant, W. K. Waskiewicz, D. L. White, D. L. Windt, O. R. Wood II, and J. H. Bruning, "Reduction imaging at 14 nm using multilayer - coated optics: Printing of features smaller than 0.1 μm," *J. Vac. Sci. Technol.*, **B8**, 1509-1513 (1990).

7) H. Nagata, M. Ohtani, K. Murakami, T. Oshino, Y. Maejima, T. Tanaka, T. Watanabe, Y. Yamashita, and N. Atoda, "Soft x-ray projection imaging using 32:1 schwarzschild optics," *Proceedings on Soft-X-Ray Projection Lithography,* **18** (Optical Society of America), 83-86 (1993).

8) H. Oizumi, Y. Maejima, T. Watanabe, T. Taguchi, Y. Yamashita, N. Atoda, K. Murakami, M. Ohtani, and H. Nagata, "Sub-0.1 μm resist patterning in soft x-Ray (13 nm) projection lithography," *Jpn. J. Appl. Phys.*, **32** (12B), 5914-5917 (1993).

9) W. T. Silfvast and O. R. Wood II, "Tenth micron lithography with a 10 Hz 37.2 nm sodium laser," *Microelectron. Eng.*, **8**, 3-11 (1988).

10) K. Kurihara, H. Kinoshita, T. Mizota, T. Haga, and Y. Torii, "Soft x-ray reduction lithography using multilayer mirrors," *J. Vac. Sci. Technol.*, **B9**, 3189 (1991).

11) T. Haga, M. C. K. Tinone, H. Takenaka, and H. Kinoshita, "Large-fi eld (> 20 × 25 mm2) replication by EUV lithography," *Microelectronic Engineering,* **30**, 179-182 (1996).

12) T. Watanabe, K. Mashima, M. Niibe, and H. Kinoshita, "A novel design of three-aspherical-mirror imaging optics for extreme ultra-violet lithography," *Jpn. J. Appl. Phys.*, **36**, 7597-7600 (1997).

13) T. Watanabe, H. Kinoshita, H. Nii, Y. Li, K. Hamamoto, T. Oshinio, K. Sugisaki, K. Murakami, S. Irie, S. Shirayone, Y. Gomei, and S. Okazaki, "Development of the large e filde xtremeu ltraviolet lithography camera," *J. Vac. Sci. Technol.*, **B18**, 2905-2910 (200).

14) H. Kinoshita and T. Watanabe, "Current states of EUV lithography," *J. Photopolym. Sci. Technol.*, **13**, 379-384 (2000).

15) H. Kinoshita and T. Watanabe, "Experimental results obtained using extreme ultraviolet laboratory tool at NewSUBARU," *Jpn. J. Appl. Phys.*, **39**, 6771-6776 (2000).

16) H. Kinoshita, T. Watanabe, Y. Li, A Miyafuji, T. Oshino, K. Sugisaki, K. Murakami, S. Irie, S. Shirayone, and S. Okazaki, "Recent advances of three-aspherical-mirror system for EUVL," *Proc. SPIE,* **3997**, 70-75 (2000).

17) T. Watanabe, H. Kinoshita, K. Hamamoto, M. Hosoya, T. Shoki, H. Hada, H. Komano, and S. Okazaki, "Fine pattern replication using ETS-1 three-aspherical mirror imaging system," *Jpn, J. Appl. Phys.*, **41**, 4105-4110 (2002).

18) K. Hamamoto, T. Watanabe, H. Tsubakino, H. Kinoshita, T. Shoki, and M. Hosoya, "Fine Pattern Replication by EUV Lithography," *J. Photopolym. Sci. Technol.*, **14**, 567-572 (2001).

19) A. Ando, S. Amano, S. Hashimoto, H. Kinoshita, S. Miyamoto, T. Mochizuki, M. Niibe, Y. Shoji, M. Terasawa, and T. Watanabe, "VUV and soft x-ray light source "NewSUBARU", *Proc. of the 1997 Particle Accelerator Conference,* 757-759 (1998).

20) S. Hashimoto, A. Ando, S. Amano, Y. Haruyama, T. Hattori, J. Kanda, H. Kinoshita, S. Matsui, H. Mekaru, S. Miyamoto, T. Mochizuki, M. Niibe, Y. Shoji, Y. Utsumi, T. Watanabe, and H. Tsubakino, "Present status of synchrotron radiation facility "NewSUBARU"," *Trans. Materials Research Soc. Japan,* **26**, 783-786 (2001).

21) K. Takase, Y. Kamaji, N. Sakagami, T. Iguchi, M. Tada, Y. Yamaguchi, Y. Fukushima, T. Harada, T. Watanabe, and H. Kinoshita, "Imaging Performance Improvement of an Extreme Ultraviolet, Microscope," *Jpn. J. Appl. Phys.,* **49**, 06GD07 (2010).

22) Tsuneo Terasawa, Yoshihiro Tezuka, Masaaki Ito, Toshihisa Tomie, "Highspeed actinic EUV mask blank inspection with dark-field imaging," *Proc. SPIE,* **5446**, Photomask and Next-Generation Lithography Mask Technology XI (2004).

23) T. Watanabe, T. Haga, T. Shoki, K. Hamamoto, S. Takada, N. Kazui, S. Kakunai, H. Tsubkino, andH. Kinoshita, "Pattern Inspection of EUV Mask Using a EUV Microscope," *Proc. SPIE* , **5130**,1005-1013 (2003).

24) M. Nakasuji, A. Tokimasa, T. Harada, Y. Nagata, T. Watanabe, K. Midorikawa, and H.Kinoshita, "Development of coherent extreme-ultraviolet scatterometry microscope with high-Order harmonic generation source for extreme-ultraviolet mask inspection and metrology," *Jpn. J. Appl. Phys.,* **51**, 06FB09 (2012).

25) T. Harada, H. Hashimoto, T. Amano, H. Kinoshita, and T. Watanabe, "Actual defect observation results of an extreme-ultraviolet blank mask by coherent diffraction imaging," *Appl. Phys. Express,* **9**, 035202 (2016).

26) Tetsuo Harada, Ayato Ohgata, Shinji Yamakawa, Takeo Watanabe, "Hydrogen damage and cleaning evaluation of Mo/Si multilayer using high-power EUV irradiation tool," *Proc. SPIE,* **11908**, Photomask Japan 2021: XXVII Symposium on Photomask and Next-Generation Lithography Mask Technology, 119080U.

27) Takeo Watanabe, "Toward the Analysis of the Origin of Stochastic, - EUV Resist Sensitization and Roughness Improvement: Can We Get Both? -," *Panel symposium at the 35th International Conference of Photopolymer Science and Technology,* Japan, Jun. 26, 2018.

28) Jun Tanaka, Takuma Ishiguro, Tetsuo Harada, and Takeo Watanabe, "Resonant Soft X-ray Scattering for the Stochastic Origin Analysis in EUV Resist," *J. Photopolym. Sci. Technol.,* **32**, 327-331 (2019).

29) Takeo Watanabe, Tetsuo Harada, and Shinji Yamakawa, "Fundamental Evaluation of Resist on EUV Lithography at NewSUBARU Synchrotron Light Facility," *J. Photopolym. Sci. Technol.,* **34**, 49-53 (2001).
30) Tsuda, K., Harada, T., Watanabe, T., "Development of an EUV and OoB Reflectometer at NewSUBARU Synchrotron Light Facility," *Proc. SPIE,* **11148**, 111481N (2019).

第 2 章

EUVリソグラフィ・レジスト材料

第1節　EUVリソグラフィ用フォトレジストの変遷

富士フイルム株式会社　藤森　亨

はじめに

2019年、その特徴的な短波長光源（露光波長：13.5nm）の高いポテンシャルから、次世代リソグラフィの大本命として期待されていたEUV（Extreme ultraviolet：極端紫外線）リソグラフィが、ついに量産に適用された。1989年に木下ら[1]によって初めて露光に成功してから実に30年にわたる長い道のりであった。EUVリソグラフィ従事者にとって、また半導体業界にとって実に重要な節目の年であり、それ以降半導体業界では最先端デバイス製造にEUVリソグラフィを適用することは、もはや特別なことではなくなった。しかしながら、EUVリソグラフィを適用出来るデバイスメーカーは限られており、また、適用可能なデバイスメーカーも、その適用レイヤーは様々な理由から限定されており、EUVリソグラフィの発展、展開はまさにこれからである。EUVリソグラフィ発展に欠かせないフォトレジスト材料への要求課題も山積であり、レジスト材料の課題をひとつひとつ解決していくことが、半導体業界の発展にとって極めて重要となる。そのために、これまで検討されてきた歴史・技術をまとめることは極めて有効であり、本稿ではレジスト材料の変遷に関しまとめることとする。

1.　リソグラフィ微細化の歴史

半導体の進歩は、ムーアの法則従って進歩してきたリソグラフィの微細化に支えられ、今日も止まることなく歩み続けている[2]。その進歩を支えてきた最大の功労者が、露光光源の短波長化であることは疑いの余地もない。その歴史は長く、古くはg線リソグラフィ（露光波長：465nm）から始まり、i線リソグラフィ（露光波長：365nm）、KrFリソグラフィ（露光波長：248nm）、ArFリソグラフィ（露光波長：193nm）、F2リソグラフィ（露光波長：154nm）、ArF液浸リソグラフィ（露光波長：134nm相当）と歩んできた。F2リソグラフィは、装置、プロセス、材料すべての面で難航したため開発途上で断念されたが、代わりに新たな技術革新により生まれたArF液浸リソグラフィによって、その世代は延命された。EUVリソグラフィ（露光波長：13.5nm）は、前世代のArF液浸リソグラフィに比して1/10の短波長化が実現でき飛躍的な進歩が期待され、約30年前に木下らによって初めて露光に成功した[1]。当初は、ArFリソグラフィに対して次世代リソグラフィとしてEUVリソグラフィの早い実用化がおおいに期待されたが、その実現性の難しさから実用までに長い時間を要することとなった。冒頭に記したとおり、それから、約30年を経てEUVリソグラフィが実用を迎えたことになる。光源の歴史の詳細は、別項にゆずり、次項では、いよいよレジスト材料技術に関して記すこととする。

2. フォトレジスト材料の変遷

2.1 光源にあわせて進化するレジスト材料、KrF用およびArF用化学増幅型レジスト

レジスト材料は、上述した露光光源にあわせてそれぞれ開発され進歩を続けてきた。最も重要な因子は、その光源波長に対する材料の吸収係数（透過率）である。吸収係数が大きすぎると光が膜下面まで届かず、小さすぎると光反応を導くことが出来ない。g線リソグラフィ、i線リソグラフィでの露光に対しては、その波長が長いことから数多くの材料を適用することが可能であり、光リソグラフィの基礎ともいえるナフトキノンジアジド＋ノボラック系が適用され、今なお多くのアプリケーションで活躍している[3)]。

長らく水銀ランプに起因する光源で対応されてきたが、さらなる微細化のための短波長化施策としてKrF（クリプトンフルオライドエキシマレーザー）光源（露光波長：248nm）が開発され、リソグラフィへと適用された[4)]。露光波長が248nmとなりパターン微細化に期待がかかる一方、その吸収帯に高い吸収を有するナフトキノンジアジド＋ノボラック系の適用が極めて困難となった。リソグラフィ機能の要であるナフトキノンジアジドが248nmに高い吸収を有するため光が膜下面まで届かず解像度があがらないのだ。また、KrFエキシマレーザー光は、i線光に対して強度が低く大幅な感度低下が必至となり大きな課題となって、その実用化の前に立ちはだかった。その課題を解決すべく様々な検討が世界中で行われるなか、1980年にIBM伊藤およびC. G. Willsonにより、吸収の高いナフトキノンジアジドを使わずに高解像を可能とし、なおかつ少ない光子でも十分にリソグラフィ反応が進行する画期的なシステム、化学増幅型レジストが開発された[5)]。光により反応する活性化合物（光酸発生剤）が露光により酸を発生させ、その発生した酸が樹脂の極性を変化させる。樹脂の極性は、あらかじめ酸分解基で保護されたアルカリ可溶性樹脂を用い、発生酸による酸分解基の脱保護反応を利用し、アルカリ不溶性からアルカリ可溶性となり、アルカリ現像液で現像されることにより画像が形成される。脱保護に使われる発生酸は、脱保護反応後も失活することなく後続反応に使われ、いかにも酸（化学種）が増幅しているような挙動をとることから、化学増幅型レジストと命名された。英語では、Chemically Amplified resistと称されることからCAレジストと呼ばれ、さらに略してCARとも呼ばれることもある。光反応で発生した一つの酸が多くの後続反応を起こすことから、少ない露光量でも十分に反応が進行し、高感度となる画期的なシステムであり、30年を経過する今日でも先端リソグラフィにおいて活躍、EUVレジストにも適用されている（図1）。

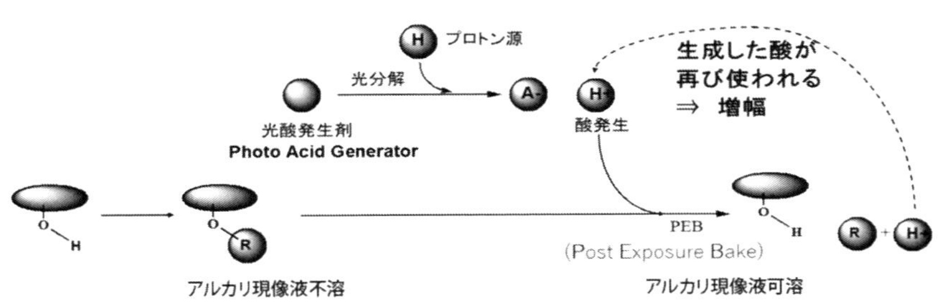

図1　化学増幅型レジストの反応機構

化学増幅型レジストは、KrFリソグラフィ用として開発され、そのリソグラフィ特性とエッチング耐性の両立を有すヒドロキシスチレン系をベースに開発された。保護基としては、天然物合成等でも多く活用されている典型的な酸分解性保護基であるtBoc基が用いられた。典型的な光酸発生剤であるトリフェニルスルホニウムノナフレートから光分解で発生する酸により脱保護反応が進行し、アルカリ現像液可溶となり画像形成が可能となる。また、さらなる検討の結果、脱保護反応の活性化エネルギーの低い系が有用であることが明らかとなり、保護基としてアセタール基を用いる系が主流となった（図2）。

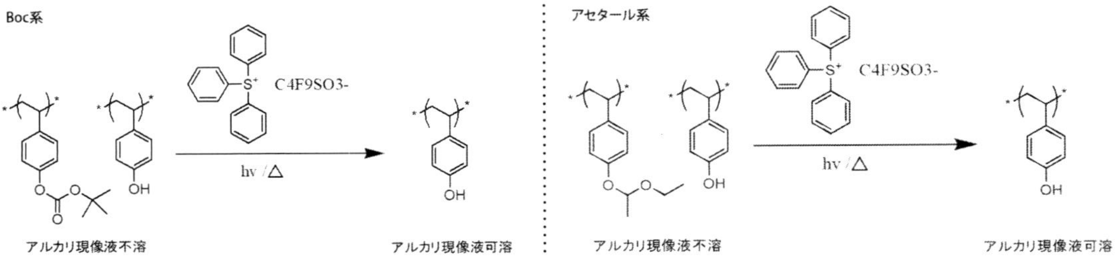

Boc系

C4F9SO3-

hv /△

アルカリ現像液不溶

アルカリ現像液可溶

アセタール系

C4F9SO3-

hv /△

アルカリ現像液不溶

アルカリ現像液可溶

図2　KrF用化学増幅型レジスト　典型例

同様に、さらなる微細化のために光源波長を短波長化したArF（アルゴンフルオライドエキシマレーザー）リソグラフィ用に向けては、ヒドロキシスチレンの193nmでの吸光度の高さからヒドロキシスチレン系が適用できず、その代わりに193nmに透明で高いエッチング耐性を有するアダマンタン系が開発された。基本的には、樹脂がヒドロキシスチレン系からアダマンタン系に代わってArF波長に対して透明になったこと以外は同じシステムである（図3）。これら化学増幅型レジストの歴史をレビューした論文が化学増幅型レジスト発案者の伊藤より報告されているので、そちらも参照されたい[6)]。

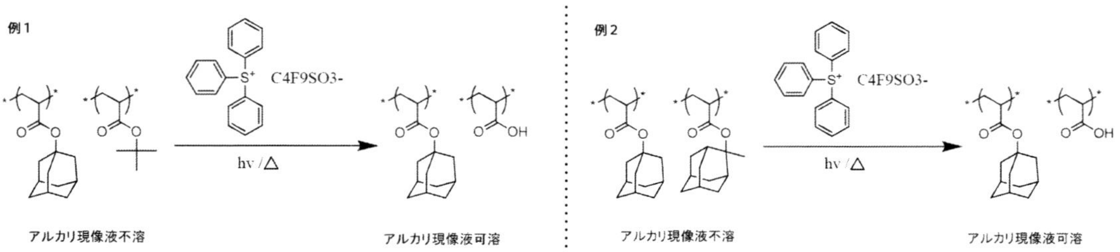

例1

C4F9SO3-

hv /△

アルカリ現像液不溶

アルカリ現像液可溶

例2

C4F9SO3-

hv /△

アルカリ現像液不溶

アルカリ現像液可溶

図3　ArF用化学増幅型レジスト　典型例

2.2　化学増幅型レジストのEUVリソグラフィへの適用

さらなる微細化の鍵として開発されたEUV光源は、ArF光源に比して極端に短波長化されたことにより、多くの有機化合物の吸収が低い領域となり使用可能な材料範囲が広がった。加えて、田川、古澤らの反応機構研究により、EUVリソグラフィはそれまでの化学増幅型レジストとは異なる反応機構であることが明らかとなった。それによると、EUV光によって露光されたEUVレジストは、光酸発生剤が直接励起されずに、光励起された樹脂等から発生した二次電子により励起されて酸が発生する。また、その反応の際、水素供与体の必要性も分かってきた（図4）[7)]。

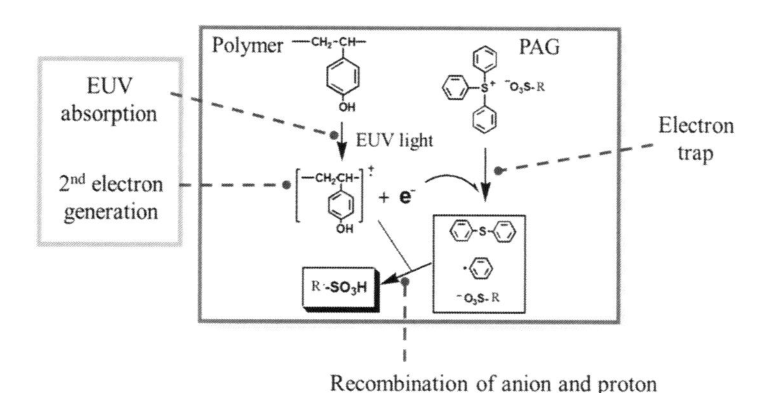

図4　EUV用化学増幅型レジストのEUV露光による反応機構

それゆえ、さらにはエッチング耐性をも鑑みると、上述のアダマンタン系よりもヒドロキシスチレン系が有利となり、ヒドロキシスチレン系へと先祖帰りが行われた。ただし、当然のことながら要求される線幅が小さいことから、構造や分子量に工夫が施され、微細線幅に適合する材料、レジストが開発された。さらなる検討の結果、現在ではヒドロキシスチレン系のみにとどまらず、アダマンタン系さらにはそれらのハイブリッド系も検討されている。

EUVリソグラフィは、前述のとおり1989年に最初の露光が行われたが、その当時は軟X線が用いられており、EUV露光実験が日常的に実施できる状態ではなかった。よって、それから10年余りは主にEUV露光装置（含む光源開発）の開発に関わる研究が多く行われた。さらに当時はF2リソグラフィ、ArF液浸リソグラフィの研究も活発に行われており、フォトレジストサプライヤーの多くのリソースはそちらにかかっていた。したがって、EUVレジストの研究は、当初はKrFレジストやArFレジストをベースに開発が行われた。その中には、当初期待値の高かった、高いエッチング耐性を有するシラン含有レジスト、表面イメージングなども含まれており、KrFやArFの開発と並行してEUVへの適用も検討されていたが、実用には至らなかった[8-10)]。

EUVLシンポジウムが1999年に開始され、レジストセッションが設置された2002年頃になると、該シンポジウムやSPIE Advanced LithographyにてX研究機関やデバイスメーカーからEUVレジストに関する報告がなされるようになり[11, 12)]、いよいよEUVレジストの研究が本格化することとなった。

KrFレジストをベースとした化学増幅型レジストのEUVリソグラフィ用途向けモディファイがフォトフォトレジストサプライヤーより活発に報告されるようになった。当時筆者は、KrFレジスト用ポリマー開発に従事しており、高解像力化のためにアセタール基の末端構造を修飾した新規ポリマーを開発[13, 14)]したが（図5）、その技術は、同時にEUVレジストにも適用され、次項で解説するアウトガス問題を解決する一助となった[15)]。

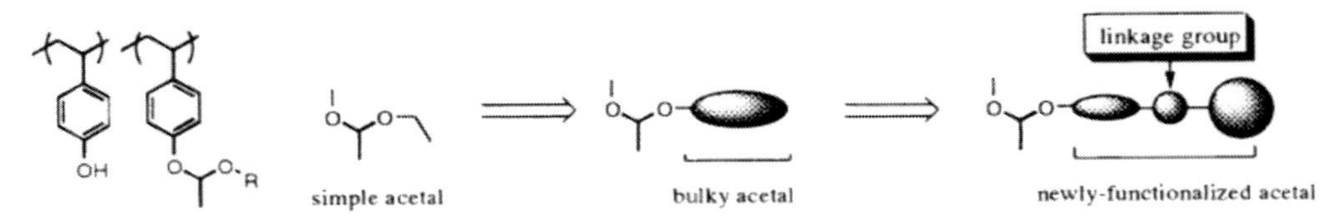

図5　新規末端修飾型アセタール（バルキーアセタール）

また、化学増幅型レジストの欠点である、酸の拡散による像不鮮明化に対し、出来るだけ発生酸を拡散させずに脱保護反応を起こさせる手法として、光酸発生剤の分子サイズを大きくすること、膜のTgを高くして拡散を制御することなどが検討され、さらには、そもそもの酸拡散を抑止するため保護基を有するポリマーに光酸発生剤を直接結合させたPAG担持ポリマーが検討され高解像力化、低いLWR性能が確認された。分子設計の難しさや合成難易度の高さを乗り越えて、実用可能な領域に達成したと言われている。

2.3　化学増幅型ネガティブトーンイメージング（ネガティブトーン現像）EUV-NTI

一方、ArF液浸世代において、有機溶剤現像によるネガティブトーンイメージング（NTI）の開発および実用化に成功した富士フイルムは、この技術をEUV世代でも積極的に適用すべく検討、提案を継続している。有機溶剤現像によるネガティブトーンイメージングは、露光、PEB工程まではポジティブトーンと同じ機構で、現像時にアルカリ現像液の代わりに有機溶剤を適用するものである（図6）[16-20]。

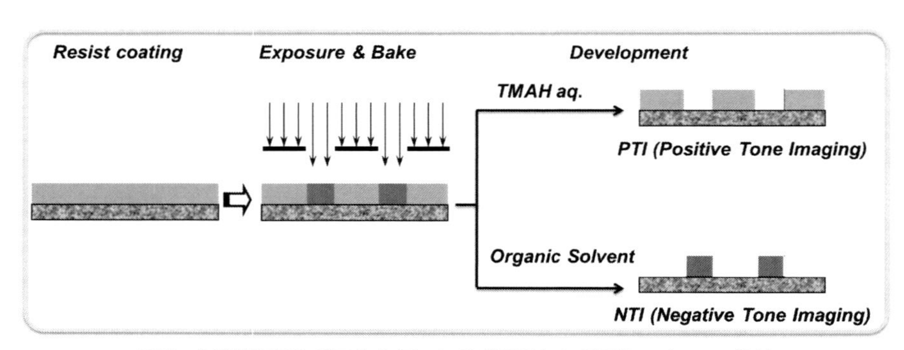

図6　化学増幅型レジストを用いたポジ現像とネガ現像のプロセス比較

従来のアルカリ水溶液を用いた現像プロセスでの一つの大きな問題は、パターンの膨潤である。アルカリの作用により樹脂をイオン化することで水に溶解させる機構であるため、該イオン化が律速となり現像液がレジスト膜に浸透してから溶解するまでに時間がかかり、パターンの膨潤が不可避であった。現像時にレジスト膜が膨潤すると、その内部応力によってパターンが不均一に変形してしまい、先端半導体リソグラフィに要求される高解像力が得られない。一方、富士フイルムの開発したネガティブトーンイメージング（NTI）は、この現像工程に有機溶剤を用いることにより、レジストの露光部分の親水化反応による有機溶剤への不溶化、未露光部分の疎水部の可溶化を利用したイメージング技術であり、これにより従来のポジティブトーンの反転パターンを得ることが出来る。

ネガティブトーンイメージングは、有機溶剤での溶解現像を用いることにより、膨潤の少ないスムーズな現像が可能となり、LWRが改良されるポテンシャルあることが見出された。EIDEC（EUVL Infrastructure Development Center, Inc.：EUVL基盤開発センター）および富士フイルムは、EIDECが開発したin situ 高速分子間力測定装置（High Speed AFM）を用いることによりその現像挙動を視覚的に観察することに成功した。ポジ現像では現像初期段階で膜が膨潤していることが観察されるのに対し、ネガ現像では膨潤過程を通らず速やかに溶解過程に移行していることが明確に確認された（図7）[21-25]。同時にリソグラフィ性能も確認され、同一露光量でのLWRを比較し、NTIが優位な性能を与えること、さらにはその特性を活かして、高感度・高解像力であるポテンシャルを報告している。

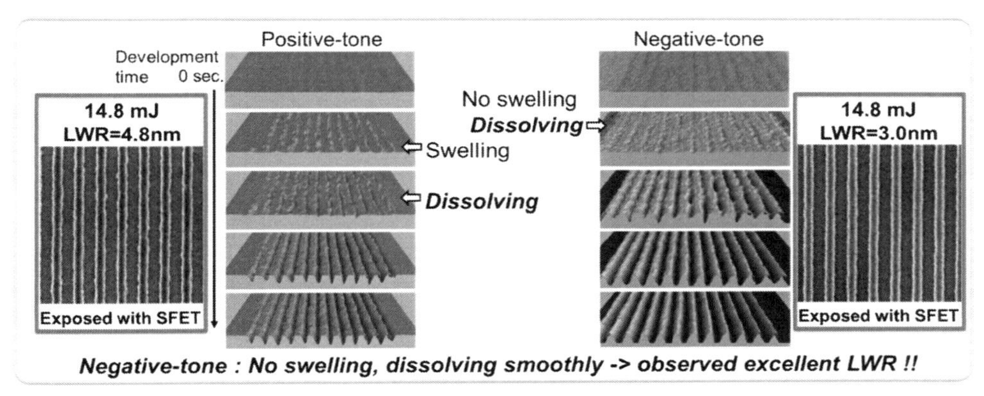

図7　高速AFMによるポジ現像とネガ現像の現像挙動比較、そのリソ性能比較

2.4　微細パターン対応を鑑みた低分子型レジスト

前述のとおり、EUVレジスト開発初期は、KrFリソグラフィ用の化学増幅型レジストの改良が精力的に検討されていたが、やがて分子サイズの小さい低分子レジストが微細線幅に有利であろうとのことから、ポリマー型から低分子レジストへと研究がシフトし、高解像力レジストとして活発に検討された。しかしながら、興味深いことに現像液であるアルカリ水溶液への分散・溶解の点ではポリマー型にまだ一日の長があり、低分子レジストの実用化には至っていない。ただし、今後さらなる微細化が進んだ場合、低分子レジストはポテンシャルを秘めており再び脚光を浴びる日を否定することは出来ない。低分子レジストに関しては出版済みのフォトレジスト材料開発の新展開（シーエムシー出版）に詳細に記載されていることからそちらを参照されたい[26, 27]。

2.5 非化学増幅型レジスト

EUVレジストは、実用化は近いといわれ続けて早20年が経過しようとしている。先述のとおり、2019年には化学増幅型レジストにてその実用化を迎えたわけだが、実用に至るまでに、適用が期待される線幅は微細化され、近年では化学増幅型レジストでは適用困難ではないか、とささやかれるようになってきた。発生させた酸を拡散させて像を通る化学増幅型レジストの機構自身の限界説である[28, 29]。

新たなシステム、化学反応機構が待望される中、非化学増幅型レジストに注目が集まり、主鎖切断型レジスト[30]、メタルレジストをはじめ様々な系が検討され、さらには過去に性能優位性が十分でなかった低分子レジストも再検討が開始され、EUVリソグラフィ用フォトレジストの開発が第二世代へ向けて活発に動き始めている。中でもEUV光をより吸収し有効に活用することが期待されるメタルレジストが特に大きな期待をされている。メタルレジストとは、レジスト膜中にメタル原子を有し、その高吸収を活用することにより高感度、高解像力を目論むレジストの総称であるが、ゾルゲルタイプのナノパーティクル型、有機無期ハイブリッド型、有機金属錯体型など、様々なタイプのメタルレジストが検討されている。その先駆者は米国Inpria社で、メタルオキサイド型メタルレジストを長い間基礎検討から継続し、現在最も量産に近い立場にいる[31]。当初は、超高解像力を狙って開発をしており、10nm以下の解像も実現してきたが、その低感度（200mJ/cm^{2}以上）が問題となっていた。種々検討を重ね、今ではその解像力を維持したまま化学増幅型レジストと同等の感度まで到達してきた。メタル含有による高い耐エッチング特性によるレジスト膜の薄膜化が可能となり、極微細パターンでのパターン倒れを抑制した高解像力化が実現され、特に次世代High NAスキャナー世代への適用に向け検討が行われている。メタルレジストには、そのレジスト自身の安定性、プロセス適性、メタル不純物による欠陥への懸念など、まだ多くの課題を残すものの、極微細パターン解像可能な唯一のオプションとして注目され、その課題を業界あげて解決する勢いを感じる[32]。メタルレジストとしては、他に米国ニューヨーク州立大学が有機金属錯体型レジストを[33]、米国Cornel大およびJSRが共同でナノパーティクルレジストを[34]、さらには、EIDECもナノパーティクルレジストを検討し[35]、そのポテンシャルが示されたが、まだまだ検討の余地があり、現在も鋭意検討されている状況である。メタルレジストをはじめとする非化学増幅型レジストの開発は、次世代High NAスキャナー世代には不可欠な技術であり、さらなる研究が鋭意検討されている。

2.6 さらなる性能向上に立ちはだかる本質課題、ストカスティック欠陥

上述の通り、EUVリソグラフィは長い年月を経て2019年についに上市された。当然のことながら、まず上市のための必要最低限の改良、検討がなされ、実用に至ったわけだが、実際に適用されるようになると、EUVリソグラフィ本来が持つ課題が脚光を浴びてくる。それがストカスティック欠陥である[36]。ストカスティックとは、確率統計学的なばらつきのことであり、どんなものにも自然現象として発症しうる現象である。その発症するストカスティックの影響が問題となるのかによって課題か否かが決まる。EUVリソグラフィは、当然のことながら極小微細パターン形成に期待されているリソグ

ラフィであり、その目標線幅は前世代に比して極めて小さい。すなわち、同じ大きさの微小欠陥があった場合、その影響度は極めて大きくなる。さらに、EUVリソグラフィにはArFリソグラフィに対して根本的に不利な点がその光子の少なさであり、J. J. Biaforeらのシミュレーションによると14倍少ないと報告されている[37]。これがフォトンショットノイズと呼ばれEUVリソグラフィ開発当初からの課題である。加えて、EUV光源のソースパワーがまだ開発途上でありリソグラフィ過程におけるフォトンショットノイズが大きな課題となっている。特に、2016年までは、EUV光源のソースパワーが、目標値に対してその1/10にとどまり、EUV光源開発の成功なくしては、EUVリソグラフィの実現はない、と言われていた。ところが、昨今の光源メーカーの努力によって[38]、フォトンショットノイズの課題は残るものの、焦点はレジスト開発に移ることとなった。EUVレジスト実現に向けた4つの大きな因子である、光源開発、レジスト開発、マスク欠陥改良、マスク評価用インスペクションツール開発、のうち、長い間、光源が第一位のフォーカスエリアを寡占していたが、光源開発が急速に進展した2017年以降、光源開発に代わってレジスト開発が寡占することとなり、現在に至っている[39]。

EUVレジスト開発が量産に向けて本格的になってきた2017年以降、その性能目標が解像力、LWRという単純なリソグラフィ性能から、「ストカスティック欠陥」に焦点が移った。図8に示すように感度解像力の観点では、HP13nm、感度42mJ/cm^2、LWR=5.3nmと一見十分のように思われる性能でも、そのパターンを注意深く見るとナノブリッジやナノピンチングといったいわゆるストカスティック欠陥が散見される。これらは、量産適用時の得率に大きく影響する（図8）。

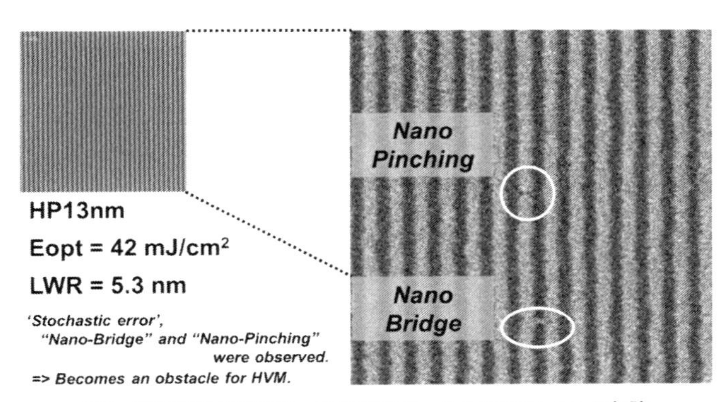

図8　EUVリソグラフィの本質課題、ストカスティック欠陥

前述のとおり、以前はEUVリソグラフィのストカスティックといえば、フォトン不足によるフォトンショットノイズのことを示していたが、検討が進んで行くうちに、EUVレジスト材料に関わるストカスティックが話題になるようになってきた。筆者は、それをケミカルストカスティックと名付け、リソグラフィ工程におけるストカスティック因子を分析した（図9）[40, 41]。その結果、大きく二つのストカスティック因子に整理できることを明らかにした。一つ目が露光工程でおこるフォトンストカスティック、二つ目がレジスト塗布工程、露光後加熱工程、現像工程でそれぞれ発生するレジスト材料の膜内分布、レジスト材料の膜内拡散及び反応の不均一からなる分布、現像工程中の溶解分布からなるケミカルストカスティックである。

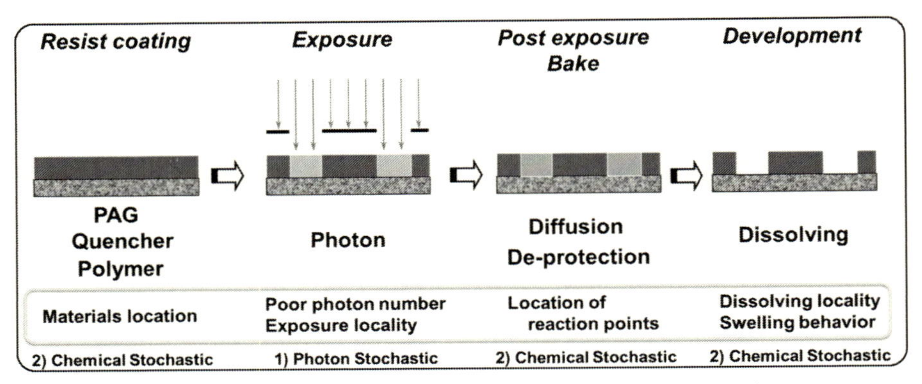

図9　リソグラフィプロセスにおけるストカスティック因子の分析

EUVリソグラフィのさらなる性能向上には、このそれぞれのストカスティック因子の低減が不可欠である。光子を効率的に捕捉するためEUV光に対して吸光度の高い原子を導入してフォトンストカスティックを低減させる施策、ポリマーや光酸発生剤、クエンチャーの化学構造を工夫することによって膜中分布をコントロールすることによるケミカルストカスティック低減させる施策などが精力的に検討されている[42-45]。これら新しい技術が導入された新規EUVレジストによる性能ブレイクスルーが期待される。

2.7　レジストアウトガス

前述してきた通り、EUVレジスト開発は長い歴史の中で紆余曲折ありながら、実用化に至っている。しかし、ここに至るまでの間に、レジスト材料からのアウトガス課題に関し記載せずには終われない。レジスト材料からのアウトガスによる装置へのダメージ、特にミラーへの付着による反射率の低下が大きな課題であった[46]。そのため、レジスト材料からアウトガスが発生しないような分子設計を求められた。例えば、化学増幅型レジストは、露光によりPAG（光酸発生剤）から酸が発生するが、その過程で揮発性分解物が発生することが知られている。例えば、トリフェニルスルホニウム塩化合物の場合は、ベンゼンとジフェニルスルフィドが発生し揮発する。また、発生した酸によりポリマーの脱保護反応を誘発するが、その脱離種も揮発しアウトガスとして発生する。これらを抑制するためには、分解物を極力小さくして装置系外まで出してしまうか、もしくは極力大きくして膜中に残存させて揮発させない、という二通りの施策があり、おおいに検討がなされた[15, 47]。また、そのアウトガス量の測定方法および許容度をワールドワイドでアラインする必要があり、EIDECを中心に米国のNIST、SEMATECH、欧州のimecが露光機メーカーのASMLと共同して検討を実施し、測定法標準化、基準を確立した[48]。当然のことながら、分子設計には大きく影響を与え、チャレンジングな微細パターン解像のための分子設計と頻繁に相反する状況となり、レジスト材料開発は困難を極めた。その状況も鑑み、またEUV露光装置の精度向上も含め露光機メーカーであるASML社が装置内の機構改良を進め、発生したアウトガスが装置内に蔓延もしくはミラーに付着しないような仕組み、および付着しても水素ガス洗浄可能な機構を確立した。その結果、典型的化学増幅型レジストに関しては、アウトガス量スペックの緩和期間を経由したのち、アウトガステスト不要、すなわちアウトガス不問となった[49]。フォトレジスト材料サプライヤーにとっては、非常に大きな転換期となった。その結果、分子設計に幅が広がりチャレンジングな化合物構造が実現し性能向上に貢献したことはまぎれもない事実である。この成果は、国家プロジェクト、国立研究所が地道に要素研究を進めたこと、それをフォトレジスト研究開発者自らがフォトレジストサプライヤーと共同で行ったことによりなしえたものである。国プロの成果を議論する場面をよく目にするが、こういった地道な成功例にも是非焦点をあてていただきたいものである。なお、典型的な化学増幅型レジスト以外の系に関しては、アウトガスには留意が必要であることを付け加えておきたい。

おわりに

EUVレジスト材料は、30年以上前のKrFレジスト材料の適用から端を発し、2019年についに実用化に至った。しかしながら、その実用に至るまでの長い間基礎研究としての検討期間が長く、様々なアプローチが検討された。これまでの長い期間での技術蓄積が実用に結びついたと思うと研究当事者の一人としても非常に感慨深い。長い期間検討されていたがゆえ、様々な系が検討されてきたが、最終的に実用化に至ったのは、やはり化学増幅型レジストであった。一方で、その限界説もささやかれており、新たに検討された様々な系の実用化もEUVレジスト材料第二世代では実現に至る可能性が高い。また、さらなる新しいケミストリーが現れることにも期待したい。EUVレジストは、今後の微細化を継続する上での鍵技術であり、今後もさらなる研究が継続・継承され、微細化の流れをとめることなく、本業界が発展する事を祈り、本節をまとめとしたい。

参考文献

1）H. Kinoshita, *et. al.*, *J. Vac. Technol.* B, 7, 1648 (1989)
2）IRDS™, International Roadmap for Devices and Systems™ (2021)
3）鴨志田洋一、第I編　第5章 フォトレジストの基礎、*フォトレジストの最先端技術（遠藤政孝監修）*、*シーエムシー出版* (2022)
4）M. Sasago, *et. al.*, *IEEE Proc. Int. Electron Devices Meet.*, 316 (1986)
5）H. Ito, *et. al.*, *Polym. Eng. Sci.*, 23, 1012 (1983)
6）H. Ito, *Proc. SPIE 3678, Advanced in Resist Technology and Processing XVI* (1999)
7）T. Kozawa, *et. al.*, *J. Vac. Sci. Technol.* B, 22, 3489 (2004)
8）D. Wheeler, *et. al.*, *Proc. SPIE 2438, Advanced in Resist Technology and Processing XII* (1995)
9）C. Henderson, *et. al.*, *Proc. SPIE 3331, Emerging Lithographic Technologies II* (1998)
10）V. Rao, *et. al.*, *Proc. SPIE 3676, Emerging Lithographic Technologies III* (1999)

11) J. Cobb, *et. al.*, *Proc. SPIE 4688, Emerging Lithographic Technologies VI* (2002)
12) H. Cao, *et. al.*, *Proc. SPIE 5039, Advances in Resist Technology and Processing XX* (2003)
13) S. Malik, *et. al.*, *Proc. SPIE 3678, Advances in Resist Technology and Processing XVI* (1999)
14) T. Fujimori, *et. al.*, *Proc. SPIE 3999, Advances in Resist Technology and Processing XVII* (2000)
15) S. Masuda, *et. al.*, *Proc. SPIE 6153, Advances in Resist Technology and Processing XXIII*, 615342 (2006)
16) S. Tarutani, *et. al.*, *Proc. SPIE 6923, Advances in Resist Materials and Processing Technology XXV*, 69230F (2008)
17) S. Tarutani, *et. al.*, *Proc. SPIE 8682, Advances in Resist Materials and Processing Technology XXX*, 868214 (2013)
18) T. Fujimori, *et. al.*, *International Symposium on Extreme Ultraviolet Lithography* (2013)
19) H. Tsubaki, *et. al.*, *Proc. SPIE 9048, Extreme Ultraviolet (EUV) Lithography V*, 90481E (2014)
20) T. Fujimori, *et. al.*, *International Symposium on Extreme Ultraviolet Lithography* (2014)
21) T. Fujimori, *et. al.*, *International Symposium on Semiconductor Manufacturing*, PO-O-042 (2014)
22) T. Fujimori, *et. al.*, *Proc. SPIE 9425, Advances in Patterning Materials and Processes XXXII*, 942505 (2015)
23) T. Fujimori, *et. al.*, *J. Photopolym. Sci. Technol.*, Vol. 28, No. 4 (2015)
24) 藤森、第II編 第7章 EUVレジスト技術の現状と今後の展望、*最新フォトレジスト材料開発とプロセス最適化技術（河合晃監修）、シーエムシー出版* (2017)
25) T, Fujimori, *International Workshop on Advanced Patterning Solutions (IWAPS)* (2021)
26) 西久保忠臣、工藤宏人、平山拓、第11章、*フォトレジスト材料開発の新展開（上田充監修）、シーエムシー出版* (2009, 2015)
27) 工藤宏人、第III編　第2章 極端紫外線（EUV）用レジスト材料の開発、*フォトレジストの最先端技術（遠藤政孝監修）、シーエムシー出版* (2022)
28) A. Yen, *International Symposium on Extreme Ultraviolet Lithography* (2014)
29) A. Goethals, *et. al., International Symposium on Extreme Ultraviolet Lithography* (2014)
30) A. Shirotori, *et. al.*, *Proc. SPIE 11147, International Conference on Extreme Ultraviolet Lithography 2019, 11470J* (2019)
31) A, Grenville, *et. al.*, *Proc. SPIE 9425, Advances in Patterning Materials and Processes XXXII, 94250S* (2015)
32) D. De Simone, *et. al., Proc. SPIE* 11609, 116090Q (2021)
33) R. Brainard, *Proc. SPIE 10960, Advances in Patterning Materials and Processes XXXVI, 1096002* (2019)
34) D. De Simone, *et. al.*, *Proc. SPIE 9776, Extreme Ultraviolet (EUV) Lithography VII, 977606* (2016)

35）T. Fujimori, *et. al., Proc. SPIE 9776, Extreme Ultraviolet (EUV) Lithography VII, 977605* (2016)

36）P. De Bisschop, *et. al., Proc. SPIE 10583, Extreme Ultraviolet (EUV) Lithography IX, 105831K* (2018)

37）J. J. Biafore, *et. al., Proc. SPIE 7273, Advances in Resist Materials and Processing Technology XXVI, 727343* (2009)

38）A. A. Schafgans, *et. al., Proc. SPIE 9422, Extreme Ultraviolet (EUV) Lithography VI, 94220B* (2015)

39）P. Naulleau, *et. al., International Symposium on Extreme Ultraviolet Lithography, Closing remarks* (2017)

40）T. Fujimori, *Proc. SPIE 11147, International Symposium on Extreme Ultraviolet Lithography, 1114701* (2019)

41）藤森亨、第III編　第3章 EUVレジストの動向、*フォトレジストの最先端技術（遠藤政孝監修）、シーエムシー出版* (2022)

42）H. Furutani, *et. al., J. Photopolym. Sci. Technol.,* 31, 201 (2018)

43）T. Fujimori, *IEEE, 2020 China Semiconductor Technology International Conference (CSTIC)* (2020)

44）T. Fujimori, *International Microprocesses and Nanotechnology Conference*, the 34th, MNC (2021)

45）T. Fujimori, *IEEE, 2022 International Workshop on Advanced Patterning Solution (IWAPS)* (2022)

46）H. Hada, T. Watanabe, *et. al., Proc. SPIE 5347, Emerging Lithographic Technologies VIII* (2004)

47）E. Shiobara, *et. al., Proc. SPIE 9776, Extreme Ultraviolet (EUV) Lithography VII, 97762H* (2016)

48）S. Inoue, *et. al., Proc. SPIE 9442, Extreme Ultraviolet (EUV) Lithography VI, 942212* (2015)

49）Gijsbert, *et. al., EUVI EUVL Resist TWG Meeting* (2015)

第2章　EUVリソグラフィ・レジスト材料

第2節　EUVリソグラフィ用フォトレジストの線幅ばらつきの要因

JSR株式会社　丸山　研

はじめに

半導体集積回路はその誕生以来回路パターンの微細化による高集積化によって性能向上を図ってきた。その微細化をけん引してきたのがフォトリソグラフィであり、微細化に合わせて露光波長の短波長化が行われてきた。そして2019年にはEUVリソグラフィが先端半導体の量産に使用されるようになり、待望のEUV時代が訪れた。EUVとはExtreme Ultra-Violetの略で日本語では極端紫外線と訳され、光源として波長13.5nmのレーザ光が用いられている。EUVリソグラフィは、前身となるX線リソグラフィまで含めると、その開発に30年以上の時間を要した。光学系やマスク、光源などとともにフォトレジストの開発も困難を極めた。EUVレジストの課題は感度向上、線幅ばらつき改善、解像度向上、欠陥改善の4つに大別される。本章では線幅ばらつき改善にフォーカスし、開発の歴史と動向を述べる。

1.　線幅ばらつきの原因

線幅ばらつきを与える因子として、①レジスト膜の原料ばらつき、②光子のばらつき（photon shot noise）、③電子のばらつき、④酸のばらつき、⑤現像のばらつきなどが挙げられる（図1）。

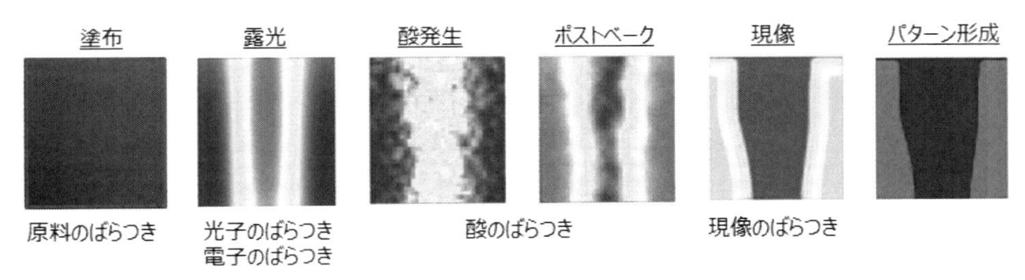

図1　線幅ばらつきの原因

①についてはレジスト膜を形成する樹脂、光酸発生剤（PAG）、クエンチャーの分散状態が原因でばらつきを与えていると報告がある[1]。②についてはEUVとArFの同一露光量における光子数を比較するとイメージがつきやすい。EUVはArFの1/14程度の光子数であり、それ故、光子のばらつきが線幅ばらつきに大きく影響を及ぼしやすい[1, 2]。③はレジスト膜中で発生する電子のばらつき及び電子散乱により線幅ばらつきが生じる。④は発生する酸のばらつき及び酸拡散により線幅ばらつきが生じる。⑤は現像時の膨潤などにより線幅ばらつきが生じる。

化学反応の観点からEUVレジストとArFレジストとを比較すると、最も大きな違いはPAGからの酸発生機構である。これは前述の③と④に強く関与している。EUVリソグラフィで用いられる波長13.5nmの光は軟X線領域の光であり、その光子の持つエネルギーはArF光（波長193nm）よりも10倍以上強い。このエネルギーはPAGを励起するには大きすぎるため、光化学に基づく直接励起によるPAGの分解は起こりにくい。EUV光はレジスト膜中の様々な原子から光電子を発生させ（光電効果）、さらにその光電子により発生する二次電子がPAGにエネルギーを与えて分解する（図2）。つまり、EUVにおいて線幅ばらつきを議論するためには放射線化学に基づく電子の発生効率やその散乱長、更に電子とPAGとの反応による酸発生効率などを考慮する必要がある。

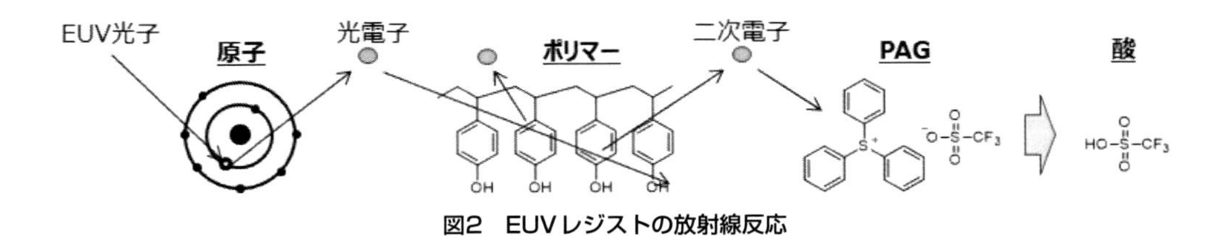

図2　EUVレジストの放射線反応

2.　線幅ばらつき改善のアプローチ

今日まで線幅ばらつき改善のための様々な提案が材料面からなされている。代表的なものとしては主鎖切断レジスト材料、分子レジスト材料、ポリマーバウンドPAG材料、高量子収率PAGレジスト、高EUV吸収原子導入材料、金属レジスト材料などがある。

2.1　主鎖切断レジスト材料

主鎖切断レジスト材料は①レジスト膜の原料ばらつきと⑤現像のばらつきを改善することによる線幅ばらつき改善のアプローチである。酸の触媒反応により露光部が低分子量化することで①と⑤のばらつきを改善することが期待できる。例えば、Ogataらによるポリマー主鎖切断レジストが提案されている。これは主鎖にアセタール結合を有するポリマーが酸の触媒反応により切断されるコンセプトである（図3）[3]。更にDengらも同様にアセタール結合を主鎖に有する主鎖切断レジストを提案している（図4）[4]。

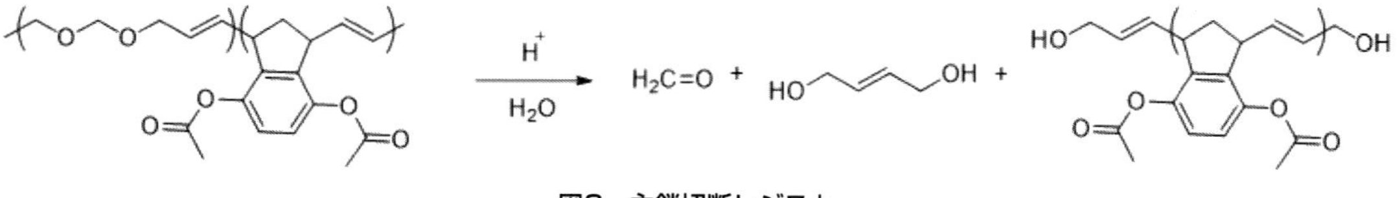

図3　主鎖切断レジスト

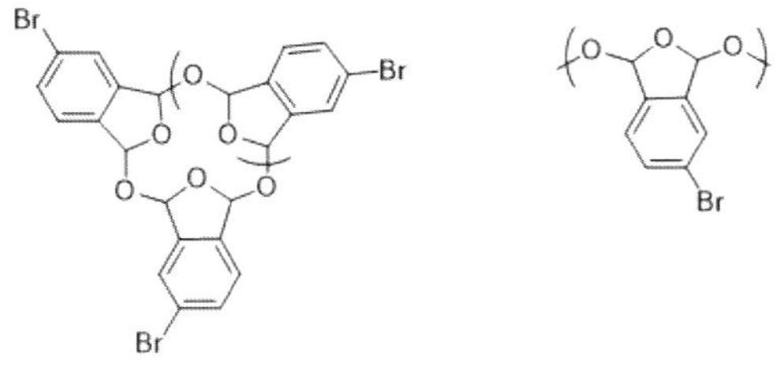

図4　主鎖切断レジスト

2.2　分子レジスト材料

分子レジスト材料は①レジスト膜の原料ばらつきと⑤現像のばらつきを改善することによる線幅ばらつき改善のアプローチである。分子レジストは分子量が小さいこと、更に単一化合物であることから①と⑤の改善が期待できる。例えばSilvaによる分子レジストが提案されている。フェノール低分子を分子レジストの母核に用いることで従来のポリマー型レジスト対比で線幅ばらつきが改良したことを報告している（図5）[5]。またYamamoto及びKudoらはユニークな構造を有する分子：Noriaを分子レジストの母核に用いることで著しい性能向上を達成したことを報告している[6]。

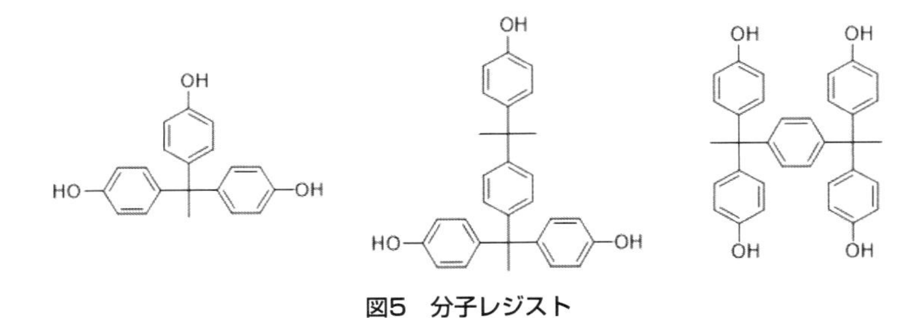

図5　分子レジスト

2.3　ポリマーバウンドPAG型レジスト材料

ポリマーバウンドPAG型レジスト材料は①レジスト膜の原料ばらつきと④酸のばらつき改良による線幅ばらつき改善のアプローチである。樹脂とPAGとの相溶性改善、更にはPAGをポリマーにバウンドさせることで酸拡散を抑制することで酸のばらつき改善を図っている。例えばLeeらによるポリマーバウンドPAG型レジスト材料が提案されている。このレジストはポリマーとPAGとのブレンドから成るレジスト材料（ブレンドタイプ型レジスト）と比較して20％程度の線幅ばらつきが改善したことを報告している（図6）[7]。更にこのコンセプトをクエンチャーにも拡張させ、ポリマーにクエンチャーをバウンドさせたポリマーバウンドクエンチャー型レジスト材料もGoldfarbらによって報告されている（図7）[8]。

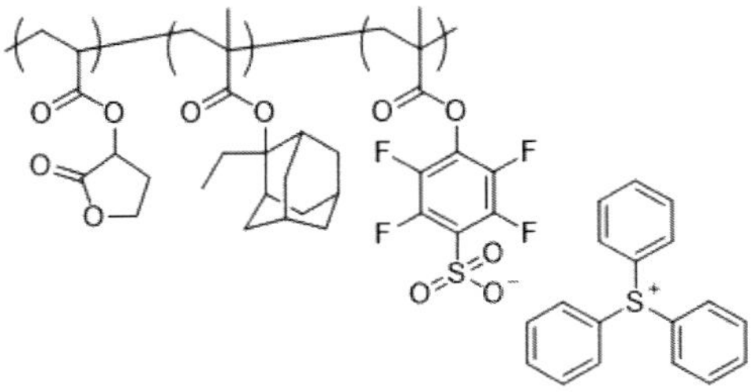

図6　ポリマーバウンドPAG

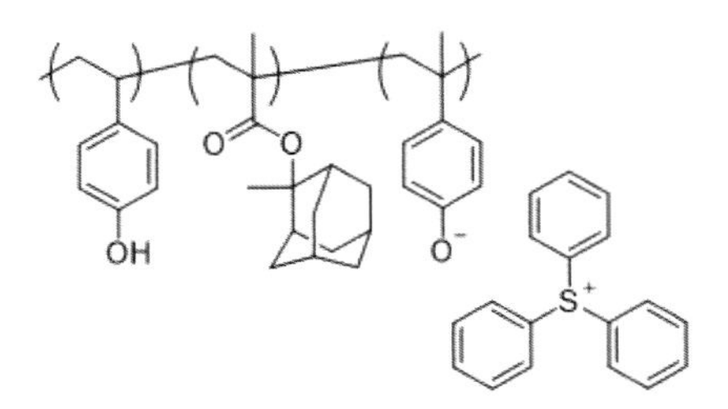
図7　ポリマーバウンドクエンチャー

2.4　高量子収率PAGレジスト材料

高量子収率PAGレジスト材料は④酸のばらつきを改善することで線幅ばらつき改善を狙ったアプローチである。EUVリソグラフィでは光子数が少ないため、発生する酸の数も少ないが故に、酸のばらつきが生じやすい。そこで少ない光子から多くの酸を発生させることで、酸のばらつきを改善させることを狙ったのが高量子収率PAGレジスト材料である。例えば、Nishikoriらにより高量子収率PAGレジスト材料が提案されている。高量子収率PAGを適用することで線幅ばらつきを改善するとともに、欠陥性能も改良したことを報告してている[9]。

2.5　高EUV吸収原子導入レジスト材料

高EUV吸収原子導入レジスト材料は③電子のばらつきを改善することで線幅ばらつき改善を狙ったアプローチである。EUVリソグラフィでは前述したとおり光子数が少ないため、放射線反応により発生する電子の数が少なく、それ故、電子のばらつきが生じやすい。そこで少ない光子から多くの電子を発生させることで、電子のばらつきを改善させることを狙ったのが高EUV吸収原子導入レジスト材料である。例えば、Fujimoriらにより高EUV吸収原子導入レジスト材料が提案されている。EUV高吸収な元素としては酸素、フッ素、ヨウ素などがある。従来レジスト対比で150％高吸収なEUVレジストを開発しており、14nmハーフピッチにおける線幅ばらつきと感度を同時に改善したことを報告している[10,11]。

2.6　金属レジスト材料

金属レジスト材料は③電子のばらつきを改善することによる線幅ばらつき改善のアプローチである。前述の高EUV吸収原子導入レジスト材料の究極系が金属レジスト材料であると言えるだろう。金属レジスト材料に関してはinpriaが業界を牽引する存在であり続けている。inpriaはOregon State University's Department of Chemistryからのスピンアウトとして2007年に設立された。2010年にPatrickらによってinpriaメタルレジストのパターニング評価が報告されておりThe Berkeley MET（EUV露光機）にて、22nm L/Sパターンを良好な線幅ばらつきで得ることに成功している[12]。inpriaレジストは線幅ばらつきの改善のみでなく解像性にも特徴があり、従来の有機レジスト対比で解像性に優れており、金属レジストが高解像度化を達成する唯一の候補であるとも言及されている。具体的には有機レジストの解像限界が14nm L/Sパターンであるのに対して、金属レジストであるinpria/JB及びinpria/IBを用いたEUVパターニング結果が示され、それぞれ12nm L/Sパターンと8nm L/Sパターンが得られたことを報告している[13]。

2021年にはimecとASMLがNXE：3400（NA0.33）のEUVシングル露光にてinpriaレジストを用いることで高品質な14nm L/Sを得ることに成功した。またこれは大量生産に対応できるレベルであるとも報告している。更にプロセスの最適化によって、12nm L/Sの非常に微細なパターンも得られている（図8）[14]。

図8　imec NXE：3400評価結果

inpriaは金属レジスト材料の商業化（製造および販売）を開始したことも報告している。線幅ばらつき、解像性、感度などの観点から顧客要求を満たし、製造はオレゴン州コーバリスの最新製造工場で行われている。最先端技術を駆使した製造設備により品質を担保しており、研究開発段階から商業化に移行した。2021年にはinpriaはJSRの傘下に入り、商業化を更に加速させている（図9）。

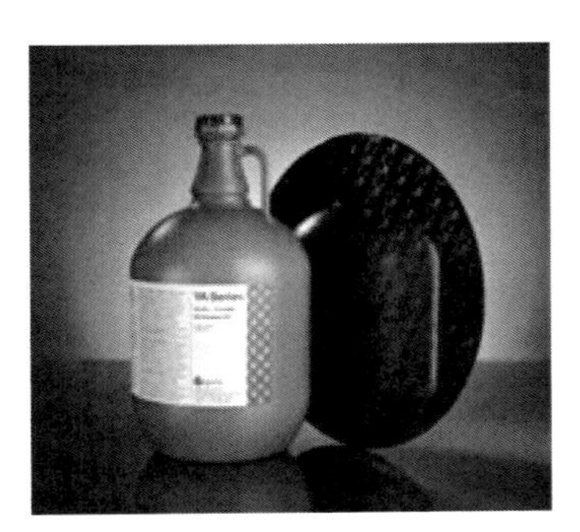

図9　inpria金属レジスト材料の製造設備

おわりに

半導体業界は、ムーアの法則を堅持するために共通の技術ロードマップ（ITRS/IRDS）を定めて半導体の高性能化に取り組んできた。こうした共通のロードマップを作成して技術をドライブしている業界は他にはない。EUVリソグラフィの実現はその大きな成果と言える。今後も半導体の高性能化は続き、それを実現するための技術開発が継続されるだろう。最後に紹介した金属レジストは微細加工用フォトレジスト開発に携わってきた研究者にとって、従来の常識を打ち破る画期的な材料である。半導体プロセスでは、歩留まり低下の懸念から微細加工用レジストに不純物として含まれる金属成分をppb（10のマイナス９乗）レベルまで低減することが常識であった。金属レジスト登場は、レジスト世界のタブーを打ち破り新たなイノベーションが生まれた瞬間である。このイノベーションは新たなイノベーションを生むトリガーとなるだろう。

参考文献

1）Patrick Naulleaua, Gregg Gallatin, J. Micro/Nanolith. MEMS MOEMS, 17(4), 041015 (Oct–Dec 2018)

2）John J. Biafore, Mark D. Smith, Chris A. Mack, James W. Thackeray, Roel Gronheid, Stewart A. Robertson, Trey Graves, David Blankenship, Proc. SPIE, 7273, Advances in Resist Materials and Processing Technology XXVI, 727343 (2009)

3）Yoichi Ogata, Georgeta Masson, Yoshi Hishiro, James M. Blackwell, Proc. SPIE, 7636, Extreme Ultraviolet (EUV) Lithography, 763634 (2010)

4）Jingyuan Deng, Sean Bailey, Christopher K. Ober, Proc. SPIE, 12055, Advances in Patterning Materials and Processes XXXIX, 120550H (2022)

5）Anuja De Silva, Nelson Felix, Jing Sha, Jin-Kyun Lee, Christopher K. Ober, Proc. SPIE 6923, Advances in Resist Materials and Processing Technology XXV, 69231L (2008)

6）Hiroki Yamamoto, Hiroto Kudo, Takahiro Kozawa, Proc. SPIE, 9051, Advances in Patterning Materials and Processes XXXI, 90511Z (2014)

7）Cheng-Tsung Lee, Mingxing Wang, Nathan D. Jarnagin, Kenneth E. Gonsalves, Jeanette M. Roberts, Wang Yueh, Clifford L. Henderson, Proc. SPIE, 6519, Advances in Resist Materials and Processing Technology XXIV, 65191E (2007)

8）Dario L. Goldfarb, Olivia Wang, Conor R. Thomas, Heather Polgrean, Margaret C. Lawson, Alexander E. Hess, Anuja De Silva, Proc. SPIE, 11326, Advances in Patterning Materials and Processes XXXVII, 1132609 (2020)

9）Katsuaki Nishikori, Kazuki Kasahara, Tetsurou Kaneko, Tomohiko Sakurai, Satoshi Dei, Ken Maruyama, Ramakrishnan Ayothi, Proc. SPIE, 11326, Advances in Patterning Materials and Processes XXXVII, 1132612 (2020)

10）Toru Fujimori, 2018 IEUVI Resist TWG, February 25, 2018, http://ieuvi.org/TWG/Resist/2018/20180225/01_fuji.pdf

11) Hajime Furutani, Michihiro Shirakawa, Wataru Nihashi, Kyohei Sakita, Hironori Oka, Mitsuhiro Fujita, Tadashi Omatsu, Toru Tsuchihashi, Nishiki Fujimaki, Toru Fujimori, Proc. SPIE, 10586, Advances in Patterning Materials and Processes XXXV, 105860G (2018)
Photoresists for EUV Lithography Second Edition, p534-591, SPIE. (2018)
12) Naulleau, Patrick, Anderson, Christopher, Baclea-an, Lorie-Mae, Chan, David, Denham, Paul, *et. al.,* Proc. SPIE 7636, Extreme Ultraviolet (EUV) Lithography, 76361J (2010)
13) Yasin Ekinci, Michaela Vockenhuber, Mohamad Hojeij, Li Wang, Nassir Mojarad, Proc. SPIE 8679, Extreme Ultraviolet (EUV) Lithography IV, 867910 (2013)
14) https://www.imec-int.com/en/press/imec-pushes-single-exposure-patterning-capability-033na-euvl-its-extreme-limits

第2章　EUVリソグラフィ・レジスト材料

第3節　EUVレジスト材料における微細化と欠陥について

東京応化工業株式会社　中村　剛

はじめに

2019年ごろよりEUVリソグラフィの量産適用が始まり、ロジック配線層やDRAMへの適用がなされつつある[1)]。EUVリソグラフィの利点はArF液浸リソグラフィ＋多重パターニングのプロセス手法に比べて、短波長化による微細化、およびパターニングやエッチングの簡略化とコスト削減になる。しかし、量産に向けて検討を進めるなかでEUVリソグラフィにて顕著になる欠陥があることも明確になってきた。

本節ではEUVリソグラフィにおいて微細化と欠陥の関係性とそこにおけるレジスト材料の役割、プロセス要因について述べる。

1.　リソグラフィにおける欠陥

リソグラフィにおける欠陥とはレジスト塗布から露光、現像に至るまでに発生する意図されないパターン不良を指す。このパターン不良はエッチング後も転写されることが多いため、半導体の動作不良を引き起こし、歩留りを下げてしまい、半導体チップのコスト向上を引き起こす。そのため、欠陥抑制は半導体製造において非常に重要な要素となる。

実際に発生する欠陥として図1のようなものが挙げられる。それぞれ発生要因は違っているが、レジスト、プロセス、もしくは両方に起因するものとされる。

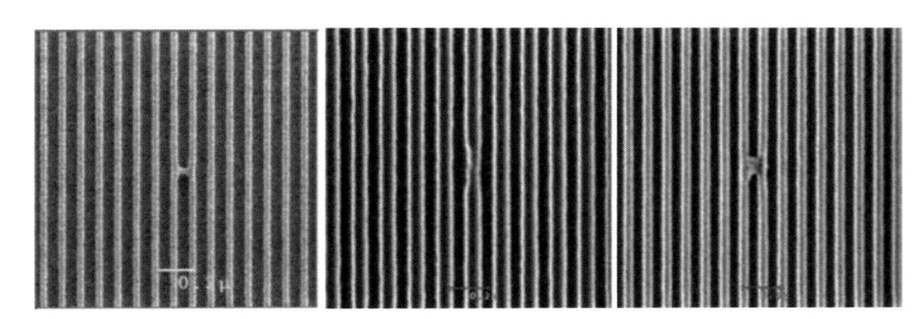

図1　欠陥例　左からBridge欠陥、Short欠陥、Particle欠陥

検出については明視野／暗視野検査装置が用いられることが多く、単位面積当たりの欠陥数で判断される。またEUVリソグラフィでの欠陥数評価においては、CD（寸法）変動に対する欠陥密度のグラフによって表現されることが多い。図2のように表現されたグラフの中で欠陥数（Defect Density）が低いCDのエリアが広いものが、欠陥抑制特性が優れているとされる[2)]。

K. Tanno, et al., "Development Status of EUV Chemically Amplified Resist", MNC 2021

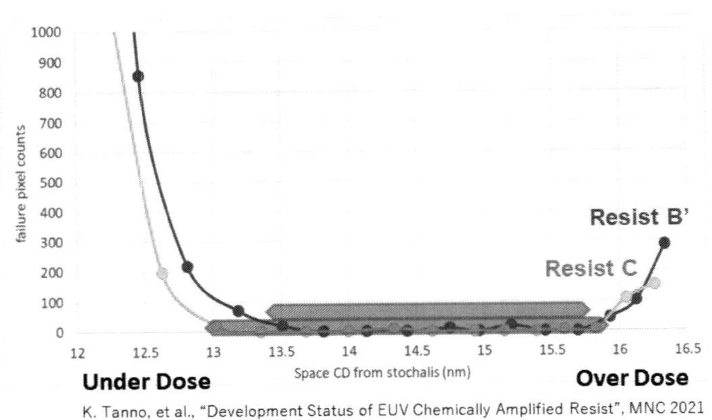

図2　CD vs 欠陥数

上記に述べた通り欠陥低減は半導体チップの歩留りに直結するため、レジスト、プロセスの両方から抑制することが求められている。

2. EUVリソグラフィと欠陥

2.1 EUVリソグラフィにおける微細化について

EUVリソグラフィの欠陥について述べる前にEUVで微細化される際の問題点について述べる。EUVリソグラフィにおいても解像力についてはレイリーの式で示され、

$$R（解像寸法）= \frac{k_1 * \lambda}{NA}$$

微細化には高NA（レンズの開口数増大）、短波長化（小λ化）、プロセスファクターk_1の低下が必要となる。波長、開口数は装置からのアプローチとなるが、材料、プロセスからはk_1を小さくする必要がある。

ここでEUV光の特徴について記す。EUV光の波長は13.5nmであり、92.5eVのエネルギーを持ち、放射光のような1面を持つ。ArF光（193nm）と比べて約13倍のエネルギーを持つことから、光子数はArFの約1/13となり、大幅に減少する。その結果、同じ露光エネルギーをレジストに照射した場合、光子数は1/13となり、反応も大きく減少してしまう[3)]。

	波長 (nm)	エネルギー (eV)	フォトン数 (規格化)
ArF	193	6.47	1.0
EUV	13.5	92.5	0.07

図3　波長、エネルギー、フォトン数の比較

微細化によりパターンサイズが縮小されると、パターンサイズ中の光子数が減少するため、光子数の存在バラツキがこれまでのリソグラフィと比べて顕著になる。一方で微細化を進めるためにはCD

制御をより微小なエリアで行う必要があり、そのためにはレジスト膜中の酸拡散を制御し溶解／不溶領域を要望するサイズに抑える必要がある。この場合、拡散による均質化効果が小さくなるため、バラツキが改善されることが少ない。結果として、微細化されると光子のバラツキがラインエッジラフネスや欠陥として顕著に現れてくるとされる。

2.2　EUVリソグラフィにおいての欠陥低減手法

上記で示した光子のバラツキを抑制するためには、光子数を増やすことが必要となる。光子数を増やすにはエネルギー量を増やすことが必要であるが、これは感度が遅くなるということを意味しており、実際の半導体製造においてスループットが遅くなる。EUV露光装置は歴史的に光源出力を向上させることに時間がかかったことで、量産適用が遅れたこともあり、急激な出力向上は望めない。したがって光子のばらつきそのものは必ず発生している状態である。この光子のバラツキは位置的視点でみると確率的なものであるためStochasticと呼ばれている。

そのためレジスト材料からの改善によって、少数の光子に対しての反応性向上などの対策をすることで、バラツキを低減することが重要となる。EUVリソグラフィは放射光による反応と同様であり、一般的な化学増幅型レジストにおいては以下のようなプロセスを経てパターニングされる[4)]。

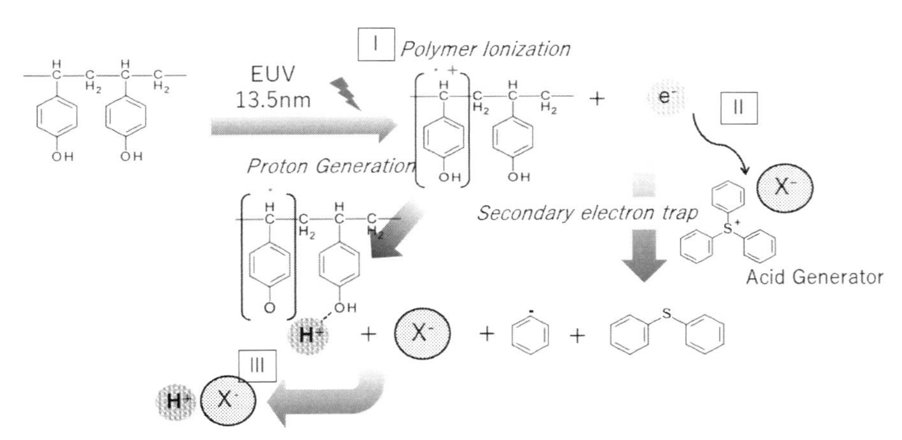

図4　EUV露光下でのレジスト反応経路

（Ｉ）レジスト基材のEUV光の吸収による二次電子とプロトン発生

（Ⅱ）二次電子と光酸発生剤（PAG）との反応によるアニオン発生

（Ⅲ）アニオンとプロトンによる保護基の脱離反応

（Ⅳ）脱保護された溶解基の現像液への溶解

上記のプロセスにおいて反応性を向上させ、入射光におけるばらつきを抑制するには以下のような手段が有効であると考えられる。

（ｉ）EUV光の吸収向上

（ii）EUV光による二次電子と光酸発生剤との反応確率向上

（iii）二次電子発生の際に生成されるプロトンの生成確率向上

（iv）発生酸と保護基との反応確率向上

（v）保護基の脱離による溶解コントラストの増大

上記の手法についてレジスト材料からのアプローチについて以下に説明する。

まず（i）については一般的な化学増幅型レジストにおいては炭素（C）の吸収が決して高くないため、より高吸収な原子を導入する必要がある。具体的にはSnなどの元素が挙げられており、B. Cardineauらにより金属酸化物クラスターを用いたレジスト（MOR）が提案されている[5)]。またレジスト液ではなく、ALD（Atomic Layer Deposition：原子層積層）により金属酸化物クラスターを成膜させて、レジストとするプロセス提案もある[6)]。一方で通常の化学増幅型レジストに吸収の高い元素を導入して吸収を高めようとする試みもなされている[7)]。いずれの手法もEUV光を効率的に活用するためにレジスト内での吸収を増やす試みである。

また（ii）の部分については化学増幅型レジストにおいて重要な部分であり、ここでの酸発生量が増えることで、酸濃度コントラストの向上が見込まれる。化学増幅型レジストにおいて、2次電子と光酸発生剤の反応確率を高めるには、光酸発生剤（PAG）の反応性向上と密度向上が主な手法である。よく知られた手法として、オニウム塩型のPAGではカチオンの反結合性軌道（LUMO：Lowest Unoccupied Molecular Orbital）を下げることで、2次電子との反応性を向上させることができる。T.Fujiiらの報告では、LUMOが低いカチオンを用いることで、量子効率の向上が確認されている[8)]。

PAGカチオン	既　存	新　規
LUMO準位［eV］ （Calc. by MOPAC）	-5.06	-5.37
ϕ［Quantum Yield］ by Coumarin 6	2.9	3.1

図5　高反応性カチオン

（iii）のプロトン生成効率向上についてはポリマー中のプロトンソースの存在が必要である。プロトンソースとしてはフェノール骨格が有効であることが報告されており、またプロトンソースの量により量子効率が変化することも確認されている[9, 10)]。ただ実際のレジスト組成においてはフェノール性骨格のみでは極性変化による溶解性のコントラストを待たせることはできないため、化学増幅型レジストにおいては保護された溶解性基との共重合が必要となる。

（iv）の発生酸と保護基との反応性向上については保護基が必要とする脱保護エネルギーを低下させたり、膜内での発生酸と保護基の距離を近づける手法が必要となる。前者は保護基の骨格を変更することにより可能であり、後者はPAGと保護基の濃度を上げるなどの手段がある。またPEB温度の変更も有効な手段である。

（v）については脱保護前後での溶解性コントラストを大きくするということであり、化学増幅型のレジストでいえば、保護基の親疎水性を変化させることで可能である。保護基の親疎水性を変化させると、前述の脱保護エネルギーも変化するため、現像における溶解性コントラストの影響について結果からの考察が難しいという側面もある。

上記に挙げた手法などを用いて欠陥低減は可能になるとされるが、実際には相互影響もあるため目的とするパターンに対してある程度最適化することも重要である。例えば溶解コントラストを向上させるために、保護基数を増やすとプロトンソースは減少してしまう。この状況下でアニオン発生確率を向上させても、効果が小さくなり、結果としてバラツキ低減できていない結果になる。

また目的とするパターン種や光学条件によっても、重視すべき項目は変化する。例えば同じラインパターンでもCDが太い場合はライン同士がつながるBridge欠陥を気にする必要があるが、ラインのCDが小さい場合はラインの欠けであるShortとよばれる欠陥を注意すべきである。それぞれ発生する現象は違っているため、同じような確率的な問題であってもレジスト材料側のアプローチは変えるべきである。

2.3　確率以外の欠陥要因

上記に挙げた手法をとることで、確率的（Stochastic）な欠陥やラフネスの低減は可能であるが、一方で原材料に起因する欠陥についても低減が必要となるだろう。ArF光源の世代でも微細化が進むにつれ、リソグラフィ由来の欠陥の低減について厳しく求められてきた。

これを達成するためには、レジスト材料中の不純物低減が必要とされる。ここでいう不純物とはパーティクルや現像液不溶成分であり、これらを低減することがレジストメーカーの継続的課題であるといっても過言ではない。

金属不純物に関していえばppbオーダーでの管理が必要とされており、原料持ち込み、コンタミネーションなどについて厳しい管理が必要となる。そのためレジストメーカー各社は製造プロセスについても種々工夫を重ねているとされる。

また近年これらの不純物を取り除くために、ろ過に使用するフィルターに注目が集まっている。メディアの変更などによりフィルターの捕集力の向上についていくつか報告が上がっており、これらの報告ではコータートラック内フィルターでの金属不純物や有機不純物の除去能力向上が示されている[11, 12]。

2.4　プロセス要因による欠陥

EUVリソグラフィにおいてもArFまでのリソグラフィと同じくプロセス起因となる欠陥は存在する。EUVにおいて特徴的な欠陥としてあげられるものとしてマスクブランクス中のパーティクル起因のものがある。EUVリソグラフィは反射光学系であり、マスクもMo/Siの多層膜からなる反射マスクを使用する。この多層膜は40～50層からなり、その成膜中にパーティクルが付着すると表面における反射にムラが発生する。結果そのムラが転写される部分において欠陥が発生する。反射部分が多くなると多層膜中の欠陥もしくは膜厚ムラが欠陥リスクとなる[13]。

このような理由から現在のEUVリソグラフィにおいてはDARKマスクと呼ばれる反射部分が少ない

マスクが利用されており、BRIGHTマスクと呼ばれる反射面積が多いものは量産適用されていない。これが示すこととして、目的とするパターンにおいてレジスト部の面積が多いもの、例えばホールパターンであればポジ型が適しており、孤立ラインのようにレジスト面積が小さいパターンであれば、ネガ型レジストが適している。このようにマスクブランクスの持つ欠陥リスクがあるが、レジストの使い分けなどをすることにより、リスクを最小限にすることが可能である。

また現像による欠陥発生も問題になる。微細化が進むことによりパターン倒れも発生しやすくなる。パターン倒れはパターンに掛かる力がパターンの持つ密着性や強度よりも大きくなることで発生する。微細化が進むことで、密着面積は小さくなり密着性は低下、パターンアスペクト比は大きくなり掛かる力は大きくなる。現像リンス時にパターンに掛かる力もピッチが狭くなることで大きくなる[14]。

その倒れ抑制には、薄膜化や現像時の活性剤リンスが用いられる。薄膜化は非常に有効な倒れ対策であり、DUVリソグラフィの時代から用いられた手法である。しかしながら、EUVリソグラフィ環境では薄膜化は膜内の反応点の減少が顕著となり、ラフネスの劣化を引き起こす。今後さらに微細化するにつれて膜厚の影響度は増すため、より重要となるであろう。

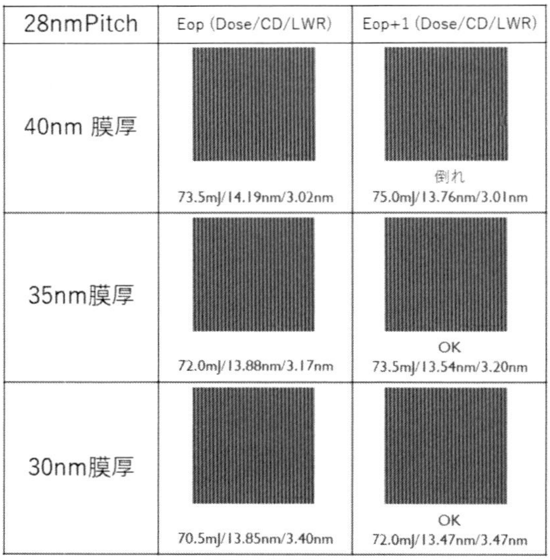

28nmPitch	Eop (Dose/CD/LWR)	Eop+1 (Dose/CD/LWR)
40nm 膜厚	73.5mJ/14.19nm/3.02nm	倒れ 75.0mJ/13.76nm/3.01nm
35nm膜厚	72.0mJ/13.88nm/3.17nm	OK 73.5mJ/13.54nm/3.20nm
30nm膜厚	70.5mJ/13.85nm/3.40nm	OK 72.0mJ/13.47nm/3.47nm

図6　薄膜化影響

また活性剤リンスは現像リンスがスペースから抜け出る際に表面張力によりパターンが引っ張られる力を低減させる効果がある。この力の低減でパターン倒れを抑制し、欠陥低減することが可能となる。

3. 今後の欠陥低減について

今後High NAやダブルパターニング等でさらに微細化が進むとして、欠陥低減はより重要となる。メタルレイヤーのハーフピッチが10nmを切って、ラフネス要望値もÅ単位となる世代が見えてきており、リソグラフィにかかわる化学材料には分子～原子レベルでのコントロールが必要になると考えられる。特にStochasticについては微細化するとより発生しやすいこともあり、その影響を抑制させる手段が必須となるが、感度の懸念が上がる。より欠陥低減を目指すには、技術的なブレイクスルーも必要であるが、上記のように種々トレードオフがある中で、プロセスまで考慮した最適化も重要となると考えられる。

おわりに

EUVリソグラフィにおいて微細化と欠陥について述べてきた。EUVリソグラフィにおいては、DUVリソグラフィと比較してStochastic欠陥の要因が大きくなり、その抑制のためにレジスト側からアプローチしていることも多くある。またそれ以外の欠陥に関しても微細化により、レジスト中不純物の管理の厳格化やプロセス側からの最適化などが重要となる。これらを踏まえると、リソグラフィープロセス全体での最適化がより重要になると考えられる。

参考文献

1）IEEE IRDS Roadmap 2022 Edition, Lithography Chapter

2）P. De Bisschop, *et al.,* “Stochastic printing failures in EUV lithography”, Proc. Of SPIE Vol. 10957, 109570E (2019)

3）J. Baifore, *et al.,* “Statistical simulation of resist at EUV and ArF”, Proc. of SPIE Vol. 7273 (2009)

4）T. Kozawa and S. Tagawa, “Radiation Chemistry in Chemically Amplified Resists”, Jpn. J. Appl. Phys. 49 (2010) 030001.【JJAP Invited Review】

5）J. Stowers, *et al.,* “Metal Oxide EUV Photoresist Performance for N7 Relevant Patterns and Processes”, Proc. of SPIE Vol. 9779 (2016)

6）M. Alvi *et al.,* “Achieving zero EUV patterning defect with dry photoresist system”, Proc. of SPIE Vol. 12055 (2022)

7）特許-6743781

8）T. Fujii, *et al.,* “Patterning performance of chemically amplified resist in EUV lithography”, Proc. SPIE 9776 (2016)

9）古澤　孝弘、“放射線化学に基づく化学増幅型EB・EUVレジスト材料・プロセスの研究“、放射線化学　第87号(2009)

10）K.Matsuzawa, *et al.,* “Challenges to Overcome Trade-off between High Resolution and High

Sensitivity in EUV Lithography", Journal of Photopolymer Science and Technology Vol 29 No.3 (2016)

11) L. D'Urzo, *et al.*, "High performance filtration for bulk materials: a novel HEPD membrane filter designed for EUV lithography", Proc. of SPIE Vol. 11612, 116120H (2021)

12) A. Xiao, *et al.*, "Development of metal purifiers specific to lithography materials" Proc. of SPIE Vol.11612 116120G (2021)

13) R. Jonckheere *et al.*, "Investigation of EUV mask defectivity via full-field printing and inspection on wafer," Proc. of SPIE Vol. 7379, 73790R (2009)

14) H. Namatsu, "Dimensional limitations of silicon nanolines resulting from pattern distortion due to surface tension of rinse water", Appl. Phys. Lett. 66 (1995)

第2章　EUVリソグラフィ・レジスト材料

第4節　EUVレジスト材料の要求特性と分子設計

関西大学　工藤　宏人

はじめに

レジストパタン形成システムとして、ポジ型とネガ型に大別される。どちらも露光によるレジスト材料の溶解性の変化を利用し、適切な溶媒により現像される。ポジ型は露光部分が溶解し、未露光部分がシリコンウエハー上に残りパタンを形成する。また、ネガ型は未露光部分が溶解され、露光部分が不溶化することでシリコンウエハー上に残りパタンを形成する。この基本的な二つのパタン形成システムは、露光光源や露光システムが改良されても同じである。さらに、レジスト材料には、レジストパタン幅を、小さく、きれいに、損傷なく形成させ、そしてエッチング処理に耐え、最後にシリコンウエハー上からきれいに完全に取り除ける性能が要求される。すなわち、シリコンウエハー上にパタンを形成させる仕事が終わると、その後、完全に、姿や形は消え去る性能も持ち合わせなければレジスト材料としては性能不足ということになる。さらに、露光光源も、KrF線（λ＝248nm）からArF線（λ＝193nm）へと遷移し、極端紫外線（extreme ultraviolet：EUV；λ＝13.5nm）露光へと、露光波長（λ）が縮小され、より高解像性パタンの形成が求められるようになった。

本節では、EUVレジスト材料に求められる物理的特性と、レジスト特性について解説し、実際の応用例についても紹介する。

1. EUVレジスト材料に求められる物理的特性（溶解性、成膜性、耐熱性）

まず、レジスト材料に求められることは溶媒に対する溶解性である。シリコンウエハー上に塗布する溶媒として、PEGME（プロピレングリコールモノメチルエーテル）、PEGMEA（プロピレングリコールモノメチルエーテルアセテート）、MEK（メチルエチルケトン）が一般的である。これらの溶媒を用いて、レジスト材料の溶液を5～10wt％程度に調整し、スピンコーターを用いて、シリコンウエハー上に成膜させるとき、これらの溶媒は経験的に成膜可能になることが多く、よく使用される。また、成膜した薄膜は、溶媒の濃度を調整し、30～200nm程度の厚さに調整することが必要である。EUV用の高解像性を目的とした場合は、10nm～30nm程度の薄膜を調整する。レジスト薄膜の形成後、溶媒を除去するために、シリコンウエハーの裏面をホットプレート上で加熱させる。この加熱温度のことをプレベイクと言い、プレベイク温度と時間の条件の設定も慎重に選択が必要であり、これらの条件もレジストパタンを形成させるための重要なファクターとなる。PEGME、PEGMEA、MEK以外の溶媒として、酢酸エチルやエチレングリコール、アセトンやTHF（テトラヒドロフラン）、クロロホルムなども利用可能であるが、DMF（ジメチルフォルムアミド）、DMAC（ジメチルアセトアミド）やNMP（N-メチルピロリドン）などの、塩基性溶媒はほとんど使用されない。その理由は、光酸発生剤（PAG）を用いての化学増幅型システムにおいて、プレベイク処理においてこれらの溶媒を完全に除去することはできず、微量に残存することになり、溶媒の構造上のアミド結合がPAGの性能を大幅に低下させてしまうことになる。あとで説明する化学増幅型システムを使用しない場合においては、溶媒の使用制限は特にない。

さらに、レジスト材料の耐熱性を熱重量測定（TGA）で測定しておく必要がある。スピンコートで薄膜の形成後に、溶媒を除去するためにプレベイク温度が80～90℃以上であることが必要となるので、レジスト材料は100℃以上の耐熱性があることが望ましい。

以上のように、レジスト材料を合成した場合、最初に物理的特性として、溶解性、成膜性、耐熱性を測定し、レジスト材料に応用可能かどうかを判断する必要がある。

2. EUVレジスト材料に求められるレジスト特性

物理的特性（溶解性、成膜性、耐熱性）は、レジスト材料として応用可能な特性が確認された場合、レジスト特性として以下のような特性実験を検討し、高解像性レジスト材料として高いポテンシャルを持っているかどうかを判断することができる。

2.1 溶解性変化の確認

レジスト材料の露光部位の溶解性の変化を確認する方法として、レジスト材料と光酸発生剤（PAG）を含有させた溶液を調整する。この場合、レジスト材料とPAGの含有率は100：5～100：10程度に調整するのが一般的である。その溶液をシリコンウエハー上にスピンコートして薄膜を調整する。調整した薄膜に、高圧水銀灯やキセノンランプなどの紫外線（UV）を照射後、ホットプレート上で加熱し、現像液（有機溶媒やアルカリ水溶液）で現像可能かどうかを確認する。この実験により、露光によりレジスト材料の溶解性が変化するかどうかを容易に確認することが可能である。

2.2 膜減り特性

レジスト材料は、露光部分の溶解性は変化するが、未露光部分の溶解性は当然ながら変化しない。ポジ型の場合、現像したときに、未露光部分はシリコンウエハー上にしっかり残ることが必要となる。そこで、未露光部分を現像液に浸した場合、レジスト薄膜の薄さが変わるかどうかを確認する必要がある。このとき、膜厚が全く変化しなかった場合、膜減り0%となり、非常に優れたレジスト特性であると言える。薄膜の厚さは、エリプソメーターで容易に測定可能である。一般的にポジ型レジスト材料に応用可能な場合、膜減りは10%以内に収まることが多い。場合によっては、レジスト薄膜が現像液には溶けなくても、シリコンウエハーから、完全に剥がれ落ちることも少なからず存在し、新しいポジ型レジスト材料を開発した場合には、この膜減り特性は必ず確認すべきで、非常に重要なデータとなる。一方、ネガ型レジスト材料は、膜減り特性の実験は必ずしも必要とはしない。それは、未露光部分は、塗布溶媒に容易に可溶し、シリコンウエハー上から簡単に取り去ることが可能になるためである。しかしながら、作成されたネガ型レジストパタンは、エッチング処理後にきれいに取り除く必要が生じ、ここで、きれいに除去できる方法を再度検討する必要が出てくることになる。これまで、開発されてきたKrF、ArF、およびEUV用レジスト材料は、化学増幅レジストシステムでポジ型が主流である。

2.3　EUVレジスト感度特性

EUVレジスト感度特性は、レジストパタンを作成する上で、最も重要な実験データとなる。どれぐらいの露光量でレジストパタンが作成可能であるのかを判断するデータとして、またラフネスの良し悪しのデータとして非常に重要である。その方法は、4インチ程度のシリコンウエハーにレジストが含有された溶液をスピンコートし、膜厚を30～100nm程度に調整する。その後、図1に示すように、露光量を少しずつ増加させつつ、様々な露光量で露光し、その後、現像処理をする。ポジ型の場合、露光部位の膜厚は減少し、ネガ型の場合は増加することになる。図2に、露光量と膜厚の関係データの例を示した。この場合、レジストAとレジストBはいずれもポジ型を示す。それらのレジストは、トリオクチルアミンをクエンチャーに用いると感度が低下する。しかし、クエンチャーを用いない場合、高感度を示しているが、感度曲線はなめらかに減少する。この場合、高解像度のレジストパタンは得られ難く、仮に得られたとしてもラフネスが悪くなることが予想される。そこで、クエンチャーを含ませると、感度は低下するけれども、感度曲線はシャープになることが分かる。この場合、ラフネスが小さく、より高解像性レジストパタンの形成が可能であると判断される。以上のように、レジスト感度曲線は、レジスト性能を評価するには必ず必要なデータとなる。

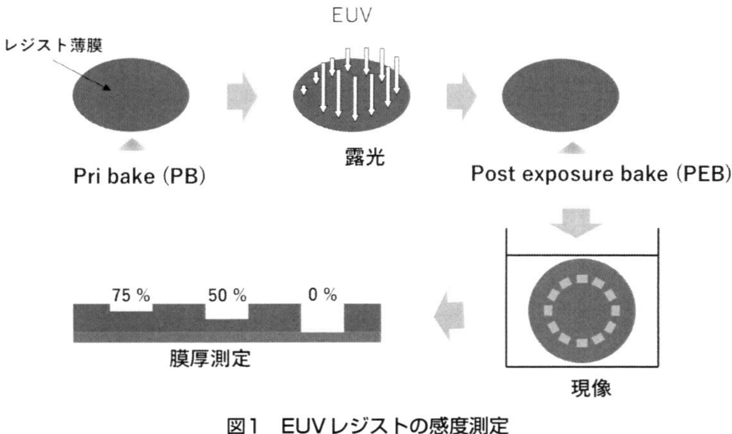

図1　EUVレジストの感度測定

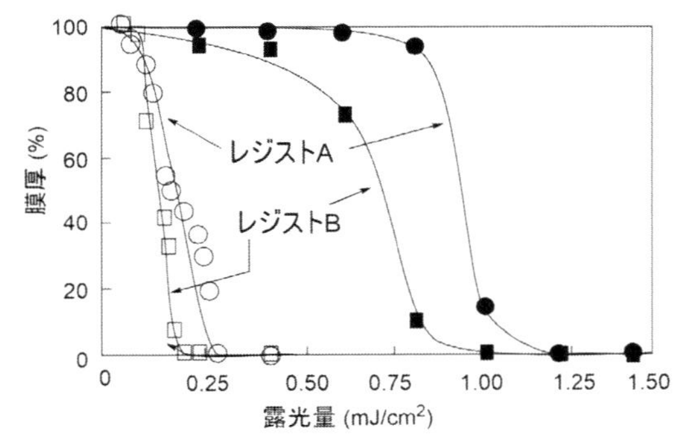

図2　EUV露光によるレジスト感度曲線

2.4 EUVレジスト耐エッチング性

レジスト形成に成功した場合、エッチング処理に耐えうるかどうかの検討が必要である。CF_4などのエッチングガスにより、シリコンウエハーの表面は削られるが、レジストパタンはそのエッチングガスに耐えなければパタンは形成されない。レジストの名前の由来は、この耐えることからきている。ベンゼン環や脂環式の構造はそのエッチングガスに耐えることが比較的に高く、ほとんどのレジスト材料の骨格にそれらが使用されている。また、耐エッチング性を示す指針に、ポリメチルメタクリレート（PMMA）とポリヒドロキシスチレン（PHS）をリファレンスにして比較検討する方法がある。エッチングガスをこれらのポリマーの薄膜に触れさせることで、その薄膜はだんだんと薄くなっていく。PMMAは耐エッチング性としては不足し、PHSは耐エッチング性として十分な性能とみなされる。これらのエッチング性はポリマーの膜厚の減少速度を直線の傾きで表され、PMMAの場合、その傾きが1.0とされると、エッチング速度が1.0未満の場合、レジスト材料として応用可能となる。特にEUVレジスト材料の場合、レジストの解像度が20nm以下であるので、膜厚も20nm前後になることが考えられ、優れた耐エッチング性を有することが求められる。図3に示すように、レジストAの耐エッチング性は不足し、レジストBの耐エッチング性は優れていると判断される。

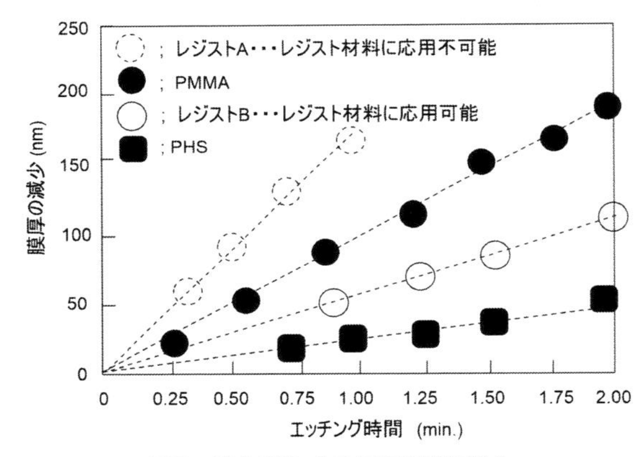

図3 EUV光による元素の吸収割合

2.5 EUVレジスト材料の透明性

これまで、KrFやArF用レジスト材料は、それぞれの露光波長に対する透明性を有するように分子設計されてきた。EUVの場合、露光波長に対する透明性の設計は、比較的自由に設計することが容易であり、レジスト材料の分子設計としては自由度が高い。その理由は、図4に示すようにEUV光の透明性は元素の種類に依存する。従って、炭素、水素、酸素および窒素原子は透明性が高く、これらの元素を自由に用いてレジスト材料を設計することが可能である[1)]。

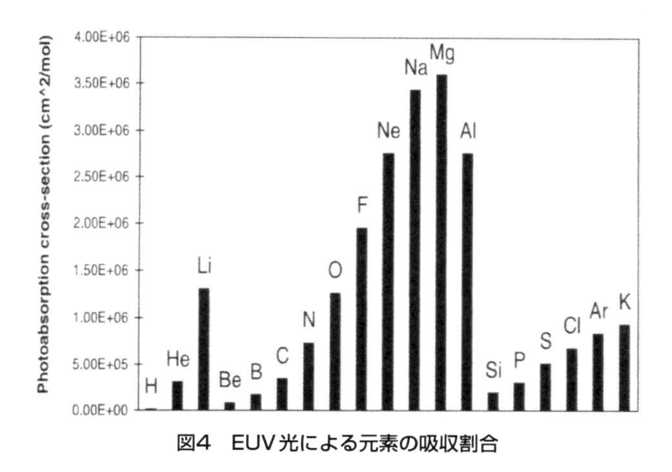

図4　EUV光による元素の吸収割合

2.6　EUVレジスト材料の化学増幅型

図5(A)に示すように、化学増幅型レジストシステムとしてKrFやArFに用いられている基本的骨格は、*t*-ブチルオキシカルボニル（*t*-BOC）基であった。この反応は、光酸発生剤（PAG）から生じたH^+が保護基を分解させ、水酸基に変化させることで、アルカリ現像液に可溶になるように変化させる。同時に、H^+の再生と炭酸ガス（CO_2）やイソブチレンガスがアウトガスとして生成する。これらのアウトガスは、EUV露光システムには不適切であると考えられている。その理由は、EUV露光機は高真空下であり、露光機内の反射レンズなどの腐食の原因になると考えられるからである。そこで、EUV用レジスト材料の保護基として、図5(B)に示すようにアダマンチルエステルタイプが使用される。これを用いた脱保護反応では、アウトガス成分は生じ難い。

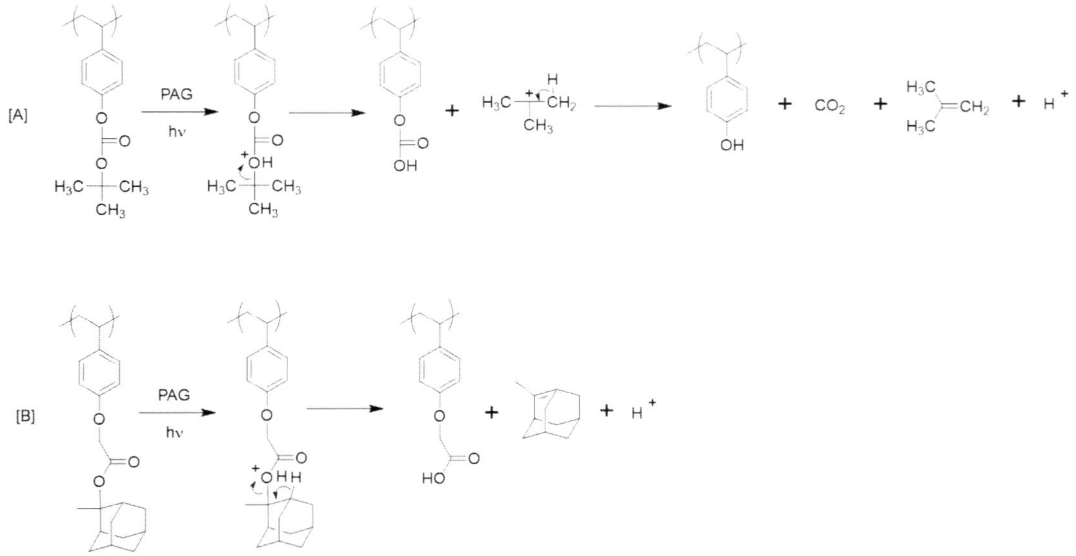

図5　化学増幅型システム

2.7 EUVレジスト材料のアウトガス特性評価

化学増幅型レジスト材料の分子設計において、脱保護反応が進行する過程において、ガス成分が生じないように設計することは重要であるが、設計上、ガス成分は生成しないとしても、レジスト材料の骨格に起因してアウトガス成分が出現することも十分にありうる。その理由は、EUV照射による化学反応過程に起因する。つまり、レジスト材料のような有機化合物は、EUV光で露光されると、二次電子が生成することが知られており、その二次電子が作用して、レジスト材料の骨格を変化させることで溶解性が変化し、レジストパタンが形成される。化学増幅型システムにおいては、初めに生成した二次電子がPAGに作用しPAGを分解させ、H^+が生成し、化学増幅型システムとして作用することになる。すなわち、EUV露光によりレジスト材料やPAG、およびクエンチャーなどの添加物からアウトガス成分が生成してくる可能性は十分に考えられ、予想外に大量のアウトガスが生成することも十分に考えられる。最近、EUV露光機内においてアウトガス成分を廃棄するような装置も付随されているようであるが、EUV露光は真空下で露光しなければならないので、高価な露光機を守るためにもアウトガス成分がないにこしたことはない。その測定方法は、レジストプロセスにおいて、アウトガス成分を収集しながら質量分析をする装置が開発されている。図6(A)に示されているデータは、多くのアウトガス成分が検出された結果であり、レジスト材料の骨格に四級炭素が含まれているためではないかと経験的に考察された。さらに、四級炭素骨格部位を三級炭素骨格部位に変化させると図6(B)のようにアウトガス成分はほとんど検出されなくなった。以上のように、アウトガス成分が発生するかどうかは、EUV露光のメカニズムと関連しているのであるが、そのEUV露光メカニズムが完全に解明されていないこともあり、現在のところアウトガスが生成するかどうかは、実験的に確かめる必要がある。

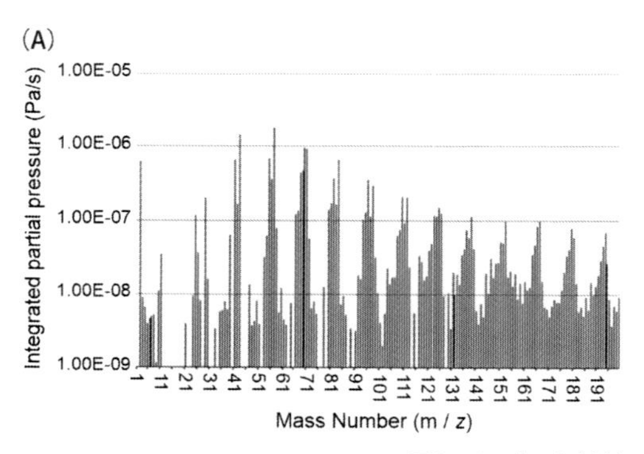

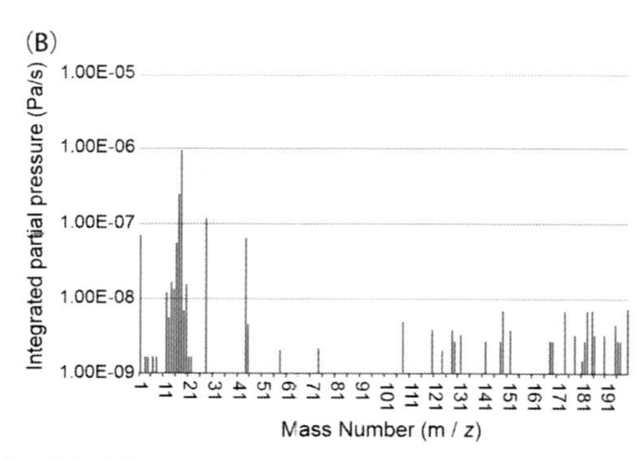

図6 レジスト材料のアウトガス成分測定結果の例

2.8 EUVレジスト材料のトレードオフ問題について

よりサイズの小さいレジストパタンを形成させるためには、露光時間はどうしても長くなり、露光感度が悪いと、さらに露光時間を長くすることになり、半導体の生産性が低下することに繋がる。さらにそれだけでの問題ではなく、露光時間を長くなる（露光感度が悪い）と、レジストパタンのラフネスが悪化する原因となり、パタンの形成すら確認することができなくなる。従って、より高い解像性を得るためには、高感度化レジスト材料の開発が必用となるが、これまでの傾向として、レジストパタンの解像度とラフネス、および露光感度の3つにトレードオフの関係があることが指摘されている。すなわち、解像度を稼ごうとすると、露光感度とラフネスが悪化し、露光感度が改善させると他の二つが悪くなるような関係であり、この関係が改善されるEUV用レジスト材料の開発が求め続けられている（図7）。

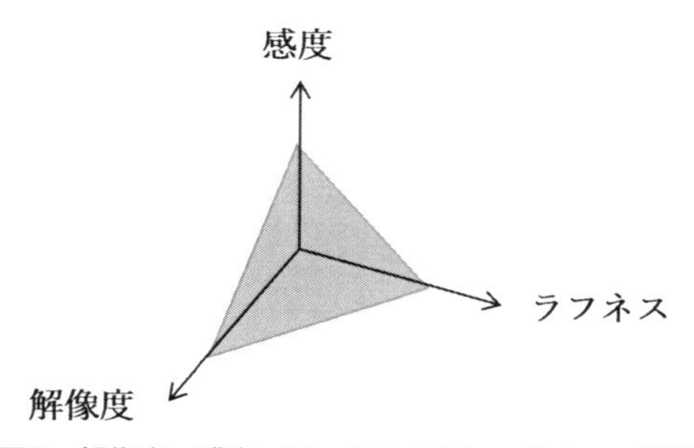

図7　解像度、感度、ラフネスのトレードオフの関係

2.9　EUVレジスト材料の開発例

2.9.1　分子レジスト材料

EUVレジスト材料に求められている10～20nmの解像性能は、一般的な高分子のサイズよりも小さい。従って、レジスト材料に利用されるポリマーの分子量は、数千程度のオリゴマーである場合が多い。また、オリゴマーにも分子量分布が存在し、ラフネスの悪化の原因となると考えられ、分子量分布がない低分子をレジスト材料に応用された。低分子化合物でも、シリコンウエハー上に成膜性を有することが意外に多く存在することも報告されることになった。その中で、分子レジスト材料として、カリックスアレン型、フェノール樹脂型、特殊構造型、および光酸発生剤（PAG）含有型に分類される

・カリックスアレン型

アダマンチルエステル残基を有するCRA誘導体が合成され、そのEUVレジスト特性が検討され、45nm-hpのパタンニング特性を示した[2)]。EUVレジストパタンとして解像性能は十分ではないが、露光感度が10.3 mJ/cm^{2}と比較的高い。このことは、分子レジスト材料の可能性を示した。また、他のCRA誘導体において、22nm-hpまでの解像性の可能性を示している（図8）[3)]。この脱保護基の構造は記載されておらず不明ではあるが、保護基の構造と導入率によりレジスト性能は大きく変化する。

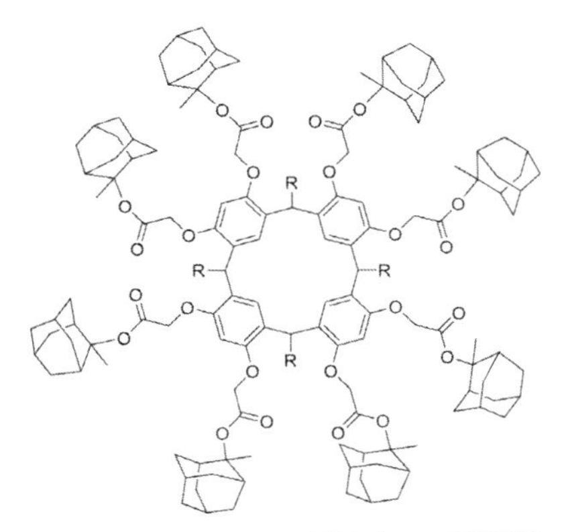

図8　EUV用レジスト材料（CRA誘導体）

・フェノール樹脂型

図9に示すようにフェノール樹脂とテトラキス（メトキシメチル）グリコリル（TMMGU）、および光酸発生剤（PAG）を含有させた薄膜にEUVを露光すると、ネガ型レジストパタンとして35nm程度の解像度が得られている[4)]。さらに、様々なフェノール樹脂類についても報告され、より優れたレジスト性能を有する可能性について報告されている[5, 6)]。

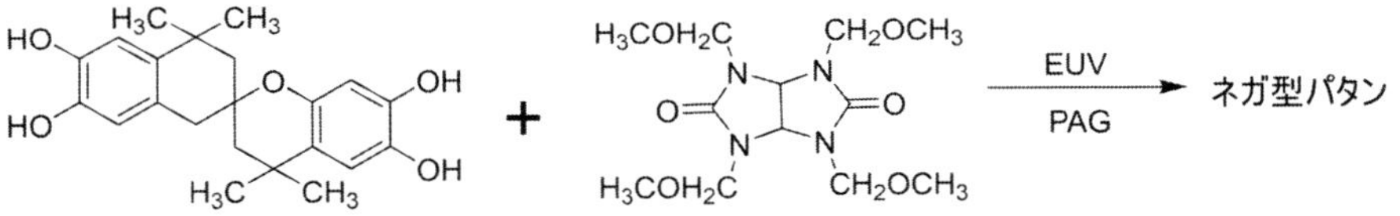

HO　H_3C　CH_3　OH　HO　OH　H_3C　CH_3　O　＋　H_3COH_2C　CH_2OCH_3　N　N　O　O　N　N　H_3COH_2C　CH_2OCH_3　EUV　PAG　ネガ型パタン

図9　EUV用レジスト材料（フェノール樹脂と架橋剤によるネガ型）

・特殊構造型

tert-BOC基を有するフラーレン誘導体が合成され、そのEUVレジスト特性について検討され、26nm-hpまでの解像性を示すことが報告されている[7)]。また、ラダー型環状オリゴマー［ノーリア＝水車（ラテン語）］が合成され、それらの誘導体類EUVレジスト材料として検討され、EUVレジスパタン性能として15nmまでの解像性を示すことが報告されている。これらのノーリア誘導体類は、保護基の導入率が低いほど、レジストパタン性能が優れていることが報告され、分子内に固定された空孔が、レジスト感度向上に寄与すると考えられた（図10）[8-15)]。

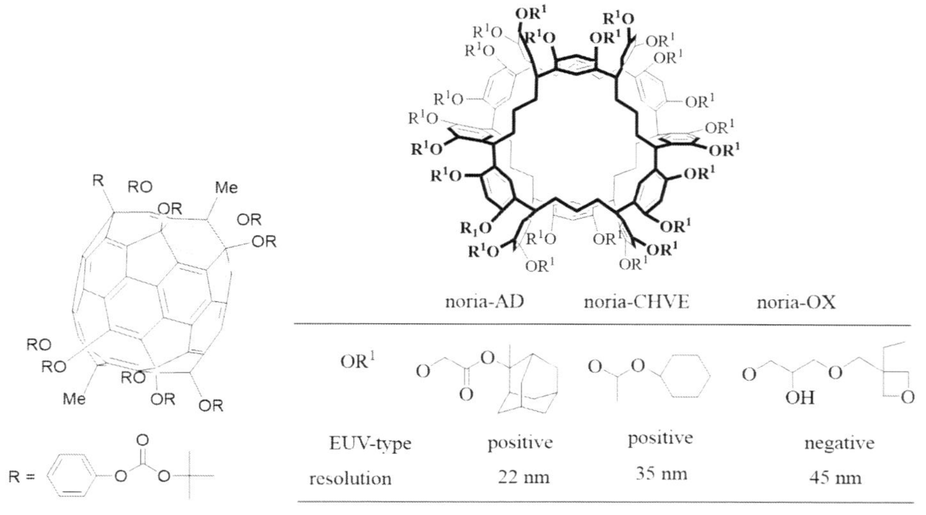

	noria-AD	noria-CHVE	noria-OX
OR^1			
EUV-type	positive	positive	negative
resolution	22 nm	35 nm	45 nm

フラーレン誘導体　　ノーリア誘導体

図10　EUV用レジスト材料（フラーレン誘導体とノーリア誘導体）

・光酸発生剤（PAG）含有型

EUV露光感度を上昇させる方法として、PAGの含有量を上昇させることが有効とされる。また、ラフネスの改善のためにPAGを均一に分散させることも有効ではないかと考えられた。そこで、レジスト材料にPAGを含有査させたレジスト材料が設計された。例として、トリフェニルスルフォニウム塩誘導体が評価され、EUV露光で50nmまでの解像性を示し、ラフネスが改善される傾向が報告されている（図11）[16]。

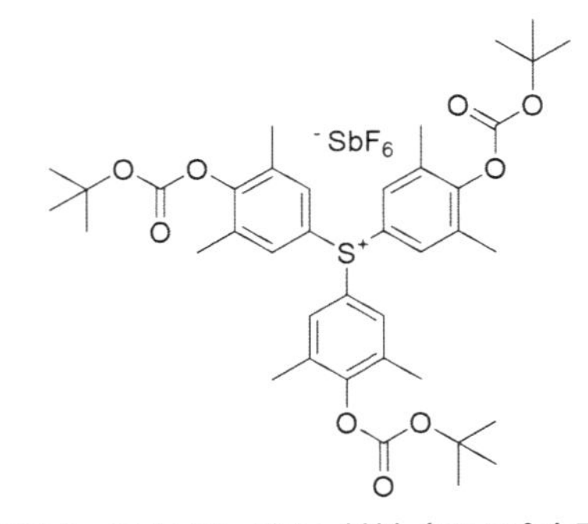

図11　EUV用レジスト材料（PAG含有型）

2.9.2 金属含有ナノパーティクルを用いた高感度化レジスト材料の開発

金属元素を基盤としたナノパーティクルを合成し、それはEUVレジスト材料として超高感度化を示すことが報告されている（図12）[17]。これは、EUVが吸収可能な金属を含有させることで感度が大幅に上昇したと考えられ、レジストの解像度やラフネスも同時に改善されたネガ型パタンが形成されることが報告されている。さらに、金属が含有されたレジストパタンは、優れた耐エッチング性が期待されるが、エッチング処理後のレジスト剥離過程については検討の余地が残されていると考えられている。

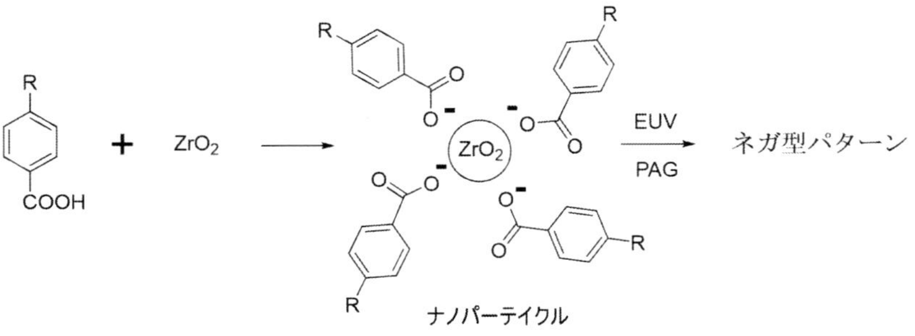

図12 EUV用レジスト材料（金属含有型）

2.9.3 EUV高吸収元素を含有するレジスト

EUVは約92.8eVと高いエネルギーのため高い透過性を示すことから、レジスト材料の分子設計の自由度は高いとされた。しかし、EUV露光による化学反応は、放射線化学反応を基盤とした誘起された電離状態を経由することから、EUV光の吸収効率の高い元素類（例えば、Sn、Co、Sb）をレジスト材料に導入することで、EUV露光感度が上昇するのではないかと考えられた。例えば、EUV吸収効率の高いSn酸化物を含有した分子レジストが報告されている。EUV露光感度33mJ/cm^{2}で、26nm HP、LER 3.4nmと優れたレジストパタンが得られたことが報告されている[18]。これらは実用化に向けて、レジスト溶液の安定性とレジストパタン作成後の剥離に課題を残していると考えられている。

おわりに

現在、EUVレジストシステムを用いた半導体の製造は、研究段階から実用化段階へと推移している。その実用段階のなかで、EUVレジストシステムの能力を最大限に引き出すためには、EUV露光に特化したレジスト材料の開発が求められている。すなわち、パタンの解像度、パタンのラフネス、EUV露光感度の3者のトレードオフ問題を解決するためには、新しいレジスト材料がどうしても必要となる。しかしながら、そのレジスト材料の開発はなかなか思うように進んでいないのではないかと思われる。その理由は、様々なレジスト材料を合成しても、なかなかEUV露光によるパタンニング特性評価までのハードルが高いことにあると思われる。EUV用レジスト材料の開発を目指したものとして、主鎖分解型[19]、籠状分子型[20]、テルル含有型[21]、およびデュアルインソルブル型[22] などが報告されているが、今後EUVレジストパタンニング特性の評価結果が待たれる。また、これまでのフォトレジストとして、化学増幅型が用いられていたが、その方法では、10nm台のレジストパタンの作成には不向きであるという意見もある。EUVレジストシステムの開発において、EUV用レジスト材料の開発が最後に残された最重要課題となっている。

参考文献

1）Review; C. K. Ober, *et al.,* Polym. Adv. Tech., 17, 94 (2006).
2）M. Echigo, D. Oguro, SPIE 7273, 72732Q-1 (2009).
3）T. Owada, *et al.,* SPIE 7273, 72732R-1 (2009).
4）C. K. Ober, *et al.,* J. Mater. Chem., 16, 1693 (2006)
5）C. K. Ober, *et al.,* Chem. Mater. 20, 1606 (2008).
6）C. K. Ober, *et al.,* Adv. Mater., 20, 3355 (2008).
7）H. Oizumi, *et al.,* Jpn. J. Appl. Phys 49, 06GF04 (2010).
8）H. Kudo, and T. Nishikubo *et al.,* J. Photopolym. Sci. Technol. 23, 657 (2010).
9）H. Kudo, and T. Nishikubo, *et al.,* J. Mat. Chem., 20, 4445 (2010)
10）T. Nishikubo, *et al.,* Jpn. J. Appl. Phys. 49, 06GF06, 1 (2010).
11）T. Nishikubo and H. Kudo, *et al.,* J. Photopolym. Sci. Technol., 22, 73 (2009).
12）M. Tanaka, *et al.,* J. Mat. Chem. 19, 4622 (2009).
13）H. Kudo, and T. Nishikubo *et al.,* J. Mat. Chem., 18, 3588 (2008).
14）H. Yamamoto, *et al.,* Microelectronic Engineering 133, 16 (2015).
15）H.Yamamoto, *et al.,* J. Vac. Sci. & Technol., B 34(4), 041606/1-041606/5 (2016).
16）C. L. Henderson, *et al.,* SPIE 6923, 69230K (2008).
17）C. K. Ober, *et al.,* J. Photopolym. Sci. Technol., 28, 515 (2015).
18）H. Xu. *et al.,* J. Micro. Nanolithogr MEMS MOEMS., 18, 011007 (2018).
19）H. Kudo, *et al.,* J. Polym. Sci., Part A: Polym. Chem. 53, 2343 (2015).
20）H. Kudo, *et al.,* J. Photopolym. Sci. Technol., 33, 45- (2020).
21）H. Kudo *et al.,* J. Photopolym. Sci. Technol., 32, 805-810 (2019).
22）T. Kozawa *et al.,* Jpn. J. Appl. Phys., 58, 056504 (2019).

第3章

EUVレジストの
透過率測定法

第3章　EUVレジストの透過率測定法

リソテックジャパン株式会社　関口　淳

はじめに

情報システム社会の発展は目覚ましく、パーソナルコンピュータは今や一人一台を所有する。最近では、スマートフォンが手のひらコンピューティングを可能にするなど、私たちの生活を劇的に変えている。また 、取り扱うデータ量も増大しており、ビッグデータと呼ばれる単一のデータ集合内で数十テラバイトから数ペタバイトの範囲のデータをやり取りする時代が到来している。そこに、IoT（Internet of Things）やIoE（Internet of Everything）と呼ばれる、すべての「モノ」がインターネットにつながることで、自動認識や自動制御、遠隔計測などを行うことが発展してきている。これらの発展はメモリやCPU（中央演算処理装置）等の半導体電子デバイスの技術革新によって支えられており、この電子デバイスの技術革新は半導体微細加工技術の進展によるものである。

縮小露光技術の転写像の解像度は式（1）のレイリーの式により決められる。

$$R = k_1 * \lambda / \mathrm{NA} \qquad \mathrm{NA} = n \sin\theta \quad (1)$$

ここでRは解像度、λは露光波長、NAは縮小投影光学系の開口数、k_1は製造プロセス、nは屈折率、θは取り込み角に依存するプロセス定数である。

Rayleigh's Formula

$$R = k_1 \frac{\lambda}{\mathrm{NA}}$$

R: Resolution (nm)
k_1: Constant
λ: Wave Length (nm)
NA: Numerical Aperture

R (nm)	k_1	λ (nm)	NA
64	0.31	193 (ArF)	0.93
37	0.26	193 (ArF)	1.35
12	0.30	13.5 (EUV)	0.33
7.4	0.30	13.5 (EUV)	0.55

図1　レイリーの式と解像度

この式から解像度を向上するには、λを小さく、NAを大きくする必要がある。光源は初期から順に水銀ランプのg線（λ＝436nm）、i線（λ＝365nm）、KrFエキシマレーザ（λ＝248nm）、ArFエキシマレーザ（λ＝193nm）と短波長化が進められてきた。NAはレンズの設計、レンズ製造技術の発展により0.9程度まで増大した。さらに、レンズとウェハの間に水を用いることで、屈折率nは1を超える1.44まで大きくすることが可能になった。加えて、多重露光技術の採用によりhp16nmの半導体製作が可能となった。しかし、多重露光では多くのフォトマスクが必要となり、多大なコストがかかる。そのため、一度の露光でhp16nm以下のパターンを加工可能な、波長13.5nmの極端紫外光（Extreme

Ultra violet）を用いたEUVリソグラフィー技術が期待されている。本章では、EUVリソグラフィーに必要なEUVリソグラフィー用レジスト材料の評価技術　特にEUV透過率測定について述べる。

1.　EUVレジストの透過率測定法

ハーフピッチ（hp）15nm以下の次世代リソグラフィーの候補は、EUVリソグラフィーが最も主導的である。EUVLにおける重要課題は、EUV光源の高出力化とEUVレジストの高感度化である。EUV光源の高輝度化の開発は順調に進んでいるが、さらなる高輝度化が望まれており、スループットを考えると、レジストの高感度化は重要な検討課題と言える。レジストの感度を考えるうえで、透過率測定は最も重要である。そこで、本節では、EUVレジストの透過率測定法に関して検討した。EUVレジストの酸発生機構は、2つの過程から成る。ひとつはEUV露光によって生じるベースレジンから放出される2次電子がPAGを電離する過程、もうひとつはPAGが2次電子を吸収して励起状態に移行する過程である。ベースレジンのEUV吸収（透過率は低下）が高まれば、放出される2次電子は増え、結果としてレジストの感度は上がると考えられている[1, 2]。そこで、EUVレジストにEUV光を吸収する金属材料（HfO_2）を添加し、透過率と感度の関係を調べた。透過率測定はNewSUBARUシンクロトロン放射光施設[3]のBL10[4]、レジストの感度測定はBL03[5]を用いて行なった。

2.　実験装置

2.1　透過率測定システム

NewSUBARUシンクロトロン放射光施設[3]のBL10における透過率測定システム[4]の概要を図2に示す。偏向磁石から発生するSR光を、回折格子型分光器によって単色化し、13～14nmの光が得られる。250nm厚のシリコンフィルタを回折格子の下流に配置し、13～14nmの光を試料に照射した。

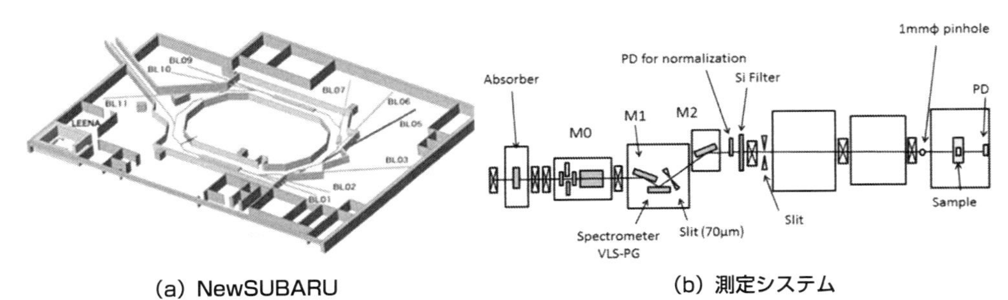

(a) NewSUBARU　　(b) 測定システム

図2　NewSUBARUシンクロトロン放射光施設とBL10に設置した透過率測定システムの概要

図3に透過率測定システムの外観を示す。レジストに照射したEUV光の強さはフォトダイオードによって測定した。

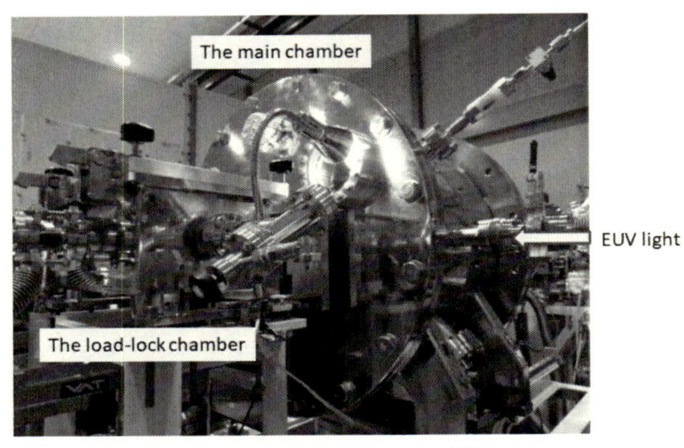

図3　透過率測定システムの外観写真

2.2　透過率測定用メンブレン基板

本実験に用いたSiNメンブレン基板の構造を図4に示す。Si基板上にSiN膜を200nm、デポジションし、基板中心2.5mm領域のSiを深掘りエッチングにより除去し、200nm厚のメンブレンを得る事が出来た。この基板にレジストを50nmの厚さにスピン塗布する。その際、レジストを滴下してスピンすると、レジストの重力により、メンブレン上に均一に塗布することは出来ない。そこで、レジストを滴下後、スピンチャックに蓋をして塗布回転中の気流の対流を抑えることで、メンブレン上に均一にレジストを塗布することが出来る。

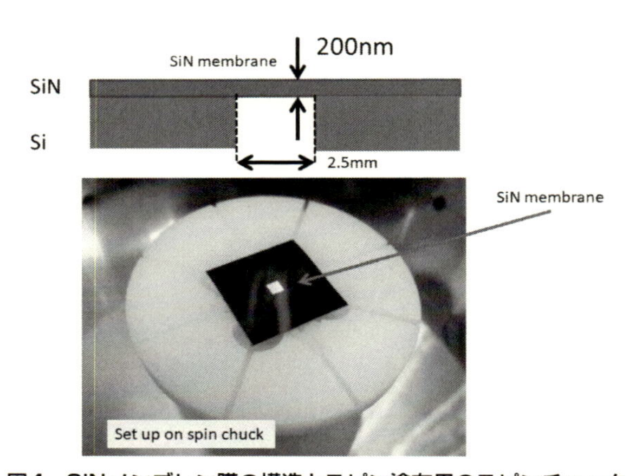

図4　SiNメンブレン膜の構造とスピン塗布用のスピンチャック

また、レジスト塗布後のプリベークであるが、直接、ベークプレート上に基板を載せると、熱によりメンブレンがゆがんでしまい、均一な塗膜が得られない。そこで、基板を1分間に5mmの速度でゆっくりとホットプレート上に近づけ、なおかつ100μmのプロキシミティー・ベークを行なう。そうする事で均一なベークが出来る事がわかった。

まず、レジストを塗布していないメンブレン基板のEUV透過率を測定する。次いで、レジストを塗布したメンブレン基板の透過率を測定する。レジストの透過率は式（2）により計算出来る[6)]。

$$T = \frac{I}{I_0} = At = e^{-At}$$
$$\ln\left(\frac{I_0}{I}\right) = At = 2.303\log\left(\frac{I_0}{I}\right) \quad (2)$$

ここで、I_0はメンブレンを透過した光強度、Iはレジスト膜付きメンブレンを透過した光強度である。200nmのメンブレンの13.5nmにおける透過率を計算した[7)]。結果を図5に示す。計算の結果、13.5nmにおける透過率は31.767％であることがわかった。

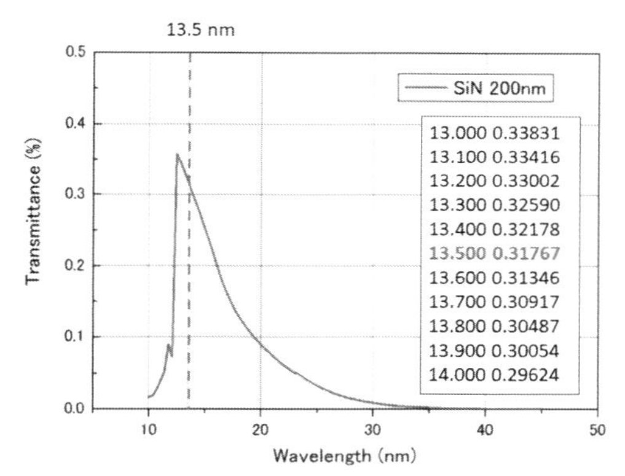

図5　SiNメンブレン膜の200nmにおける分光透過率（計算による結果）

製作した10枚のメンブレン膜の13～14nmにおける分光透過率を実測した。結果を図6 に示す。

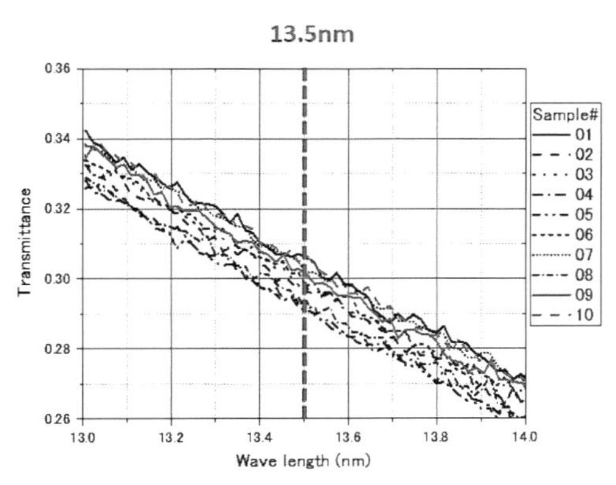

図6　メンブレン基板10枚の分光（13-14nm）透過率

また、13.5nmにおける透過率測定結果を表1に示す。

表1　メンブレン基板10枚の13.5nmにおける透過率

Substrate #	Transmittance
1	0.3239
2	0.3164
3	0.3168
4	0.3094
5	0.3102
6	0.3188
7	0.322
8	0.313
9	0.3215
10	0.3253
Average	**0.31773**
Sigma	0.005578
max	**0.3253**
min	**0.3094**
Range	0.0159

その結果、平均値で31.77％であり、理論計算結果（31.767％）と良く一致する事がわかった。しかし、10枚におけるばらつきは$\sigma=0.0056$、レンジで1.59％あり、無視出来ない事がわかった。レジストサンプルの測定時は、最初にキャリブレーション測定（レジストを塗布せずメンブレンのみの透過率を測定）を行なった基板と同じ基板にレジストを塗布して、透過率測定を行い、同じ基板のキャリブレーション測定結果からレジストの透過率を求める必要があることがわかった。

3. 実験結果

EUVレジストの透過率測定を行なった。サンプル条件を表2に示す。

表2　サンプル条件

Resist	Chemical formula	Thickness (nm)	PAB temp (deg. C)	PAB time (s)	Calculated Abs.
A	$C_{58}H_{41}O_1$	50.5	105	60	3.83
B	SEVR-140	49.1	105	60	5.91
C	$C_{43}H_{31}O_4F_{23}$	51.2	105	60	8.80
D	$C_{49}H_{76}O_{11}$	55.7	130	90	4.00
E	$C_{46}H_{62}NF_5O_{10}$	56.7	130	90	4.80
F	$C_{20}H_{28}O_5$	38.7	100	90	5.70

レジストA、C、D、EはそれぞれVの組成の異なるEUVレジストである。特にCはF原子リッチタイプである。レジストFはアクリルベース（ラクトン骨格）のArFレジストである。

レジストBはスタンダードレジストとしてSEVR-140（信越化学）を選んだ。膜厚は39～57nmとした。また、Calculated Abs.は組成から計算[7]により求めた吸光係数である。

図7に各レジストの13～14nmにおける分光透過率の測定結果を示す。

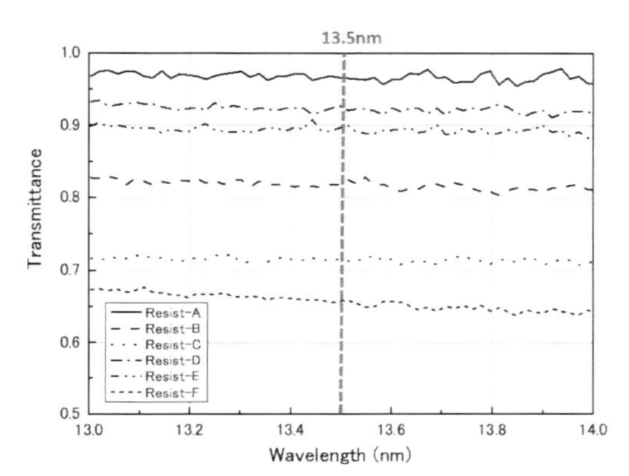

図7　レジストA～Fにおける分光（13-14nm）透過率

表3に、各レジストの13.5nmにおける透過率とDill's Bパラメータを示す。Bパラメータは式（3）より求めた。

$$B = -\frac{1}{d}\ln(T) \quad (3)$$

$$T = \exp(-B \bullet d) \quad (4)$$

ここで、BはDill's Bパラメータ、dはレジスト膜厚、Tは13.5nmにおける透過率である。

表3　13.5nmにおける透過率とBパラメータ

Resist	Transmittance (at ^{t}50nm)	Dill's B parameter
A	0.9662	0.8257
B	0.8146	0.7442
C	0.7209	0.6440
D	0.9345	0.8187
E	0.9076	0.7866
F	0.8260	0.7520

Resist B＝SEVR-140

レジストAとCで比較すると、CはF原子を多く含むレジストであり、EUV光におけるF原子の吸光係数は、原子の内核電子の励起状態に影響を受け、H、O原子に比較して強い吸収を持つ事が知られている[6]。このため、レジストCの透過率はAと比較して低く測定されたことが理解出来る。

図8に計算により求めた吸光係数から計算した膜厚50nmにおける透過率と、実測した透過率（Bパラメータを用いて膜厚50nmにおける透過率に換算）の関係をプロットした。

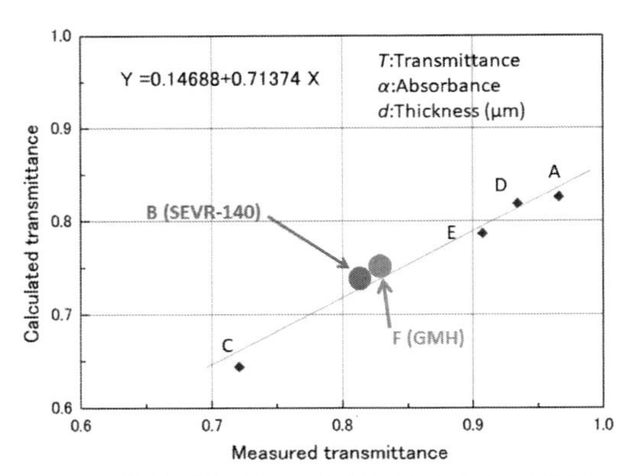

図8　計算により求めた透過率と実測透過率の比較

図8から計算によって求めた透過率と実測した透過率には相関性が認められる。しかし、実測値は計算値と比較して10％程度高めに測定された。この原因はまだわかっておらず、今後の検討課題である。

4.　HfO_2添加の効果の確認

レジストFの化学式を図9に示す。レジストFはラクトン骨格を有するアクリル系レジスト[8-10]である（GBLMA/MAdMA/HAdMA　40/40/20（mol％）（"GMH"hereinafter））。

この樹脂にPAGとしてTPS-TF（Triphenylsulfonium triflate, MW ＝412.45）を樹脂比で4％添加したレジストを調整した。

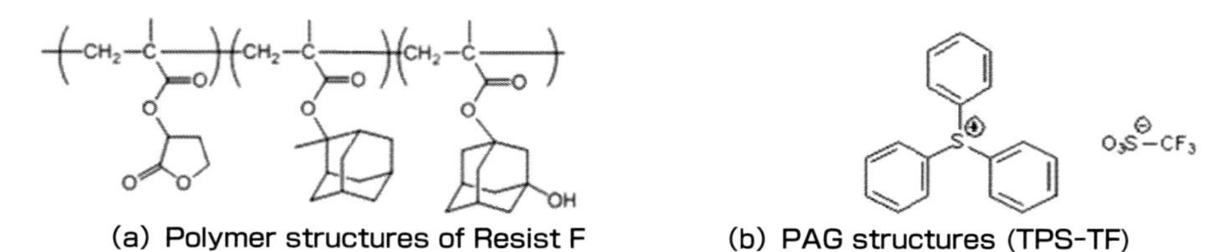

(a) Polymer structures of Resist F　　(b) PAG structures (TPS-TF)

図9　レジストFの構造式

このレジストにHfO_2の粉末を、PAGに対して、0、0.1、0.5、1.0、2.0モル量を添加した。このレジストをSiNメンブレン基板に塗布し、透過率測定を行なった。プリベークは100℃・90秒、膜厚は50nmとした。図10に13～14nmにおける分光透過率データを示す。図11にHfO_2添加量と13.5nmにおける透過率の関係を示す。

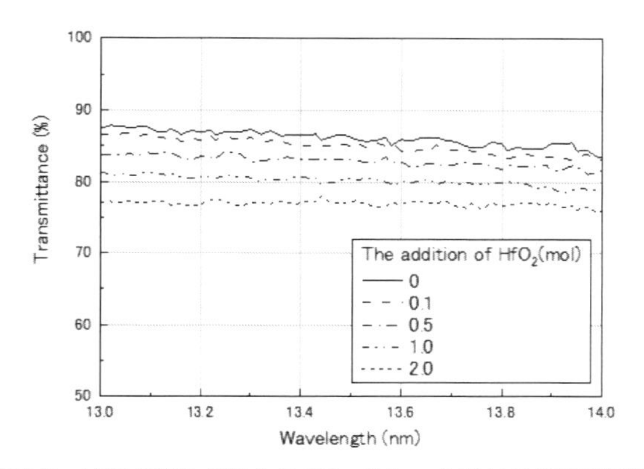

図10　HfO_2添加レジストの13～14nmにおける分光透過率

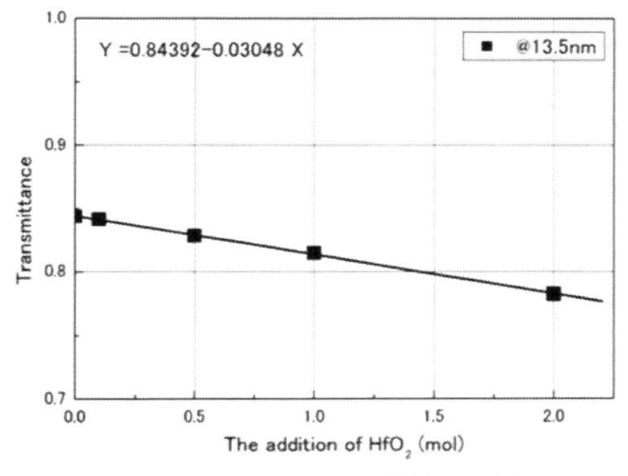

図11　HfO_2添加量と透過率の関係

HfO_2を添加するとEUV光における透過率は低下（吸光度の上昇）が認められた。そこで、本レジストの感度測定を行なった。BL03のEUVオープンフレーム露光装置を用いて露光量を変えてオープンフレーム露光を行ない、RDAにより現像速度の測定を行なった。

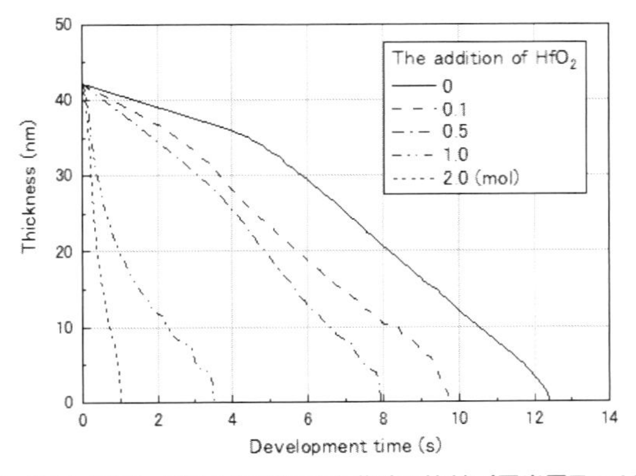

図12　HfO_2添加レジストの現像速度曲線の比較（露光量7mJ/cm^2）

図12にEUV（13.5nm）露光量7mJ/cm^{2}におけるHfO_2添加レジストの現像速度曲線の比較を示す。また、図13にHfO_2添加レジストの平均現像速度の比較を示す。

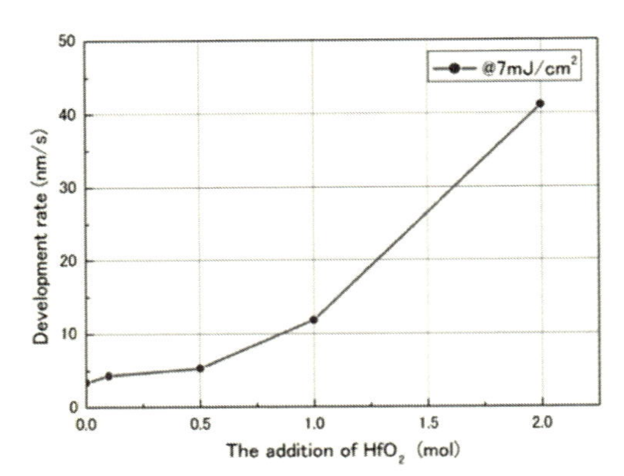

図13　HfO_2添加レジストの平均現像速度の比較（露光量7mJ／cm^2）

HfO_2を添加することで現像速度は上昇する事がわかった。図14にEthの観察結果を示す。

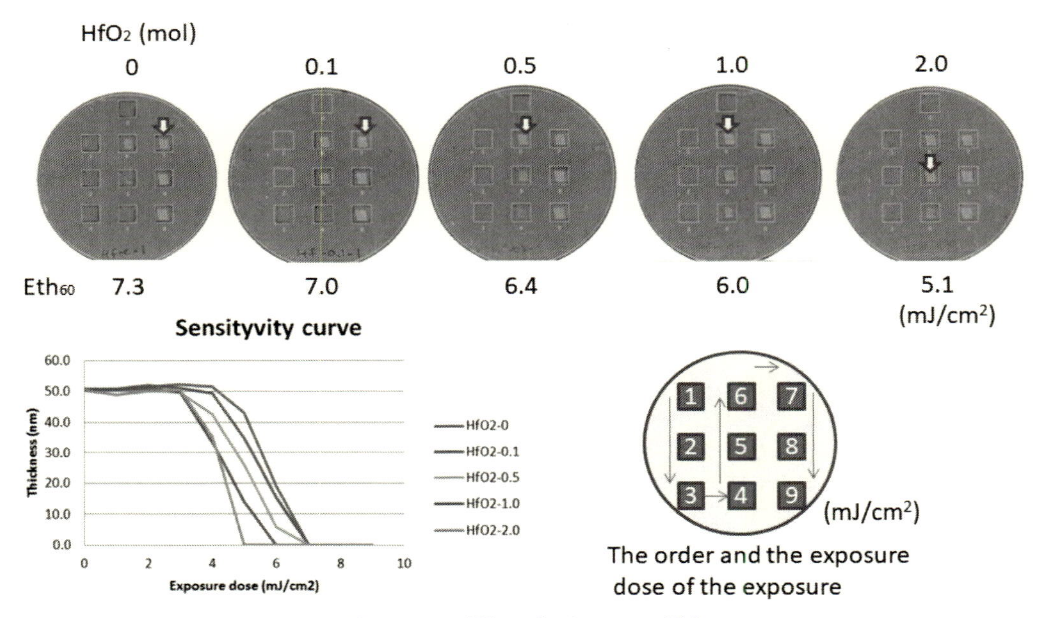

図14　HfO_2添加レジストのEthの測定

図14よりHfO_2の添加は感度の向上に寄与することがわかった。HfO_2無添加に対し、2モル添加した場合の感度向上率は30％であった。HfO_2を添加する事で、樹脂のEUV吸収は上昇し、励起された樹脂から発生する2次電子量が増加して、PAGからの酸発生量が増加したため、感度の向上に寄与したものと考えられる[7)]。図15に原子番号とEUV光における吸収の関係を示す。HfO_2はEUV光に対し強い吸収があることがわかる[7)]。

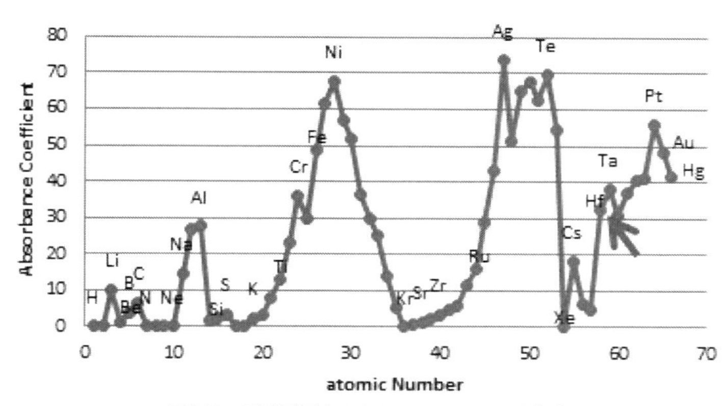

図15　原子番号と13.5nmにおける吸光度

このように、樹脂にEUV光に対して吸収率の高い金属を添加することで、レジスト感度が向上する事が確かめられた。

おわりに

EUVレジストの透過率測定によるBパラメータの測定に関して検討した。組成の異なる6種類のEUVレジストの 透過率を測定した。その結果、F原子などのEUV光に吸収の高い原子をレジストの組成中に配置する事でEUV光の吸収を高めることが出来る事がわかった。また、計算により求めた透過率と実測値に相関性が認められた。

EUVレジストの酸発生機構は、2つの過程 から成る。1つはEUV露光によって生じるベースレジンからの2次電子がPAGを電離する過程。もう1つ はPAGが2次電子を吸収して励起状態に移行する過程である。ベースレジンのEUV吸収（透過率が低下）が高まれば、放出される2次電子は増え、結果としてレジストの感度は上がると考えられる。そこで、EUVレジストにEUV光を吸収する金属材料（HfO_2）を添加し、透過率と感度の関係を調べた。その結果、HfO_2の添加に伴いEUV光の吸収は高まり、また、感度が向上することが確かめられた。

本研究は、リソテックジャパン、兵庫県立大学との共同研究である[11)]

参考文献

1）Mark Neisser, Shih-Hui Jen, Jun Sung Chum, Alin Antohe, Log He, Parrick Kearney and Frank Goodwin, “EUV Research Activity at SEMATECH”, Journal of Photopolymer science and technology, Vo1.27-5, pp.595-600, 2014

2）Brian Cardineau, Ryan Del Re, Hashim Al-Mashat, Miles Marnell, Michaela Vockenhuber, Yasin Ekinci, Chandra Sarma, Mark Neisser, Daniel A. Freedman, and Robert L. Brainard, “EUV Resists

based on Tin-Oxo Clusters", Proc. SPIE 9051, pp.90511B-1-90511B12, 2014
3) Laboratory of Advanced Science and Technology for Industry, University of Hyogo http://www.lasti.u-hyogo.ac.jp/NS/facility/bl03/
4) Yasuyuki Fukushima, Takeo Watanabe, Tetsuo Harada and Hiroo Kinoshita, "The Photo-absorption Coefficient Measurement of EUV Resist", Journal of Photopolymer science and technology, Vo1.12-1, pp.85-88, 2009
5) Takeo Watanabe, Hiroo Kinoshita, Noriyuki Sakaya, Tsutomu Shoki and Seung Yoon LEE, "Novel Evaluation System for Extreme Ultraviolet Lithography Resist in NewSUBARU", Japanese Journal of Applied Physics, Vol.44, No. 7B, pp.5556-5559, 2005
6) Vivek Bakshi "EUV Lithography", SPIE (WILEY INTERCIENCE), pp. 392-394
7) The "X-Ray Interactions with Matter" Website (http://www-cxro.lbl.gov/optical_constants/filter2.html) has an algorithm for calculating the absorption of EUV by thin films.
8) Hikaru Momose, Shigeo Wakabayashi, Tadayuki Fujiwara, Kiyoshi Ichimura, Jun Nakauchi, "Effect of end group structures of methacrylate polymers on ArF photoresist performances", Proc. SPIE 4345, pp.695-702, 2001
9) Yoshihiro Kamon, Hikaru Momose, Hideaki Kuwano, Tadayuki Fujiwara, Masaharu Fujimoto, "Newly developed acrylic copolymers for ArF photoresist", Proc. SPIE 4690, pp.615-622, 2002
10) Hikaru Momose, Atsushi Yasuda, Akifumi Ueda, Takayuki Iseki, Koichi Ute, Takashi Nishimura, Ryo Nakagawa, Tatsuki Kitayama, "Chemical composition distribution analysis of photoresist copolymers and influence on ArF lithographic performance", Proc. SPIE 6519, pp.65192F1-65192F10, 2007
11) Atsushi Sekiguchi, Yoko Matsumoto, Michiya Naito, Yoshiyuki Utsumi, Tetsuo Harada and Takeo Watanabe : "A Study of EUV Resist Sensitivity by using metal materials (2)", Proc. SPIE, Vol.10450-50v 2017

第4章

EUVリソグラフィと光源開発・露光装置および検査装置

第1節　高出力EUV光源の開発

ギガフォトン株式会社　溝口　計

はじめに

本節では、はじめにEUVにつながるエキシマレーザを用いたDUVリソグラフィの、これまでの発展の歴史について述べ、その後EUVリソグラフィ用光源の発展の歴史について述べる。

1.　半導体の微細化とリソグラフィ光源の進歩

1.1　微細化とリソグラフィの進化

世界の半導体需要は年率約4％で着実な拡大を遂げている。半導体の微細加工技術の心臓部である縮小投影露光装置のリソグラフィ工程への導入年次と微細化の度合いのトレンドとを図1に示した。

すなわち1980年頃の水銀ランプのg線（波長436nm）、1990年頃の水銀ランプのi線（波長365nm）の時代を経て、1995年頃にKrFエキシマレーザ（波長248nm）を使ったKrFエキシマレーザ露光装置が半導体量産ラインに本格導入された。2005年頃にはArFエキシマレーザ（波長193nm）露光装置を使ったリソグラフィが半導体プロセスに導入された。

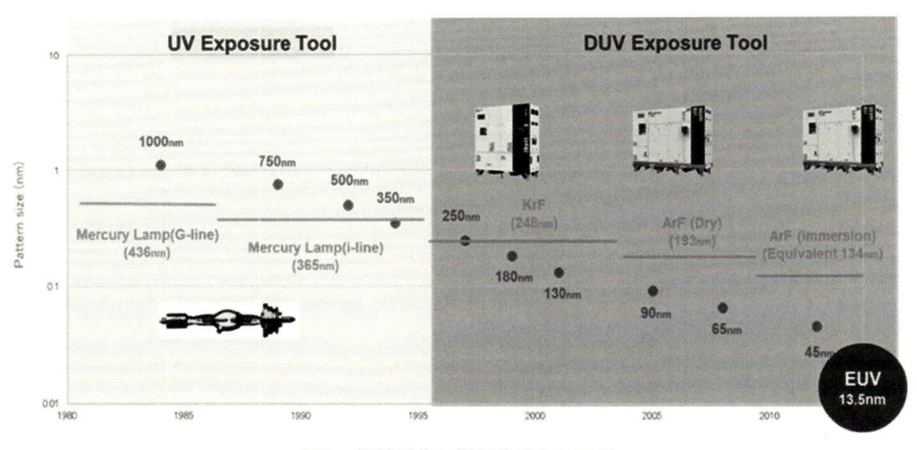

図1　短波長化と微細化のトレンド

さらに2010年頃にはArFエキシマレーザ液浸露光装置が[1]量産工場に導入され、2015年頃にはArFエキシマレーザ液浸多重露光技術が導入された。そして、EUV露光技術が2020年以降に本格的導入が開始されて現在に至っている。この対数グラフは、年と共にほぼ一直線に微細寸法が下がっており、微細化が一定の速度で弛まず進展し続けていることが示されている。

1.2　Rayleighの式と光源の短波長化の歴史

さて話は前後するが解像力と焦点深度は、レーリーの式（Rayleigh Formura）で表される；

Resolution ＝　　$k_1(\lambda / n) / \sin\theta$

DOF　　＝ $k_2 \cdot n\lambda / (\sin\theta)^2$

k_1, k_2：experimental constant factor

n：屈折率、λ：波長

すなわちこの式は、半導体は光学像の微細化で集積度を上げて進化してきた。その集積度を上げるには光源波長を短くするか、NAの大きな光学系を使うか、または屈折率の大きな媒体の中で投影するのが有効であることを示している。

これまでのリソグラフィの発展の歴史を、波長をパラメータにして振り返ると、寸法精度180nm以下のノードではKrFエキシマレーザ（波長248nm）が使われ、100nm以下のノードではArFエキシマレーザ（波長193nm）が使われてきた。続く65nm以下のノードではArF液浸（Immersion）リソグラフィ技術が使用された。この液浸露光技術は装置の対物レンズとウエハの間を屈折率の大きな液体を満たし、見かけの波長を短くし解像力を上げ、焦点深度を大きくする。ArF液浸では水が対物レンズに接するメディアとして使われ（屈折率：n＝1.44）解像力が大幅に改善され、それまで本命視され世界で研究されていたF2レーザ（波長157nm）リソグラフィに代わって短期間に実用化された。

さらに45nmノード以降では、ArF液浸リソグラフィにダブルパターンニング技術を加えられ半導体量産に適用された。すなわち1回の露光ではRayleigh Formula中のk_1値を0.25以下に下げる事はできない。そこで2重露光技術が注目され実際に用いられてきた。図2に2重露光の基本的な方式の一例を示す。

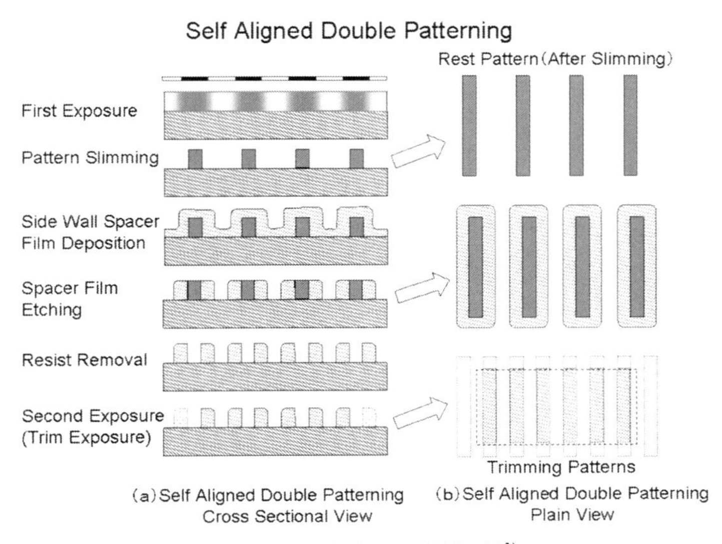

図2　2重露光パターン技術の例[1)]

1回目の露光で形成したパターンの空間周波数を2倍にするのはマルチプルパターニング技術[2)]といわれ、さらに32nm、22nmのメモリの量産ラインでは、三重露光、四重露光までもが最先端工程へ導入されている。

1.3 DUV光源の狭帯域化と屈折投影光学系

DUV領域では、投影光学系は屈折光学系と、反射光学系と屈折光学系を組み合わせたカタディオプトリック系が使用される。DUV波長領域では屈折光学系の硝材の屈折率分散が大きく（図3）エキシマレーザの自然発振時のスペクトル幅（数100pm）全域での色消し設計は困難である。

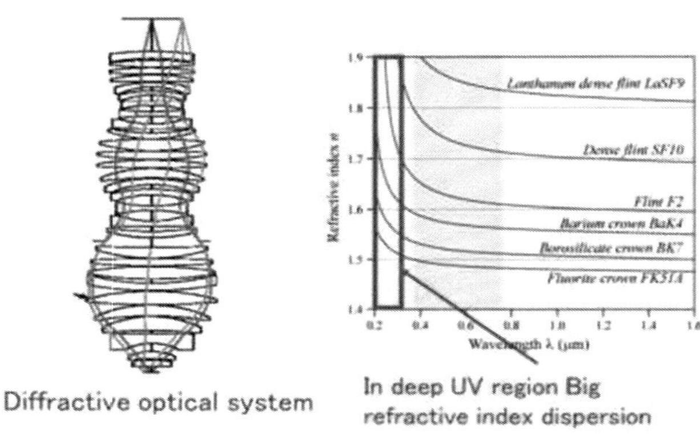

図3 単色レンズ系結像光学系と硝材の波長分散

この結像の色収差の問題を避けるためにKrF/ArFエキシマリソグラフィでは通常100pm以上の幅広いスペクトルを1pm以下に狭帯域化したエキシマレーザと単色投影レンズを組合わせた方式が主流となっている。また一括露光方式のエキシマステッパーや露光領域寸法を大型化できるレンズスキャン方式のスキャナが商品化され、現在のDUV光リソグラフィ用露光装置の主力方式となっている[2-4)]。

1.4 狭帯域化KrFエキシマレーザ

筆者らは1990年代に、それまで関係者の間では「レーザ界のヘレンケラー」（高い、危険、すぐ壊れるという3重苦）と陰口をたたかれていたエキシマレーザを半導体工場での高い稼働率に耐えられる構造に改良を行った。すなわち装置を構成する部品、放電部品、ガス循環メカ、パルスパワー電源スイッチのサイラトロンの固体化、光学系部品の材質見直しなど、あらゆる構成部品を見直し改良を重ね、KrFエキシマレーザ装置を工場での露光工程を模擬した運転モードでの無人連続試験を約1年間、運転パルス数で70億パルスまで実施した。最終的には当時としては画期的な70億パルスまでの運転でスペクトル幅の変化を微小量に抑え込むことに成功した。

すなわち運転コストを低減するには、レーザの構成部品の寿命を延長することが効果的である。実際に半導体工場に導入された場合に、エキシマレーザの運転コストを律する重要な要素は装置のメインテナンスコストである。その割合はチャンバ、狭帯域モジュール、モニターモジュール、パルスパワーモジュールの順に大きく、ガスコストや電力料などのユーティリティコストの割合は小さい。

さてKrFエキシマレーザーリソグラフィは、現在ではミドルレーヤーと呼ばれる250～130nm領域のパターニングに使われる。ギガフォトン最新型KrFエキシマレーザG60Kの性能諸元および耐久性能を表1に、装置外観を図3に示す。

図3　最新型KrFエキシマレーザ　G-60K

表1　リソ用KrFエキシマレーザG-60K 主仕様

項　目	値*
発振波長	248 nm
出　力	40W － 60W
発振周波数	4,000Hz
スペクトル幅	300＋／－1.5 fm wafer average
特　徴	サステナビリティソリューション ・Helium Free Operation ・TGM（Total Gas Management）

1.5　狭帯域化ArFエキシマレーザ

次に図4にArFリソグラフィを支える最新鋭のArFエキシマレーザ（ギガフォトン社）の写真と主仕様（表2）を示す。ギガフォトン社ではArFリソグラフィ用光源“GTシリーズ”を量産している。2004年に独自のインジェクションロック方式のArFレーザGT40A（4kHz、0.5pm（E95）、45W）を製品化し、その後液浸露光機用のGT60A（6kHz、0.5pm（E95）、60W）を2005年にリリースして以来、90W出力のGT66Aにまで進化し続けている[3)]。

図4　最新型ArFエキシマレーザ　GT-66A

表2　リソ用ArFエキシマレーザGT-66A 主仕様

項　目	値*
発振波長	193 nm
出　力	60－90 W
発振周波数	6,000 Hz
スペクトル幅	300＋/－1.5 fm wafer average
特　徴	EPE 低減ソリューション サステナビリティソリューション

この“GTシリーズ”は、量産工場ですでに大量に使用され、登場が遅れたEUVを尻目に高い稼動実績（Availability＞99.6％）がエンドユーザから高く評価されている。2022年末現在、世界の主要ユーザーで600台以上の累積出荷実績を有する。

リソグラフィ用エキシマレーザの市場規模は、現在800億円／年を超え、着実に成長を遂げてきている。ギガフォトン社は2021年度には、通年世界シェア51％を超え、売り上げにおいても500億円を超え（図5）、事実上世界一のエキシマレーザメーカーに成長した。

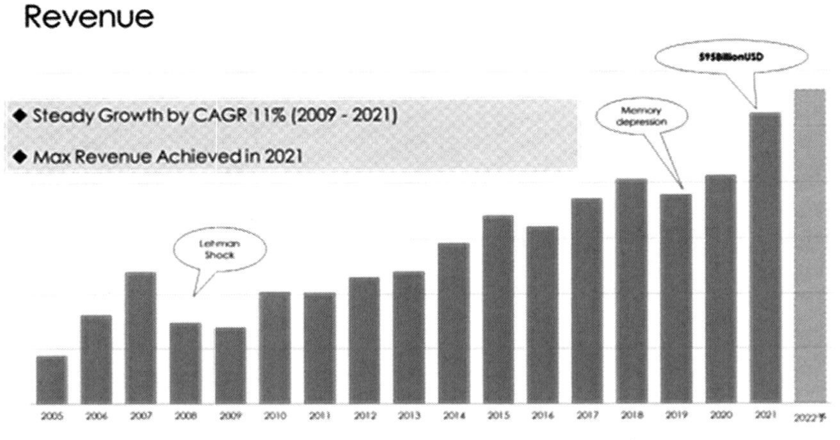

図5　ギガフォトンの売上高推移（Gigaphoton）

1.6　多重露光技術

16nm以降では、かつては13.5nmの極端紫外光（EUV）をつかうEUVリソグラフィが本命とされていたが、光源出力の問題から量産技術の選択からはずされ（2012年）、10nm以上のデザインルールの半導体量産工場でArF液浸露光および多重露光工程（図2）に挟帯域ArFエキシマレーザ[2)]が使用され続けてきた。すなわちArF液浸リソグラフィにマルチパターニングを組み合わせた装置が半導体の生産を支えてきている。

2. EUVリソグラフィ

さて本論のEUVリソグラフィは、NA＝0.3程度の反射光学系を使って20nm以下の解像力を実現でき、究極の光リソグラフィともいわれている。ただし13.5nm光は気体によって強く吸収され高真空または希薄な高純度ガスの封入された容器内でしか伝播しない。さらにミラー反射率が68％しかないため、11枚系のミラーで高NAの縮小投影を行うと1.4％しか露光面に届かない。量産では300mmウエハで100WPH（Wafer Per Hour）以上の生産性を実現するには光源は250W以上の出力が必要とされる。以上の発展の歴史をRayleighの式のパラメータでまとめたものを表3に示した。

表3　Rayleighのパラメータと解像度の進化

	R (K1=0.4) nm	n	medium	λ/n *nm*	NA	Power
KrF dry	124	1	Air	248	0.8	40
ArF dry	103	1	Air	193	0.75	45
F_2 dry	84	1	N_2	157	0.75	-
ArF immersion	40	1.44	H_2O	134	1.35	90
EUV (λ=13.6nm)	**18**	**1**	**Vacuum**	**13.6**	**0.3**	**>250**
EUV (λ=13.6nm)	9	1	Vacuum	13.6	0.6	>500
EUV (λ= 6.7nm)	4.5	1	Vacuum	6.7	0.6	>1000

波長13.5nmのEUV光は反射光学系（反射率68％程度）による縮小投影を用いたリソグラフィで1986年にNTTの木下ら[4)]により提唱された日本発の技術である。しかしながら、現在は世界のEUVリソグラフィの最先端量産用露光装置開発はオランダのASML社の独占状態で進んでいる。

2.1　EUVリソグラフィと開発の経緯

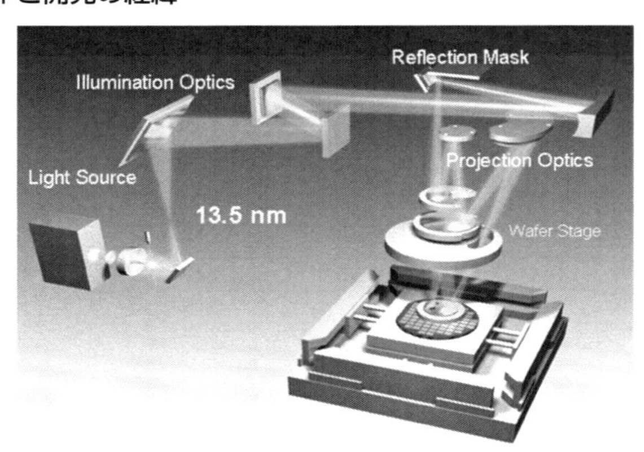

図6　EUVリソグラフィ露光装置の概念図

近年光源の出力改善が進み、2017年に発売されたASML社のNXE-3400において250W（設計値）を達成し、スループットは125WPHを超えた。EUV露光装置の出荷台数（見込）は、2019年に累積34台、2022年に100台超であった（図6）。Apple社のiPhoneXIIには台湾のTSMC社でEUVを使った5nmプロセスで量産されたA14チップが搭載されている。また、三星電子はEUV露光装置をメモリの量産ラインに導入し、量産を行っている。まさにEUVリソグラフィ量産時代に突入したと言っても過言ではない。

EUVリソグラフィは光源の出力がネックとなり登場が遅れてきた。しかしその波及効果の大きさから、次の世代の5nmノード以降での本命技術として現在も世界的に大きな研究開発費が投じられている。光源波長、光学系のNAと解像度の関係を（表3）に示す。現在はNA＝0.3の光学系と13.5nm

の波長を組み合わせることで18nm程度の解像力が得られる。NA＝0.55以上の次世代投影光学系の開発も進められ、光量ロスが少なく縦横倍率の異なるAnamorphic opticsが提案され開発が進められている。ただし次世代では微細化に伴うレジスト感度低下などのシステム要求から、500W以上が必要とされている[5)]。将来は6.7nm近傍の波長の1,000W程度の光源とNA＝0.6の光学系との組み合わせが実現できれば5nm以下の解像も可能とされる（表3）。

2.2　世界の露光装置開発と市場の現況

現在世界のEUVリソグラフィの最先端量産用露光装置開発はオランダのASML社を中心に進んでいる。初期（2000年頃）には小フィールドの露光装置が試作されたが、2006年にASML社が開発したフルフィールドのα-Demo-Toolが現在に繋がる本格的露光装置であった。光源に10W級（設計値）の放電プラズマ光源を搭載し、欧州のIMECおよび米国SEMATECHのAlbany研究所などに納入された[6)]。2009年からはASML社は100W光源（設計値）を搭載したEUV β機NXE-3100を開発した[7)]。当初100W光源の搭載を目指し量産の先行機の実現を目指したが、2012年時点で光源出力は7～10Wの出力に低迷しEUVリソグラフィ量産性検証のボトルネックとなった。2013年EUV γ機NXE-3300では250W（設計値）のEUV光源を搭載し200WPH以上の生産性を目指したが[8)]、光源は当初10Wレベルの稼働で、2014年8月にようやくフィールドで40Wレベルの改良が複数のユーザー先で実行され、600WPD（Wafer Per Day）の達成が報告された。さらにTSMC社[9)]、Intel社[10)]で2014年後半に80Wの模擬運転に成功したと報告されている。ASMLからは2020年に光源出力が250W以上に改善されたNXE-3400Cが発売され、2021年にはNXE-3600Dが発売されて現在に至っている（図7）。

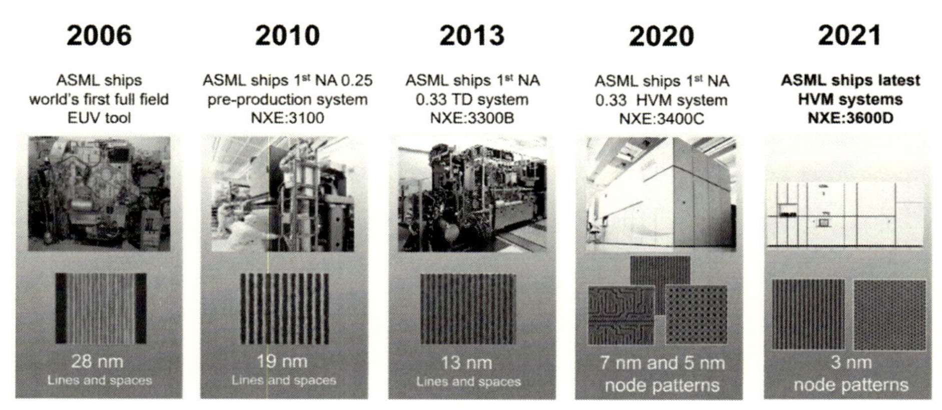

図7　ASML社のEUV露光機開発の歴史

以下、高出力EUV光源の技術的構成と高出力化、実用化の課題について述べる。

3. 高出力EUV光源の開発の経緯とコンセプト

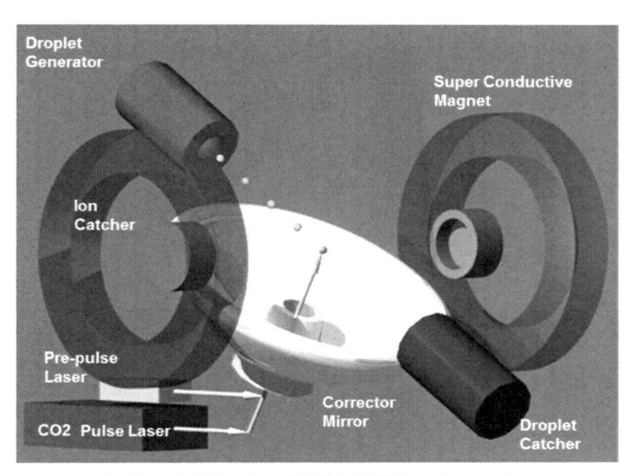

図8　ギガフォトン社EUV光源のコンセプト

図8にギガフォトンのEUV光源の概念図を示す。現在はこの方式の優れた特性が認められ、世界の高出力EUV光源の主流の方式となった。EUV光を効率よく発生させるには、黒体輻射の原理より約300,000Kのプラズマを生成する必要がある。このプラズマを生成するためには、これまで2つの方式でアプローチがなされてきた。すなわち、1つはパルス放電を用いたDischarge Produced Plasma方式[11]、もう一つはパルスレーザをターゲットに照射するLaser Produced Plasma方式である。世界では1990年台末から米国でEUVLLC[12]、欧州のFraunhofer研究所等の機関で研究が開始された。

我が国では2002年より研究組合極端紫外線露光技術研究開発機構（EUVA）が組織されEUVリソグラフィの露光装置技術および光源技術の開発がスタートした。当時のLPPグループのリーダーは住友重機械工業から転職された遠藤 彰氏に引き受けていただき、筆者らもこれに参画し当初からターゲット物質にパルスCO_2レーザを照射し高温プラズマを発生させるスキームをテーマとして追求してきた[13]。また2003年からスタートした文科省リーディングプロジェクトの九州大学岡田教授の測定結果[14]をきっかけに、筆者らは2006年から本命になる技術と確信しドライバーレーザにCO_2レーザを用いたLPP方式の優れた性能を予見するデータを確認して、この方式を開発してきた。CO_2レーザシステムには信頼性が確立した産業用のCW-CO_2レーザを増幅器として用いた独自のMOPAシステムを採用している。すなわち発振段の高繰り返しパルス光（100kHz、15ns）を、複数のCO_2増幅器により増幅している[15]。ターゲットはSnを融点に加熱して、20μm程度の液体Snドロップレットの生成技術を追求してきた。EUV集光ミラーは、プラズマ近傍に設置され、EUV光を露光装置の照明光学系へ反射集光する。このプラズマから発生する高速イオンによるミラー表面の多層膜のスパッタリング損傷が発生するが、独自の磁場を用いたイオン制御で、その防止・緩和を行っている。

4. 高出力EUV光源開発の進展

4.1 変換効率の向上

YAGレーザとCO_2レーザを、時間差を置いてSnドロップレットに照射するダブルパルス法により生成プラズマのパラメータを最適化したところ高い変換効率（>3%）が得られることを柳田らは実験的に見出した[16)]。この結果は西原らのグループの理論計算の結果と変換効率で良く説明できた[17)]。さらに2012年にはプリパルスレーザのパルス幅の最適化を行い画期的な約50%の効率改善を実現した。すなわち、これまでパルス幅約10nsのプリパルスを約10psのパルスに変更してCO_2レーザパルスで加熱することで変換効率が3.3%から4.7%に向上した。さらに最近では5.5%の変換率も実験的に検証された（図9）。これは世界最高記録で画期的なデータである。製品レベルでこの効率が実現できれば、平均出力21kWパルスCO_2レーザで250WのEUV出力が、40kWパルスCO_2レーザでEUV 500Wが達成できることになる[18)]。

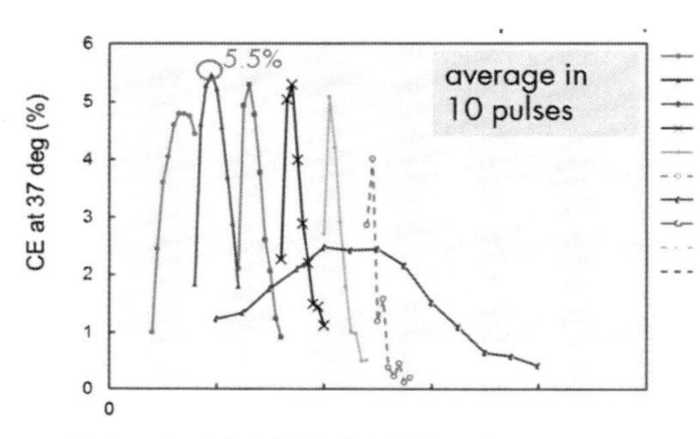

図9 EUV 変換効率（EUV光／ CO_2レーザー）

4.2 高出力CO_2レーザの開発[19, 20)]

250WのEUV出力を達成するために2011年度と2012年度NEDOの支援の元で三菱電機(株)との共同プロジェクトを実施し、ギガフォトン製のパルスオシレータと三菱電機製の4段増幅器を組み合わせ100kHz、15nsのパルスで20kWを超えるCO_2レーザ増幅器の出力が実証された（図10)。この成果をもとに、この増幅器を実用レベルに仕上げて2014年春より高出力のEUVプラズマ発生実験がギガフォトン社で始まっている。

図10 CO_2増幅実験装置（三菱電機(株)提供）

その試験結果によれば、従来10kWで制限されていた出力が、2倍の20kWまで改善できている。現在、この増幅器を4台直列に並べたシステムが開発され最大出力27kWが実現された。

4.3　磁場デブリミチゲーション[21)]

錫液滴にプリパルスレーザ光を照射し炭酸ガスレーザー光が照射されEUV発光する。その後磁場によりガイドされた錫イオンが磁力線に沿って排出される（図11、12）。現在、前節で述べた10psのプリパルスにCO_2レーザを組み合わせるとイオン化率が99％以上に改善できることが計測の結果証明されている。集光ミラー周辺部には磁気ミラーのイオン収集部からの逆拡散によるSnのデポジションが観測されているが、エッチングガスの流路の制御でEUV発生試験の集光ミラー位置でのデブリが桁違いに改善されることがシミュレーションで確認された。この集光鏡の汚染防止がEUV光源の高出力化に対しトレードオフの関係にある。

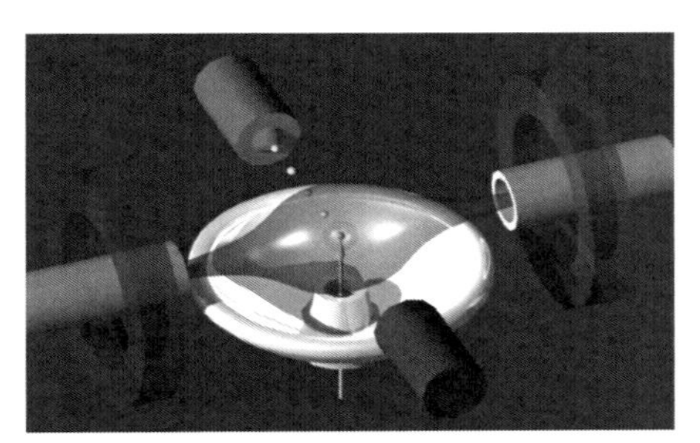

図11　コレクタミラー周辺の構造

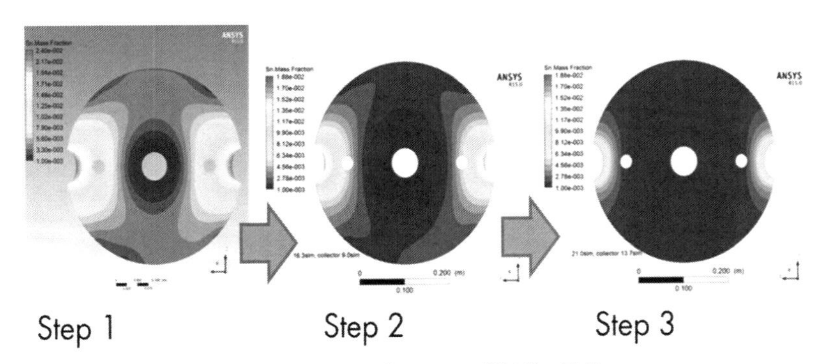

図12　イオン捕集器からの逆拡散の改善

5.　量産向けEUV光源システムの開発[22)]

ギガフォトンでは2022年の5nmノード以降の量産工場向け330W（@ I/F）EUV光源の実現とその量産化を目指し2012年以降、製品化開発を進めてきた（図13）。サブファブと呼ばれる階下スペースにプリパルスレーザ光とメインプラズマ加熱用のCO_2レーザが配置され、クリーンルーム階にEUV発生用チャンバが配置され、それらの間がビームラインで結ばれている。図14には、この量産型EUV光源システムの先行装置であるPilot1号機のイラストを示した。EUV発生用チャンバとドライバーレーザ（Driver Laser System）とは光学的にビーム転送システム（Beam Transfer System）で結合されている。EUV発生用チャンバ（EUV Chamber System）内部でSnドロップレットにドライバーレーザからのレーザー光を照射しEUV光を発生させている。

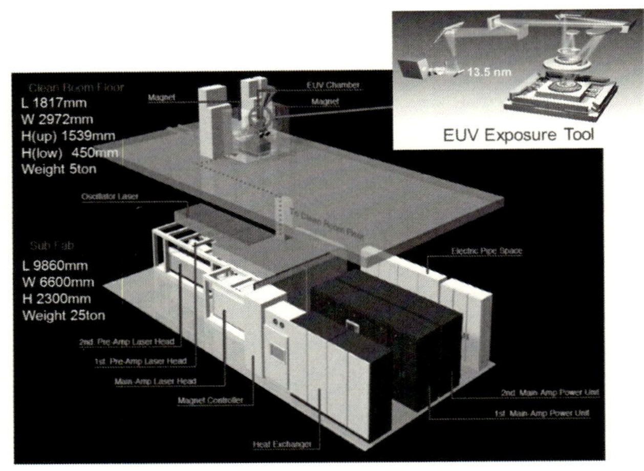

図13　量産型EUV光源システム

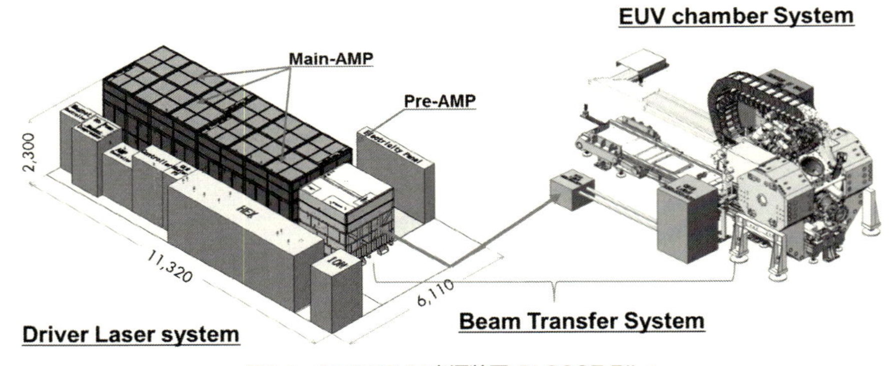

図14　250WEUV光源装置 GL200E-Pilot

ギガフォトンでは当初2017年の12nmノード以降の量産工場向け250W（@ I/F）のEUV光源の実現とその量産化を目指し開発を進めてきた。サブファブと呼ばれる階下スペースにプリパルスレーザ光とメインプラズマ加熱用のCO_2レーザが配置され、クリーンルーム階にEUV発生用のチャンバが配置されている。EUV発生用チャンバと露光装置とは光学的に結合されている。この内部でSnドロップレットにレーザ光を照射しEUV光を発生させる。ギガフォトン平塚事業所では2015年に建設を終え（図15）、本格的な稼働試験を進めた。

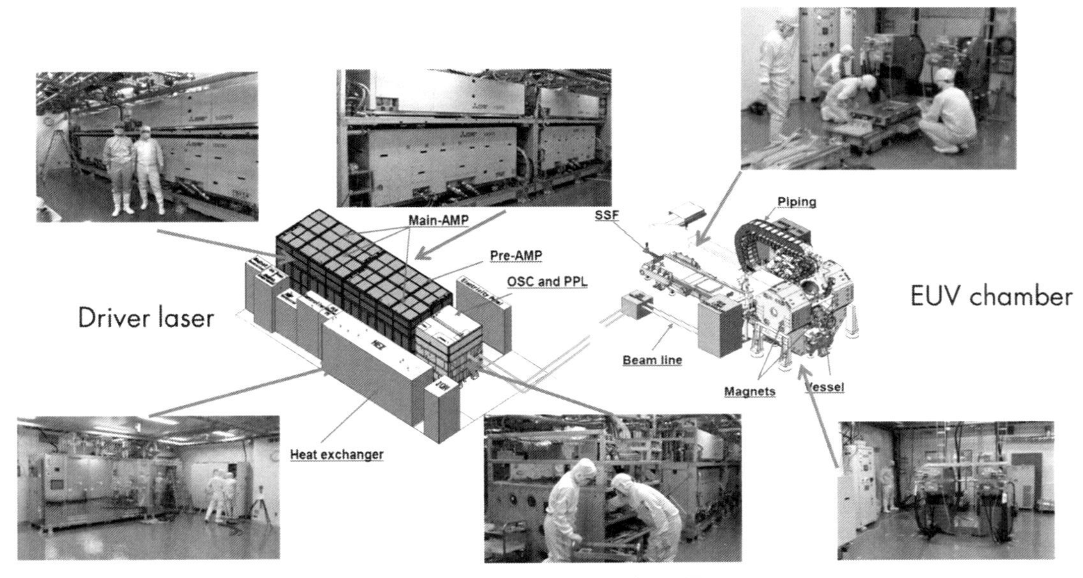

図15　パイロット装置の建設風景

このパイロット装置は1017年に、出力目標を300W以上に改め、実コレクターミラーを装着して反射率の低下を観測している。図16に本光源の入出力特性を示す。短時間運転では365Wの運転出力を達成できた。さらに17kWのレーザー入力で270WのEUV光出力を長時間（1週間）安定に取り出すことに成功した（図16b）。

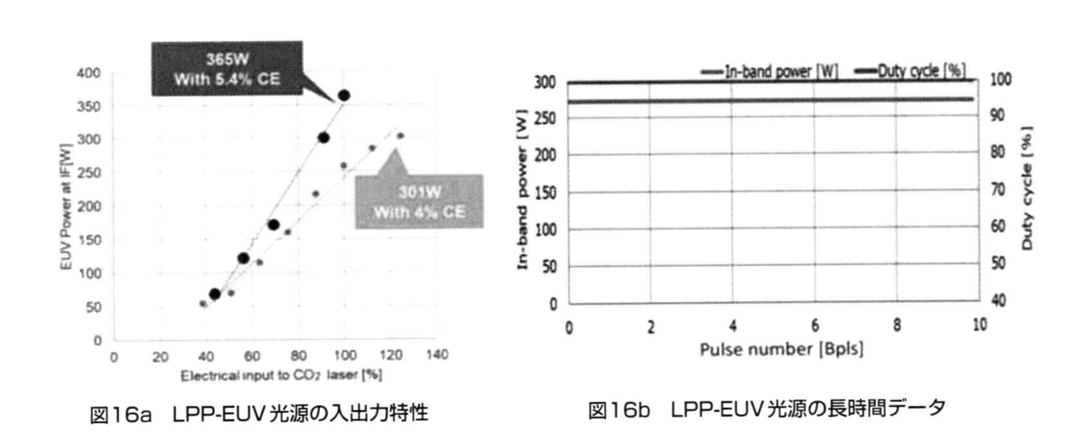

図16a　LPP-EUV 光源の入出力特性　　図16b　LPP-EUV 光源の長時間データ

図17には、集光鏡の反射率低下のデータを示す。初期は錫の集光鏡表面での付着が早く反射率の低下が大きかったが、表面保護膜（キャッピングレーヤー）の最適化でエッチング速度の加速、水素ガス流れの最適化の結果、0.15% /Gplsという、2019年時点での世界最高データを実現した。

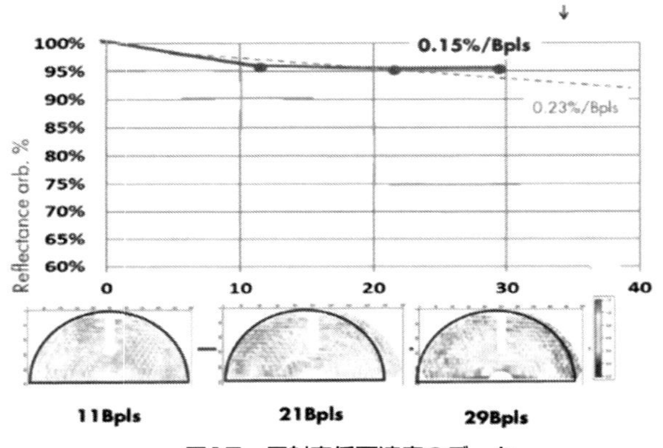

図17　反射率低下速度のデータ

ここで集光鏡反射率の低下についてのメカニズムについて述べたい（図18)。集光鏡直上（約10cm）のプラズマ点があり、ここに供給されたドロップレットにプリパルスおよびメインパルスのレーザ光を照射された錫のドロップレット（直径約20μm）は、ほぼ完全電離したプラズマになっている。電離度の高いプラズマは磁場でトラップされ磁力線を横切れずに、磁力線に沿ってゆっくりドリフトする(図18左)。このプラズマを100％イオンキャッチャで捕捉できれば､集光鏡は劣化しない。ところが一旦完全電離したプラズマも時間が経つとイオンと電子の再結合が始まり、再結合し中性化する。そうなると磁力線にトラップされずにガスの流れに乗って集光鏡表面に達して表面を汚染するようになる。表面ではデポジションによる付着と、鏡表面のキャッピングレーヤー表面に近接した水素が活性となりラジカル化して、そのラジカル水素が付着錫と反応してエッチングする反応のバランスによって付着するかしないかが決まっていると推測される。

こうしてエッチングされた錫原子はスタナン（SnH_4）と呼ばれるガスになり、水素ガスと一緒に真空ポンプで排出されてしまう（図18中央)。ただしこのスタナンは不安定な分子で、温度が高くなるとすぐに分解して錫に戻ってしまうという特性を持つ。従って集光鏡周りの構造物の温度管理が大変重要である。

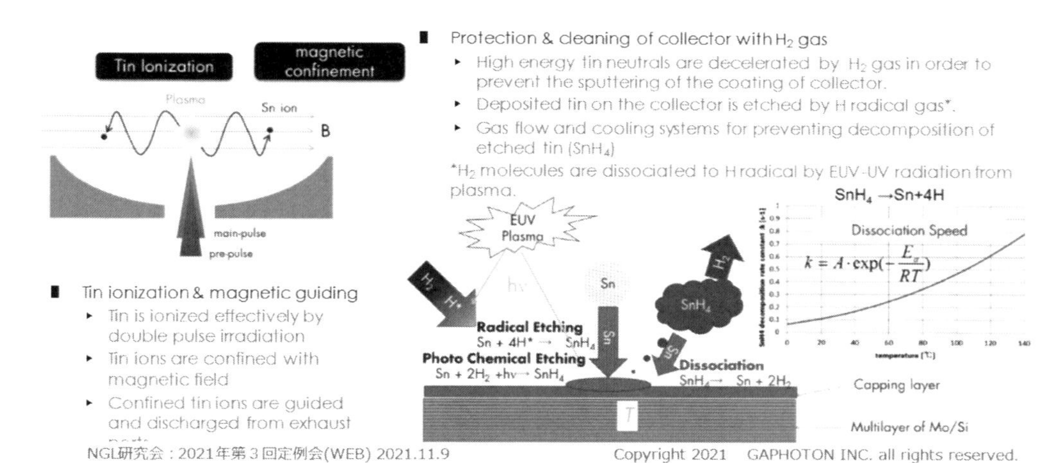

図18　集光鏡反射率の低下についてのメカニズム

いま述べたキャッピング層の最適化の実験をNew Subaruで行い、長期にわたって反射率が維持できる膜構成のスクリーニングができ、最適膜構成の指針が示唆された（図19）。

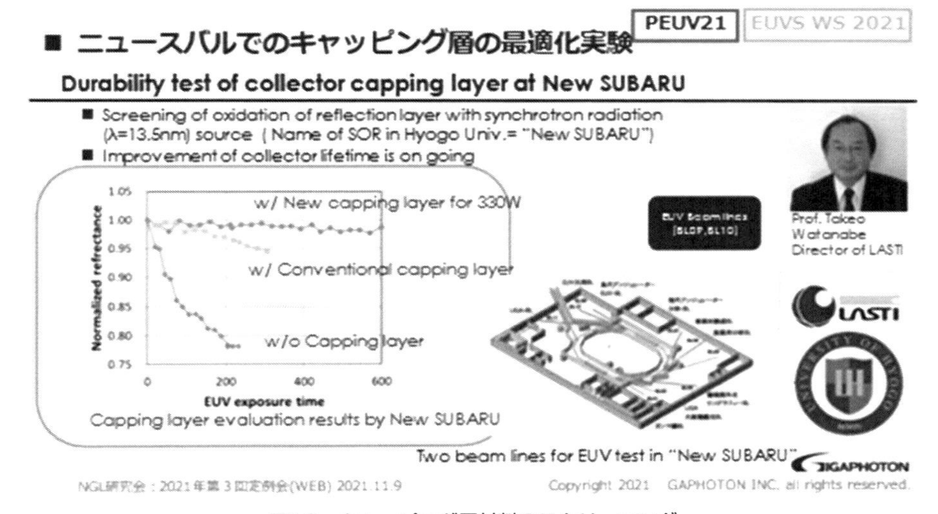

図19　キャッピング層材料のスクリーニング

また上述の錫のガスフローによる拡散シミュレーションを実施した。当初はモデルが稚拙でシミュレーションと実験データの比較において誤差が大きかったが、最近の解析では両者の一致の頻度が高まりつつある。さらに長期にわたって使用したミラーのキャッピングレーヤーの変化データを図20に示す。データを見ると、キャッピングレーヤーの膨張と削れが起きている、またシリコンの第1層の経時的な膨潤が観察された。これは錫のスパッタリングによる再表層のスパッタリングと再表層のダメージによる酸素の浸透量の増加がもたらしているように見える。今後も継続的にメカニズムの解明を進めていく必要がある。現在は高出力条件での集光ミラー寿命の延長を目標にシステムの最適化を行ってきた[7]。

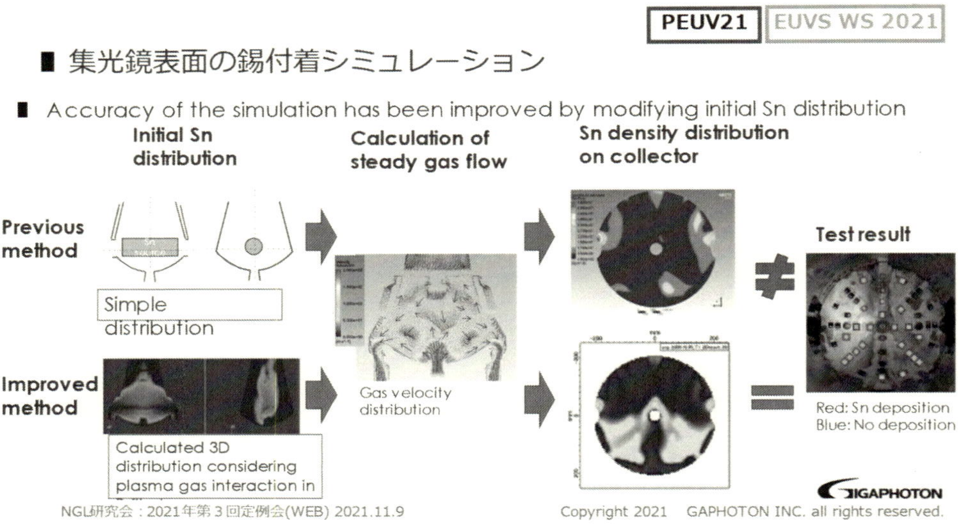

図20 錫デポのシミュレーションと実験データ比較

おわりに

2000年代初頭にEUV光源開発に着手し、この20年光源メーカーは多大な開発費を投入しながらも、ビジネスの遅れでEUV光源開発費が嵩み光源メーカは文字通り激動の“Darwin Sea”の中にあった。

すなわちEUV β機で先行したCymer社は経営が圧迫され厳しい状況で、2013年6月に開発費が嵩みASML社に買収された。さらにα-DemoToolで先行していたEXTREME社は2013年5月にその煽りで解散となった。さらにASML以外の露光装置メーカの撤退により、ギガフォトン社は技術開発には一定の成果を収めたものの商品化の出口を失い露光用EUV光源市場への参入を見合わせた（2020年）。現在はこの技術を活用しての検査装置用EUV光源市場参入に方針転換するに至った。

とはいえ、さらなる高出力EUV光源の市場ニーズは高く、今後も高額な研究開発費が投入されると予想され、プラズマ物理の大きな応用分野として位置付けられよう。

一方で、最先端リソグラフィのフラグシップが短波長化による微細化で一律にツールが切り変わっていた時代から、複数のアプローチが共存する複合的アプローチに変化しつつあるともいえる。

すなわち；

①ロジックデバイス、DRAM：EUV＋ArF 液浸または液浸多重露光による微細化は前工程のルート（図21 Miniaturization）[23)]

②NAND フラッシュメモリ：KrFを使い3D構造化し、階層数が増加し容量アップしている。前工程のルート（図21 3D Structure）

③GPU などのSiオンチップデバイス：パッケージング工程の微細化の進展により従来は後工程と呼ばれていたが、最近その中の微細なものは中工程（Middle End Process）の名称で呼ばれている（図22）。

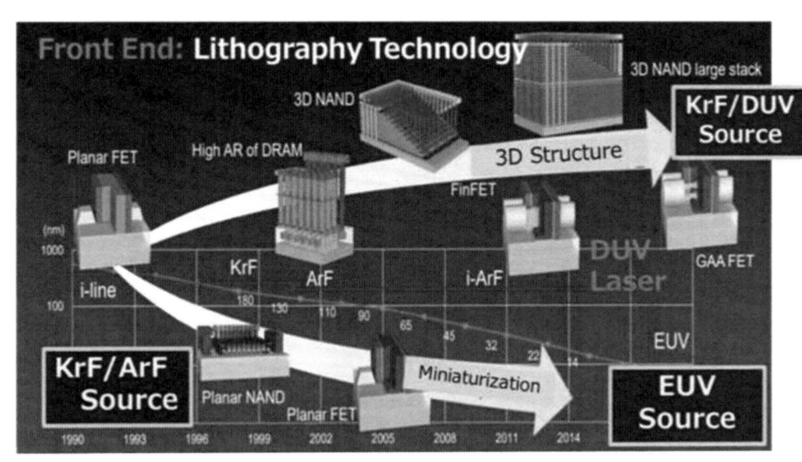

図21　前工程（Front End）半導体露光装置の変遷

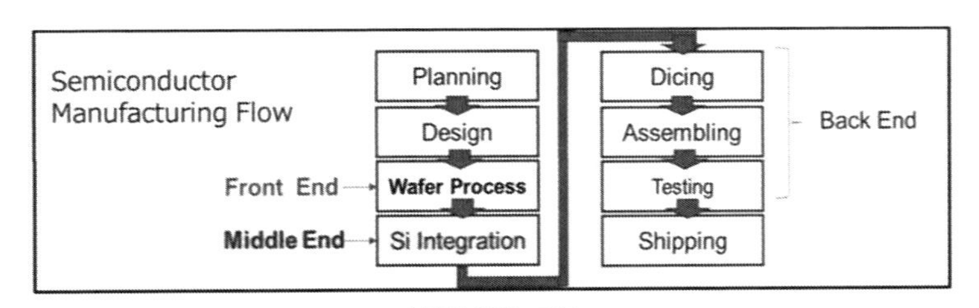

図22　半導体製造工程のフロー

表現を変えると半導体の微細化は多線化の時代になったとも見れる。これに連動してリソグラフィ用の光源開発も、短波長化の1本道から多品種の光源への複雑な要求に変化している。

一方で国内を見ると、こうした大きな半導体プロセスの変貌期にあって、国内のデバイスメーカーはこの10年で先端デバイスから遅れ、未だEUVの本格導入にすら至っていないのは大変残念な現実である。こうした現状を打開するために、最近国内で最先端デバイス製造の復活を狙うRAPIDUSのような動きが出てきたことは、われわれ国内の半導体製造装置メーカにとっても大変嬉しいニュースである。これまでDUV～EUVリソグラフィ用光源技術の中心で技術開発を担ってきた者として、これからも、終わりのないさらなる技術的チャレンジの一端に携わりたいと願いつつ筆を置く。

謝辞

EUV光源開発の一部は2003年から2010年にわたりNEDO「極端紫外線（EUV）露光システムの基盤技術研究開発」の一部としてEUVAにてなされ、2009年以降の高出力CO_2レーザシステムの開発はNEDO「省エネルギー革新技術開発事業」による補助金を受けて平成21～23年度および平成23～24年度に実施された。現在は、「NEDO戦略的省エネルギー技術革新プログラム」において平成25～27年度「高効率LPP法EUV光源の実証開発」の一部として研究開発を実施している。ここに記し研究を支えていただいている関係機関および関係機関の皆様に感謝の意を表する。またEUV光源開発に携わる弊社社員諸氏の昼夜を分たぬ開発への努力に感謝する。

最後に本研究の土台を研究組合極端紫外光研究機構（略称：EUVA）の平塚分室長として創業され、世界におけるLPP－EUV技術を長年リードされ、著者も一方ならぬ薫陶を受けた、遠藤 彰氏が、今年2022年2月に病気で亡くなられた。ここに記して冥福を祈りたい。合掌。

参考文献

1）岡崎信次：「先端リソグラフィの技術動向」、クリーンテクノロジー、No.3, Vol.19. 1-6 (2009)

2）O. Wakabayashi, T. Ariga, T. Kumazaki *et. al.,* Optical Microlithography XVII, SPIE Vol.5377 [5377-187] (2004)

3）Hirotaka Miyamoto, Takahito Kumazaki, Hiroaki Tsushima, Akihiko Kurosu, Takeshi Ohta, Takashi Matsunaga, Hakaru Mizoguchi: “The next-generation ArF excimer laser for multiple-patterning immersion lithography with helium free operation” Optical Microlithography XXIX, Proceedings of SPIE Vol.9780 [9780-1L] (2016)

4）木下、金子、武井、竹内、石原：「X線縮小投影露光の検討(その1)」、秋季第47回応用物理学会学術講演会予稿集 322(1986)

5）Winfried Kaiser; “EUV Optics: Achievements and Future Perspectives”, 2015 EUVL Symposium (2015. Oct.5-7, Maastricht , Nietherland)

6）J. Zimmerman, H. Meiling, H. Meijer, *et. al.,* “ASML EUV Alpha Demo Tool Development and Status” SEMATECH Litho Forum (May 23, 2006)

7）J. Stoeldraijer, D. Ockwell, C. Wagner: “EUVL into production – Update on ASML’ s NXE platform” 2009 EUVL Symposium, Prague (2009)

8）R. Peeters, S. Lok, *et. al.,* “ASML’s NXE platform performance and volume Introduction” Extreme Ultraviolet (EUV) Lithography IV, Proc. SPIE 8679 [8679-50] (2013)

9）Jack J.H. Chen, TSMC: “Progress on enabling EUV lithography for high volume manufacturing” 2015 EUVL Symposium (5-7 October 2015, Maastricht, Netherlands)

10）Mark Phillips, Intel Corporation “EUVL readiness for 7nm” 2015 EUVL Symposium (5-7 October

2015, Maastricht, Netherlands)
11）U. Stamm *et. al.,* “High Power EUV sources for lithography”, Presentation of EUVL Source Workshop October 29, 2001 (Matsue, 2001)
12）C. Gwyn: “EUV LLC Program Status and Plans”, Presentation of the 1st EUVL Workshop in Tokyo (2001)
13）遠藤彰：「極端紫外リソグラフィー光源の装置化技術開発」レーザー研究32巻12号757－762（2004）
14）H. Tanaka, *et. al.,* Appl. Phys. Lett. Vol.87 041503(2005)
15）A. Endo, *et. al.,* Proc. SPIE 6703 , 670309 (2007)
16）T.Yanagida, *et. al.,* “Characterization and optimization of tin particle mitigation and EUV conversion efficiency in a laser produced plasma EUV light source” Proc. SPIE 7969, Extreme Ultraviolet Lithography II, (2011)
17）K. Nishihara *et. al.,* Phys. Plasmas 15 056708(2008)
18）H. Mizoguchi, “High CE technology EUV source for HVM” Extreme Ultraviolet (EUV) Lithography IV, Proc. SPIE 8679 [8679-9] (2013)
19）Y. Tanino, J. Nishimae *et. al.,* “A Driver CO2 Laser using transverse-flow CO2 laser amplifiers”, Symposium on EUV lithography (2013.10.6 - 10.10, Toyama, Japan)
20）K. M. Nowak, Y. Kawasuji, T. Ohta1 *et. al.,* “EUV driver CO2 laser system using multi-line nano-second pulse high-stability master oscillator for Gigaphoton’s EUV LPP system”, Symposium on EUV lithography (2013.10.6 - 10.10, Toyama, Japan)
21）H. Mizoguchi, *et. al.,* “High CE Technology EUV Source for HVM” Extreme Ultraviolet (EUV) Lithography IV, Proc. SPIE8679 (2013) [8679-9]
22）Hakaru Mizoguchi, Hiroaki Nakarai, Tamotsu Abe, Krzysztof M Nowak, Yasufumi Kawasuji, Hiroshi Tanaka, Yukio Watanabe, Tsukasa Hori, Takeshi Kodama, Yutaka Shiraishi, Tatsuya Yanagida, Georg Soumagne, Tsuyoshi Yamada, Taku Yamazaki and Takashi Saitou;“High Power LPP-EUV Source with Long Collector Mirror Lifetime for High Volume Semiconductor Manufacturing” EUVL Symposium, Montlay USA (11-14. September, 2017)
23）「ムーアの法則、EUVで再起動へ」日経エレクトロニクス2017年9月号

第4章　EUVリソグラフィと光源開発・露光装置および検査装置

第2節　放電型EUVプラズマ光源技術

ウシオ電機株式会社　長野　晃尚

はじめに

放電生成プラズマ（Discharge-produced plasma：DPP）光源では、ガス状の放射種を放電によってプラズマ化することで13.5nm近傍の光が得られる。一般にDPP光源は、ハイパワーのレーザーが必要なレーザー生成プラズマ（Laser produced-plasma：LPP）光源よりもシステムの設置面積を小さくできることや、投入した電力をEUV発光に直接変換するため消費電力を抑えられることなどが期待できる。EUVリソグラフィ実用化にあたり、露光機メーカーから示された光源に対する要求仕様を表1に示す[1)]。表中のBest reported valuesは2005年時点に報告されたキセノン（Xe)、スズ（Sn）を用いたDPP光源やLPP光源の結果である。EUV power at inter mediate focusは波長13.5nmの2%バンド幅内に対するもので、光源装置と露光装置の間にある中間集光点（Intermediate focus：IF）における要求値である（図1)。ここでのEUV powerは平均パワーを意味している。これに対し表中のRequirementsのProductionは量産用EUV露光機向け光源への要求値を示している。2005年時点でIFにおけるEUVパワーは最大50Wが報告されていたが、量産機としての要求値115 Wには遠く及ばない状況であった。EUVパワーの要求は、露光機の処理能力を向上させるために年々引き上げられ2017年にLPP光源を用いてIFで250Wが達成されているが、開発当初は産業利用されている軟X線領域の光源は存在しなかった。そのためEUV光源はEUVリソグラフィ実用化において重要な開発課題の一つとされ、高出力、安定稼働、デブリ抑制に対して強い要求が課せられていた。デブリとは、プラズマから放出される高速のイオンや中性粒子、プラズマ生成に伴って発生する金属の蒸気、飛沫などの総称であり、高速イオンや中性粒子が光学系に衝突するとその表面から原子が叩き出され（スパッタリング)、光学系表面が損耗する。他方、低速のイオンや中性粒子、金属蒸気、飛沫は光学系表面に堆積して汚染の原因となる。

DPP光源においては電極の寿命にも要求値との乖離があり、実用に耐える装置稼働率を維持するためにも大幅な改善が必要とされた。また、表1中のEtendue of source outputが規定されていることからEUV発光プラズマのサイズに対しても制限がある。Etendue（エタンデュ）は、光源の見かけの面積と集光立体角の積で表現され、その値は光の伝搬において保存される。そのため露光機側より光源側のエタンデュが大きい場合、光の利用効率が低下してしまう。本節ではこのような背景のもとで開発が行われてきたDPP光源と現在の光源装置の状況について述べる。

表1　EUVリソグラフィ露光機用光源の性能と要求性能の比較

	Best reported values				Requirements		
EUV source specifications	Xe DPP	Sn DPP	Xe LPP	Sn LPP	Alpha	Beta	Production
Status as of	Q1 2005	Q1 2005	Q1 2005	Q1 2005	2005	2007	2009
Wavelength (nm)	13.5	13.5	13.5	13.5	13.5	13.5	13.5
Throughput (wafers/h)					20	60	100
EUV power at intermediate focus (W)	25	50	2.3	3	10 a	30 a	115 b
Repetition frequency (kHz)	2	6.5	4.5		2 a	5 a	7-10 a
Integrated energy stability (%)	2		5		5 a	1 a	0.3 b
Source cleanliness					TBD	TBD	>30,000 h
Collector lifetime (10^9 pulses)	10	1	5	TBD	1 (1 month) a	10 (3 months)	80 (12 months) c
Electrode lifetime (10^9 pulses)	0.35	>1	N/A	N/A	1 (1 month) a	10 (3 months)	80 (12 months) b
Projection optics lifetime (h)							30,000
Etendue of source output (mm^2 sr)					TBD a	TBD a	< 3.3 b
Max. solid angle to illuminator (sr)					TBD a	TBD a	0.03 - 0.2 b
Spectral purity, 130-400 nm					TBD	TBD	TBD c
Spectral purity, > 400 nm					TBD	TBD	TBD c
Spectral purity, 20-130 nm					TBD	TBD	TBD

a: No problems.　b: Challenges remain.　c: Potential showstopper; significant technical challenges remain.　TBD: to be determined.

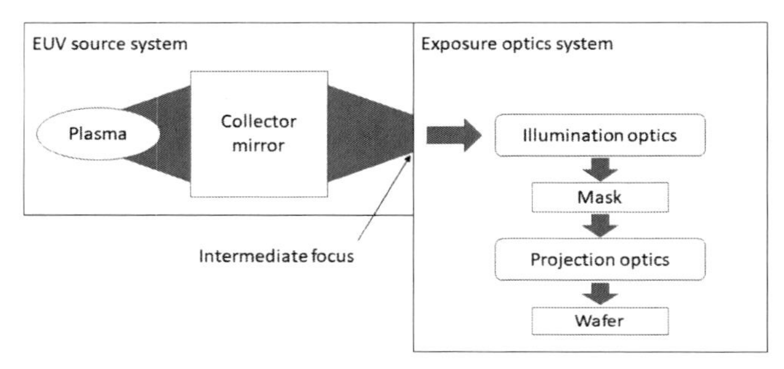

図1　EUV露光システムのブロック図

1.　放電によるEUV発光プラズマの生成

1.1　プラズマからのEUV発光

絶縁体にある値以上の電圧が加わると、導体として作用するようになる。これを絶縁破壊といい、絶縁破壊に伴って電流が流れることを放電という。大気も絶縁体の一種であり、例えば平行平板電極間の距離が1cmの場合、放電が開始される電圧は約30kVである[2)]。気体中で絶縁破壊が発生し、電流が流れるということは、電極間に電子やイオンといった荷電粒子が多数発生していることを意味する。これらの荷電粒子は気体中の分子や原子が電離することで生成される。電離とは、電子の衝突、気体分子同士の衝突、波長の短い光などによって、原子や分子から電子がはじき出されて、電子を失った原子あるいは分子がイオンになる現象を指す。電離によって発生したイオンと電子を含み且つ全体として電気的にほぼ中性の粒子の集団をプラズマという。

EUVリソグラフィで用いられる波長13.5nm近傍の光は、Xe、Sn、Li（リチウム）のプラズマから放射されることが知られている[3-5)]。Xeは発光中心が波長11nm近傍ではあるが、10価のXeイオンから13.5nmの光も放射される。Xeは常温で気体のため光学系表面への付着、堆積がない。Snは複数の多価イオンが13.5nm近傍の光を放射するため高いEUV発光効率が得られるものの、常温では固体なので光学系などへの堆積に注意が必要である。Liは、励起した2価のLiイオンのライマンα線がちょうど13.5nmと一致している。Liも常温で固体ではあるが、光学系などに堆積しても加熱によって蒸発・除去できるとのことで注目された[6]。DPP、LPP光源ともにXeを用いて開発が進められたが、発光効率の観点からSn、Liについても検討され[7-15]、最終的に波長13.5nmの2％バンド幅を有効に利用できるSnが採用されることとなった。

1.2　放電によるEUV発光プラズマ生成方法の概要

EUV発光プラズマを生成するために、DPP光源としては最初にキャピラリー放電が検討されたが、高出力化や放電プラズマ周辺の構造物の耐久性に課題があり開発は中断された。しかしながら、キャピラリー放電を用いたEUV光源の開発がDPP光源の可能性を示すきっかけとなり、その後Zピンチ、プラズマフォーカス、ホローカソードトリガ放電などを用いた光源開発に発展していった。各放電方式の具体例や詳細は参考文献16-18に譲り、ここでは、これらの放電プラズマ生成方法について概要を記す。

1.2.1　キャピラリー放電

この方式では気体を封入した絶縁体のキャピラリー内に電流を流して放電プラズマを得る（図2）。キャピラリーの内径が小さいため、大きな電流密度を得ることができ、ジュール加熱で高温のプラズマが生成される。また、キャピラリーの管壁によってプラズマの拡散も制限されるため安定性に利点がある。課題としてはキャピラリー内壁が放電の熱によって溶融し、デブリ発生源にもなるため、高出力化が難しい。したがって、キャピラリー材には耐熱性や機械的強度が求められる。

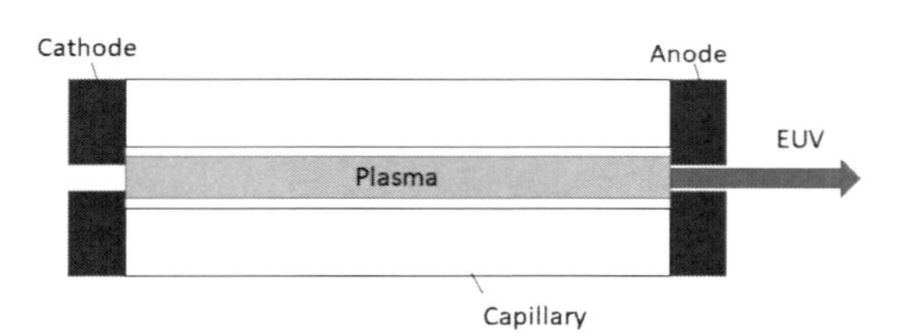

図2　キャピラリー放電の概念図

1.2.2　Zピンチ

この方式では、プラズマの圧縮現象を利用する。図3(a)のようにアノード電極とカソード電極の間に放電による大電流が流れると、放電プラズマと共に電流を取り囲むような磁場が発生する。放電電流とその磁場が相互作用することで電磁力が生じ、これによってプラズマが圧縮され高温高密度化する（図3(b)）。このような現象をピンチ現象という[19]。Zピンチ方式では円筒の放電管があるため、比較的安定に放電を起こすことができる。他方、Zピンチ放電は一発当たりの電気入力が大きく、高繰り返しで放電を発生させる場合には、熱による放電管壁面の溶融が問題になる。したがって、放電プラズマと放電管壁面との距離を大きくするために、放電管の径を大きくする或いは放電プラズマを小径化するなどの工夫が必要になる。

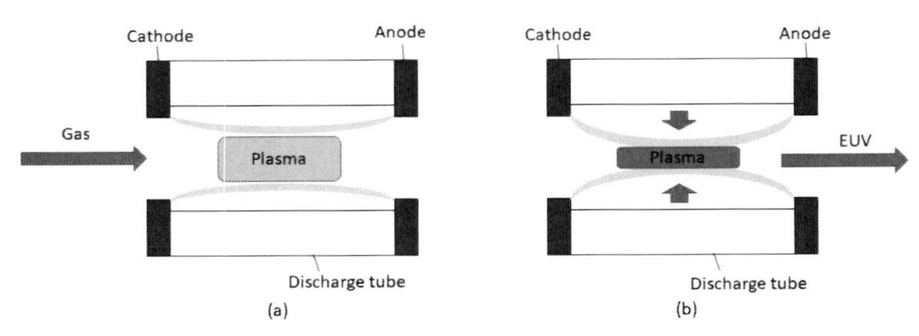

図3　Zピンチ方式の概念図

1.2.3　プラズマフォーカス

プラズマフォーカスでは電極が同軸円筒状に構成されている。図4はMather型と呼ばれる電極構造である[20]。この方式ではアノード電極とカソード電極の間に高電圧を印加し、絶縁体に沿って放電（沿面放電）を起こす。これによりシート状のプラズマが生じる（図4(a)）。アノード電極を流れる電流はシート状プラズマを通してカソード電極に向かう。このシート状プラズマに流れる電流と、アノード電極に流れる電流が誘起する磁場とが相互作用することで電磁力が発生し、シート状プラズマはアノード電極先端方向へ押し出される。シート状のプラズマがアノード電極先端に到達すると、ピンチ現象によるプラズマ圧縮で高温高密度のプラズマが生成される（図4 (b)）。この方式はプラズマ周辺に発光を遮蔽するような構造物がないことが特徴である。ただし、電極から浮上した場所に高温高密度プラズマができるので位置制御が難しい。

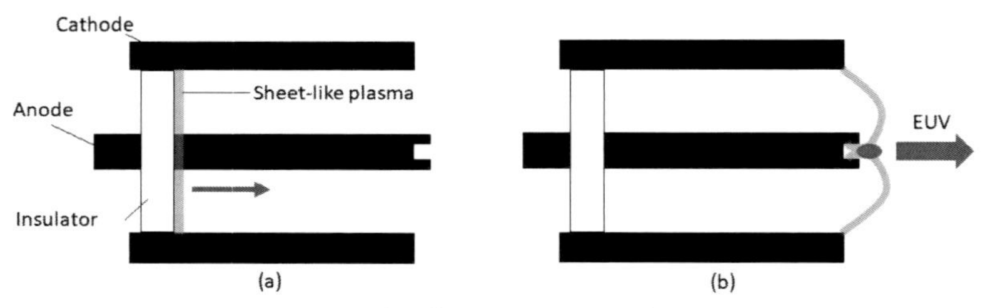

図4　プラズマフォーカスの概念図

1.2.4　ホローカソードトリガ放電

図5に概念図を示す。この方式では、中空構造を持たせたカソード電極にガスを封入する。このガスの圧力を調整することでカソード電極底面とアノード電極の間で放電を開始させる。これをきっかけとして放電が進展し、アノード電極付近でピンチ現象が発生する。このような動作ができるのは、パッシェンの法則を利用しているためである。パッシェンの法則とは、放電開始電圧がガス圧力と電極間距離の積（pd値と呼ばれる）に依存して変化するというもので、図6のような依存性（パッシェン曲線）を示す[21]。例えば図6中のArgon（アルゴン）の場合、pd値が2.5程度で放電開始電圧は最小になる。pd値がこれより小さくなるようにガス圧力を設定すると、電極間距離が大きくなるほど放電開始電圧が低くなるため、アノード電極から遠いカソード電極底面との間で放電が始まる。この方式の特徴は、

電極間への印加電圧が大きくなると自然に放電が開始されるのでスイッチが必要ないことや絶縁体を高温高密度のプラズマから離すことができる点である。しかしながら、放電開始電圧がガス圧力に依存するため放電開始のタイミングを安定化するには精度よく圧力を制御する必要がある。

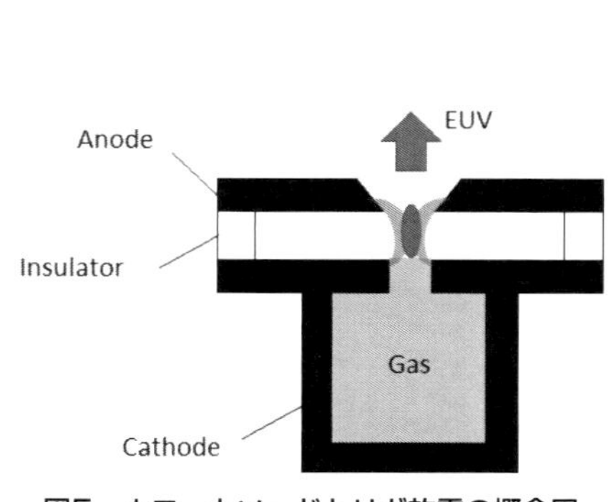

図5　ホローカソードトリガ放電の概念図

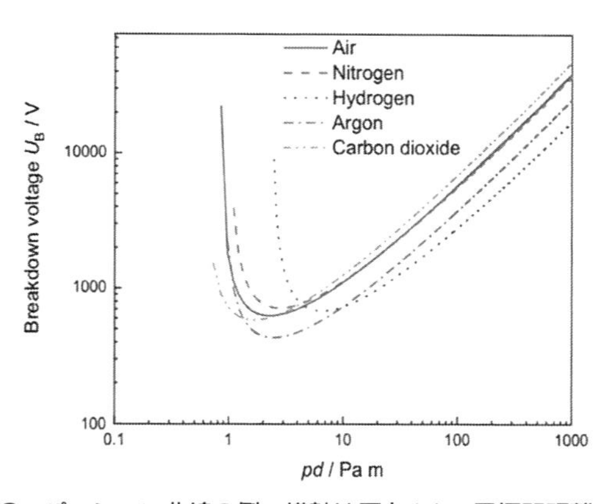

図6　パッシェン曲線の例　横軸は圧力(p)×電極間距離(d)

2.　キャピラリーZピンチ放電を利用したDPP光源

2.1　キャピラリーZピンチ放電の概要

キャピラリーＺピンチ放電とは、Ｚピンチによる高温高密度のプラズマ生成にキャピラリー放電の特徴である安定性を付与する狙いで両者を組み合わせたDPP光源である[22)]。光源装置の構成図を図7に示す。EUV領域の光は物質との相互作用が強く、大気中を伝搬できないためメインチャンバーと計測チャンバー内は真空に保たれている。集光光学系は複数枚のルテニウム（Ru）が成膜された斜入射ミラーを採用し、プラズマの対面にはデブリシールドが設置される。EUV発光のためのガスは流量制御されて電極へ供給される。パルスパワー電源には半導体スイッチと多段の磁気パルス圧縮器を組み合わせた電源が用いられる。図8はキャピラリーＺピンチ放電の電極構造と実際に放電しているときの可視発光像である。電極材料には耐熱性および機械強度を鑑みてタンタルが採用され、電極は純水によって冷却されている。キャピラリーにはディスク状のシリコンカーバイドが用いられている。キャピラリーの径と長さはＺピンチ放電の重要なパラメータであり、放電電流のパルス波形を考慮して決定される。

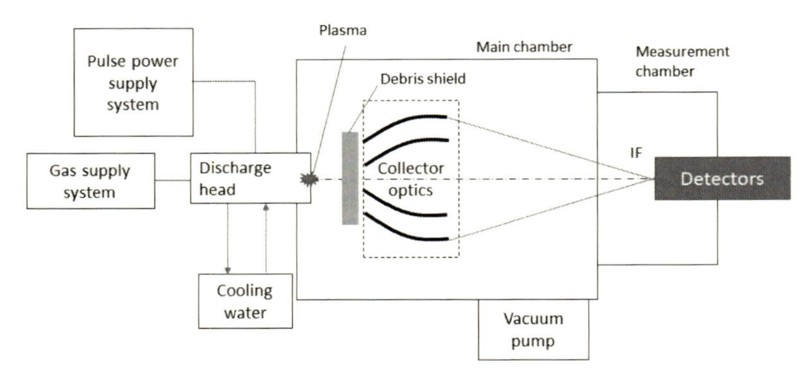

図7　光源システムの概要

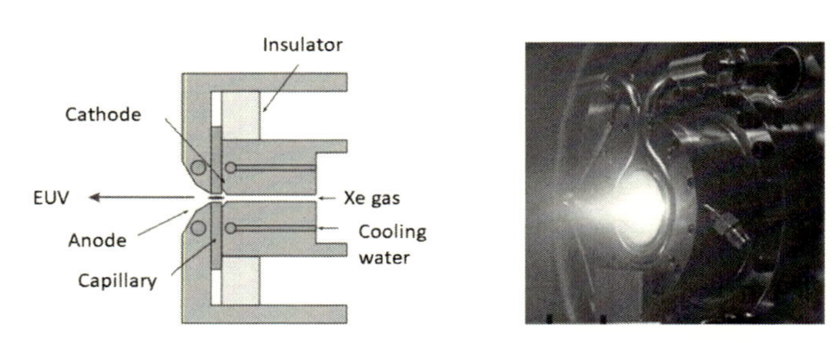

図8　キャピラリーZピンチ放電の電極構造と発光時の様子（可視光像）

2.2　キャピラリーZピンチ放電光源の開発

2.2.1　Xeガスを用いた光源

本方式のDPP光源はXeを用いて開発が始まった。DPP光源ではガスを放電によってプラズマ化するので、電極へ送り込むガスの流量はプラズマの密度に影響を与える重要なパラメータである。図9にXeガスの流量のみを変化させたときの発光スペクトルを示す[8)]。この実験では50sccmが13.5nmの発光に対して最適な流量であった。ここでsccmとは、標準状態換算での体積流量（cm^3/min）である。このようなガス流量依存性は後述するスタナンガスを用いた場合にも見られる。図10は放電プラズマを前方20度からEUV専用ピンホールカメラで撮影したEUV発光像である。流量によって発光サイズも変化する様子が見て取れる。表1中のエタンデュによって発光サイズは制限されるので、EUV発光プラズマが大きくなりすぎると光の利用効率が下がる場合がある点に注意が必要である。絶対較正されたエネルギーモニターによって計測された発光点における性能は、放電周波数7kHzでEUVパワーが189W（EUV放射角度分布は等方分布を仮定）、EUVエネルギーの安定性は1σで1.3%、発光サイズはEUV発光像の照度分布の半値全幅で幅0.5mm×長さ1.56mmであった[23)]。

デブリ対策として、キャピラリーZピンチ放電光源では薄い金属板でデブリを捕獲するフォイルトラップ方式のデブリシールドを採用している[24)]。デブリシールドの効果を実証するための実験配置を図11に示す。光源からの光をRuサンプルミラーで反射し、フォトダイオード1でその反射光を観測する。フォトダイオード1の前にアパーチャを置くことでサンプルミラーの反射光だけを検出している。同時にフォトダイオード2でプラズマからの発光を計測し、フォトダイオード1と2の出力比をモニタすることでサンプルミラー反射率の相対変化を測定した。その結果を図12に示す。デブリシールドがない場合は放電1×10^6回未満でサンプルミラーのRu膜がスパッタされて反射率が大きく低下した。他方、デブリシールドを設置した場合は1×10^7回の放電後も反射率は維持され、デブリシールドの効果が実証された。この実験中に、EUVエネルギーが顕著に低下することもなかったため、電極も1×10^7回の放電に耐えられることが示された。放電周波数7kHzでの実測値と光学シミュレーションで得られた集光特性、デブリシールドなどのEUV透過率の仮定を考慮して計算した結果、IFでのEUVパワーは19Wと見積もられた。

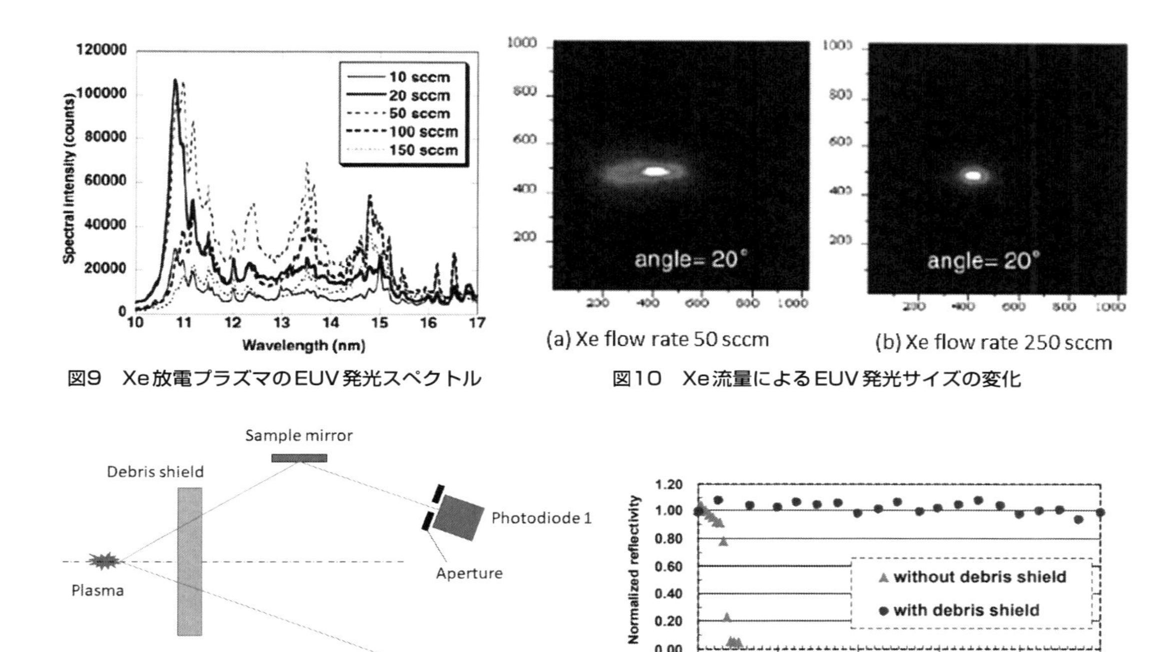

図9　Xe放電プラズマのEUV発光スペクトル

図10　Xe流量によるEUV発光サイズの変化

図11　デブリシールド効果実証実験の配置図

図12　サンプルミラーの相対反射率変化

2.2.2　スタナンガスを用いた光源

表1にあるEUVパワーの要求値は都度改定されており、2006年にはその値が180Wに引き上げられる可能性が示された[25]。それに伴い、さらに高いEUVパワーを目指してSnを用いたDPP光源が検討された。これを実現するには常温で固体のSnをガス化して放電空間に供給する必要がある。この課題を克服するためにスタナンガスを用いたDPP光源が開発された[26]。スタナンは融点が-146度、沸点は-52度のSnの水素化物（SnH_4）である。図13にスタナンガスを使用した光源の発光スペクトルを示す[27]。13.5nm近傍にピークがあるためEUVパワーの改善が期待できる。Xeガスを用いた場合と大きく異なるのはSnが集光光学系に堆積する点である。そのため、光源装置にはデブリシールドに加え、ハロゲンガスを用いた集光光学系のクリーニング技術が搭載された。Snに対するデブリシールドの性能を検証するために水晶振動子マイクロバランス（QCM）を用いてSnの堆積量が調べられた。図14に示した通り、デブリシールドに加えて、集光光学系周辺にヘリウムガスを流すこと

で、放電一回当たりのSnの堆積厚さはデブリシールドが無い場合の1/10000に抑制できることが明らかになった。また、Ruサンプルミラーを用いてクリーニングの有効性を検証した結果、集光光学系の寿命は放電5.7×10^9回になる見込みが示された[28]。スタナンガスを用いた光源ではIFにおけるEUV照度分布観測およびEUVパワーの実測も行われた。図15に示した通り、実測されたIFでのEUV照度分布はシミュレーション結果とよく一致した。放電周波数5kHzにおいて発光点でのEUVパワーは430W、IFでのEUVパワーは19Wが得られた。2.2.1で紹介したXe光源のIFパワーの値は仮定を含めた計算値であることに注意されたい。EUV積算エネルギーの安定性についてはフィードバック制御をかけることで0.5%を達成できる見込みが示された[26]。スタナンガスを用いた場合の発光点における最大EUVパワーは放電周波数が8kHzで約700W、発光サイズは半値全幅で幅0.75mm×長さ4.6mmであった[29]。

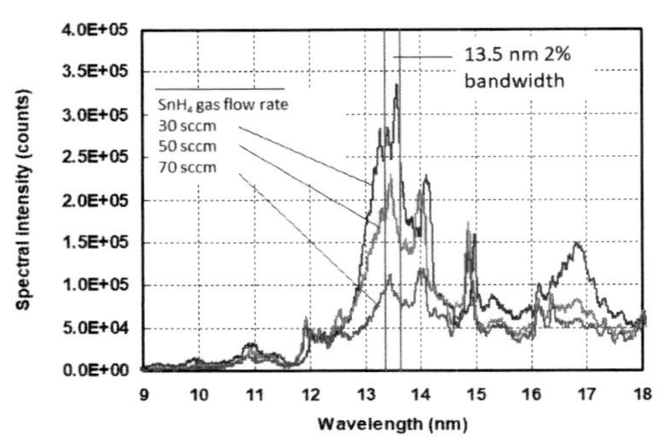

図13　スタナンガスを用いた場合の発光スペクトル

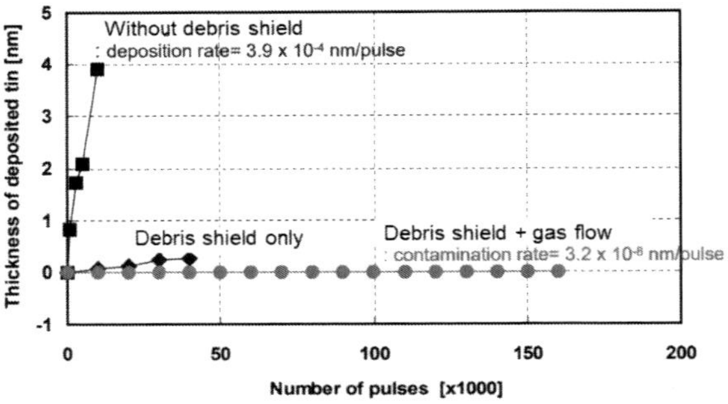

図14　デブリシールドによるSn堆積量の変化

Simulation　　Measurement　　Irradiance profile

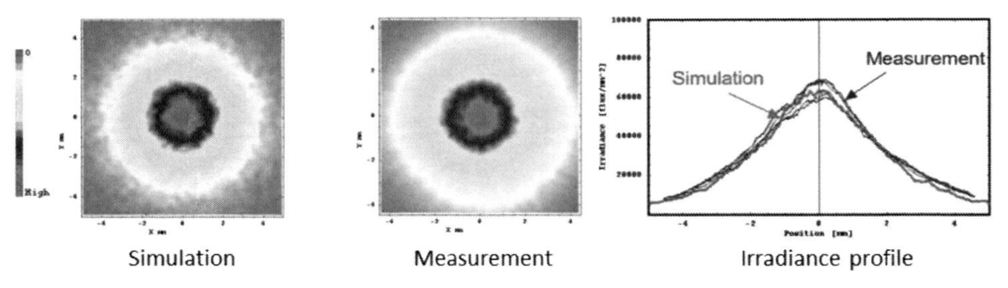

図15　IFでのEUV照度分布のシミュレーションと実測の比較

3.　量産向け高出力光源の開発

3.1　レーザーアシスト型放電プラズマ光源の開発

DPP光源の課題は高出力化やデブリの低減に加え、電極の長寿命化と発光サイズの制御がある。上述したような光源では電極が固定されており、放電による熱やプラズマから飛散する高速粒子による損耗で電極が傷みやすい。また、発光サイズが大きくなりやすくエタンデュの仕様との兼ね合いで光の利用効率が下がりIFでのEUVパワーが上がらない。これらの課題を克服する方法として、Philips社[30]やXTREME technologies社[31]から回転電極とSnを用いたレーザーアシスト型放電プラズマ（Laser-assisted Discharge-produced Plasma：LDP）光源が提案された。2008年にウシオ電機はXTREME technologies社を子会社化し、Philips社と共同でLDP光源の開発を開始した。2010年にはPhilips社より事業買収をして開発を続け、ベルギーのIMEC（Interuniversity Microelectronics Centre）に量産試作EUV露光機用の光源を納入した。このLDP光源について以下に記す。

3.1.1　LDP光源におけるEUV発光プラズマ生成

図16にLDP光源におけるEUV発光プラズマの生成過程の概要を示す。電極間に接続されたキャパシタに充電し、電極表面を放電トリガレーザーで照射する。電極にはあらかじめSnが塗布されており、トリガレーザー照射によってSnの弱電離プラズマが電極間に拡散し、放電が誘起される（図16(a)）。放電が始まるとピンチ現象によりSnプラズマが圧縮・加熱され(図16(b))、高温のSnプラズマからEUVが放射される(図16(c))。この過程を連続で行う回転電極の仕組みを図17に示す。円盤状の電極を溶融Snに浸し回転させることで電極表面にSnの膜を形成する。こうすることで放電部へのSnの連続供給を実現している。また、電極を回転させると放電による負荷が電極の特定箇所に集中しないため、電極寿命の改善も期待できる。電極が放電から受けた熱は浴槽内の液体Snで除去される。浴槽内のSnは高温にならないように循環させて温度を制御している。図18に可視発光像の時間分解計測結果を示す[32)]。図18中の0nsはトリガレーザーが照射されたタイミングである。この場合では130ns後に放電プラズマが最も圧縮され、その後すぐに消滅していく様子がわかる。

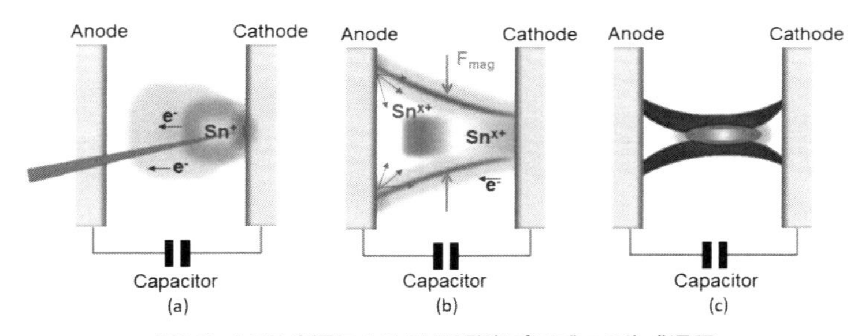

図16　LDP光源によるEUV発光プラズマの生成過程

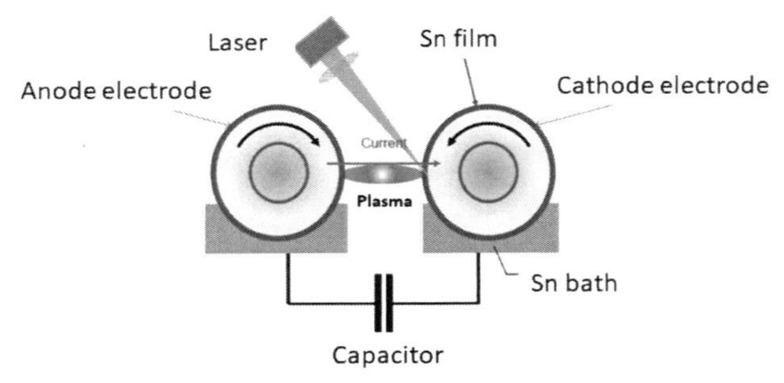

図17　回転電極を用いたLDP光源の概念図

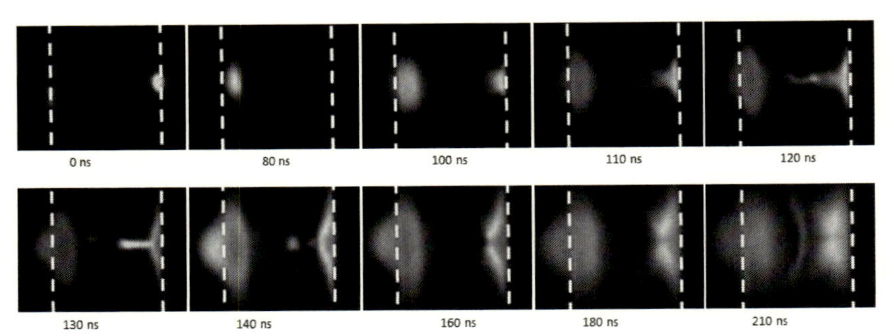

図18　LDP光源におけるピンチ現象の様子　(破線左：アノード電極、右：カソード電極)

3.1.2　LDP光源の構成

図19に光源装置の概要を示す。放電プラズマとIFの位置関係は露光機の設計による。光源装置はEUV発光のための機能を備えた光源モジュールとデブリシールドと集光光学系を合わせたコレクタモジュールで構成されている。図20(a)に光源モジュール、図20(b)にコレクタモジュールの外観図を示す[33)]。光源モジュールには、回転電極とSnの浴槽が組み込まれた放電ヘッドモジュールが搭載されており、電極側は真空に保たれる。放電ヘッドモジュールの裏側にはSn循環モジュールがアノード、カソード両方に搭載されており、放電動作中は液体Snを絶えず循環させている。キャパシタは放電回路のインダクタンスを極力小さくするために、放電ヘッドモジュールに直接接続される。レーザーシステムは2つのレーザーヘッドとレーザー光を電極に導くための光学系で構成されている。コレクタモジュールはデブリシールドと複数枚の斜入射ミラーが入れ子状になった集光光学系で構成されている。

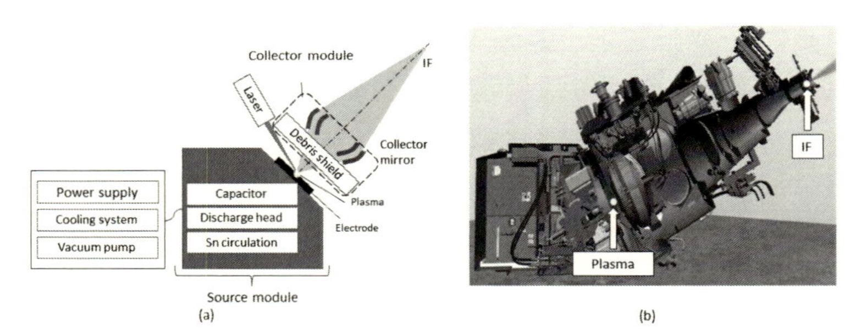

図19　LDP光源システムの機能ブロック図(a)と内部構成図(b)

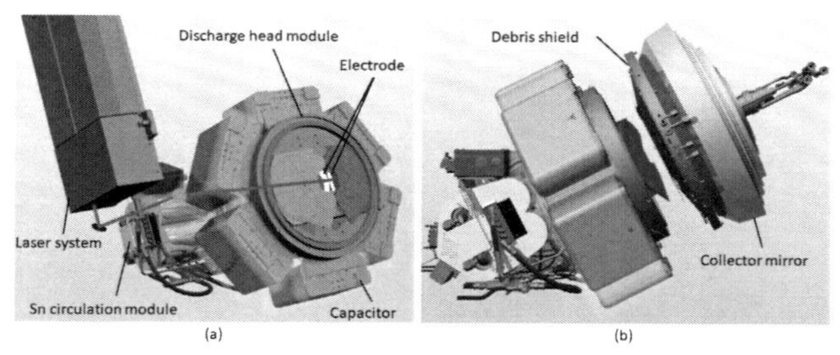

図20　光源モジュール(a)とコレクタモジュール(b)の構成

3.2　LDP光源の特性

3.2.1　ダブルレーザー照射による光源性能の向上

DPP光源では放電開始直前のガスの状態が放電生成プラズマの状態に影響を与える。そのためLDP光源においてトリガレーザーの照射条件はEUV発光に対して重要なパラメータである。図21に示したようにウシオ電機のLDP光源では放電直前のSnの状態を能動的に調整するために、トリガレーザーを照射した後、再度レーザーを打ち込むダブルレーザー照射を行っている[34]。ダブルレーザー照射によって、充電エネルギーからEUVエネルギーへの変換効率（Conversion efficiency：CE）は2.5％が得られた。これはシングルレーザー照射時のCEより60％高い値である。充電エネルギーに対してトリガレーザーのエネルギーは十分小さいため、CEの計算にはレーザーエネルギーは含まれていない。Xeやスタナン光源のCEはそれぞれ、0.5％[23]と1.2％[29]と報告されており、それらに比べLDP光源は高効率な光源である。加えて、ダブルレーザー照射によって集光光学系表面を損耗させる高速イオンの量を抑制できることも明らかにされている[35]。ウシオ電機のLDP光源でもその効果が確認され、高速イオンの量はシングルレーザー照射の場合に比べて5分の1に低減された。CEと高速イオンの量のレーザー照射遅延時間依存性は図22の通りである。図22の横軸左端はシングルレーザー照射を示している。ダブルレーザー照射により、高いCEと高速イオン量低減を同時に達成できることが明らかにされた。

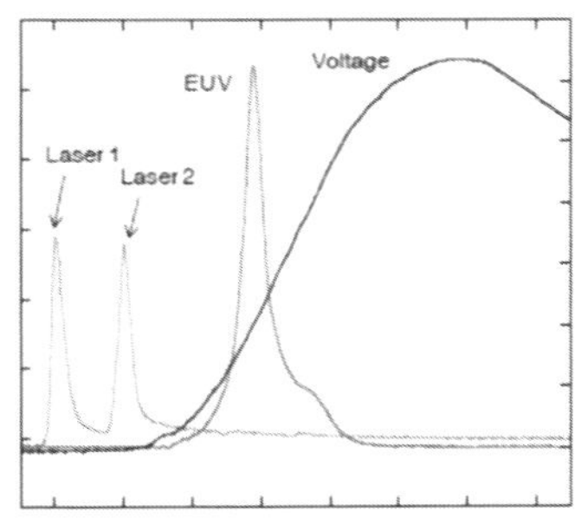

図21　レーザー、EUV、放電電圧の波形

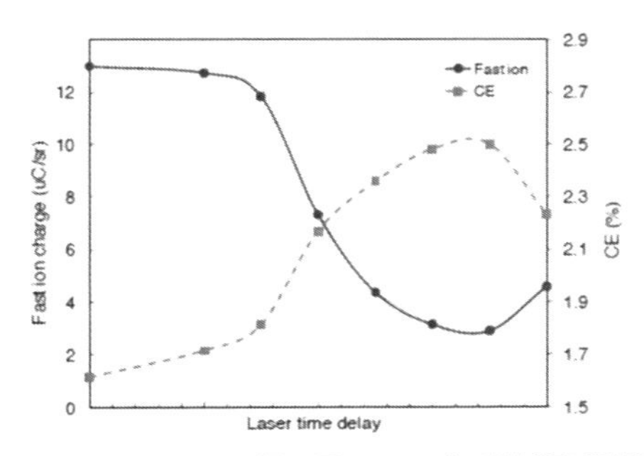

図22　CEと高速イオン信号量のレーザー照射遅延時間依存性

3.2.2 デブリシールドの性能評価

ダブルレーザー照射によって高い発光効率が得られても集光光学系の劣化が起こるとIFでのEUVパワーは落ちてしまう。したがって、LDP光源においてもデブリシールドの性能評価・改善が行われた[36]。図23に実験配置図を示す。実際の集光光学系とプラズマの位置関係を模擬してRuを成膜したサンプルを配置した。放電回数は1×10^8回として暴露試験を行った。サンプルの膜厚やSnの堆積量は蛍光X線分析（X-ray fluorescence: XRF）を用いて計測した。表2に暴露試験後のSn堆積厚さとRu膜が削れた厚みを示す。これらの数値は図中Shell3、4、6、8の位置で得られた結果の平均値である。Setup AとSetup Bの違いはデブリシールド周辺のガス条件を最適化したか否かである。ガス条件の最適化（Setup B）によりSnの堆積量を低減できることが示された。

光源で発生したデブリが露光機側に流入すると露光用の光学系が汚染されてしまう。そのため光源装置全体のデブリ除去性能の評価として、IF直後にサンプルを置いた暴露試験が行われた[36]。この評価ではモリブデンとシリコン（Mo/Si）の多層膜サンプルミラーが用いられた。暴露試験後にX線光電子分光法（X-ray photoelectron spectroscopy：XPS）を用いてサンプルミラー表面の分析を行った結果を図24に示す。暴露試験後にSnのピーク（485-487 eV）は検出されず、LDP光源のデブリ除去性能が実証された。

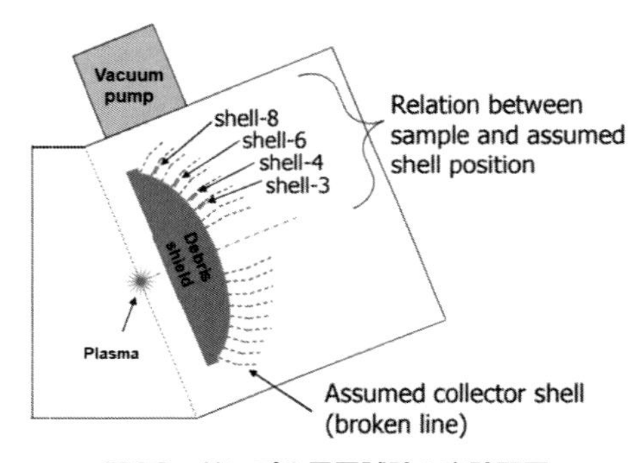

図23　サンプル暴露試験の実験配置

表2　放電1×10^8回の暴露試験後のSn堆積量とスパッタ量

Debris shield	Averaged Sn-deposition [nm]	Averaged Ru Sputtering [nm]
Setup A	0.67	0.20
Setup B Optimized gas condition	0.11	0.23

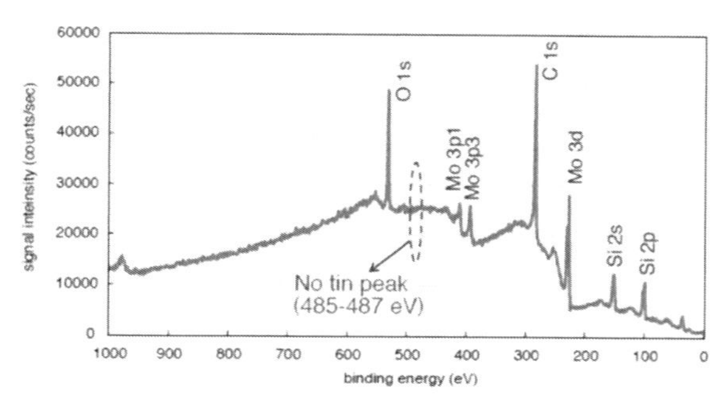

図24　暴露試験後のサンプルのXPS分析の結果

3.2.3　モジュールの寿命実績および光源の稼働率

上記のような特徴を備えた光源装置のエンドユーザーサイトにおける稼働状況について紹介する[37]。図25は放電ヘッドモジュールの使用放電回数の推移である。Version Aは開発初期、B、Cは改良を施した放電ヘッドモジュールを示している。改良を加えるごとに徐々に寿命は改善し、Version Cでは平均で1×10^9回の放電に耐える実績が得られるようになった。また、コレクタモジュールは3.5か月以上使用できることが実証された（図26）。これらを含めた種々の開発によって光源装置の稼働率は徐々に安定化された（図27）。

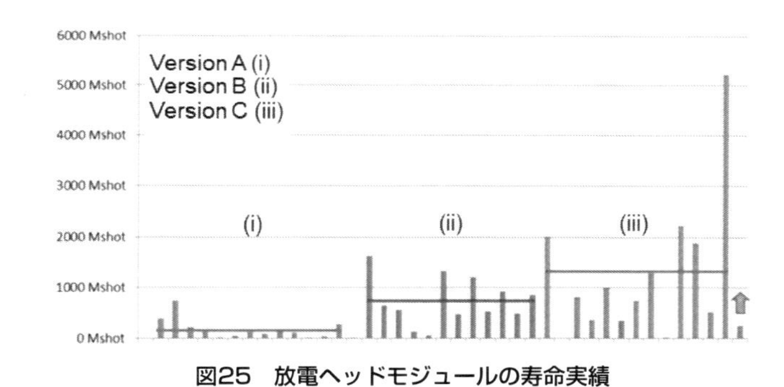

図25　放電ヘッドモジュールの寿命実績

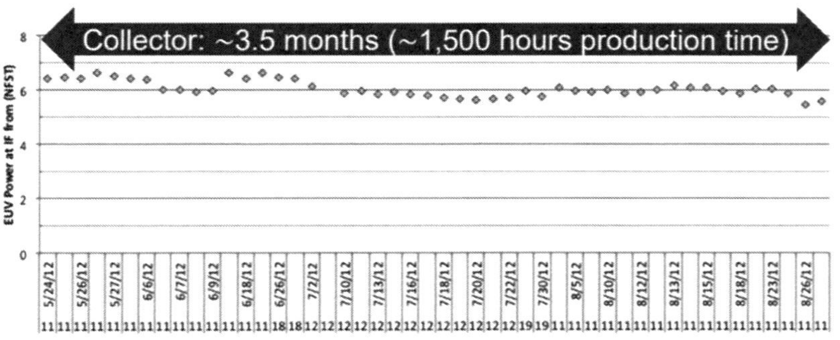

図26　コレクタモジュールの使用実績

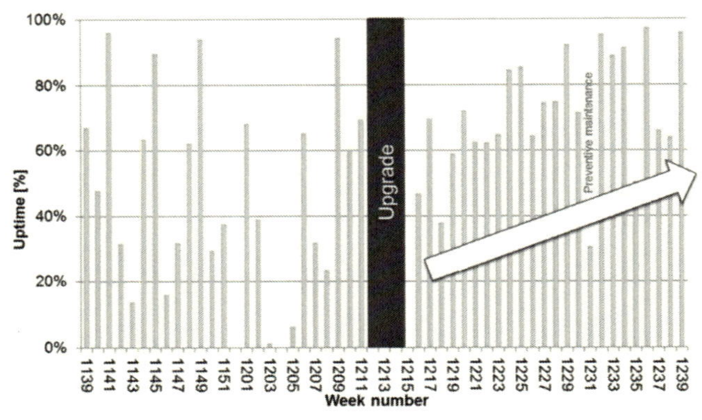

図27　光源装置の稼働率推移（2011年～2012年）

3.2.4　IFでのEUVパワーのスケーラビリティ

量産用光源に対するEUVパワーの要求値は年々引き上げられ、2009年にはIFで200 Wが求められた。この要求値を目標としてIFにおけるEUVパワーのスケーラビリティ実証実験も継続的に行われた。LDP光源の典型的なEUV発光像を図28に示す[30]。EUV発光領域は直径1.3mmの円内に収まり先述のXeやスタナンを用いた光源よりも小さい。そのためIFでのEUV光の利用効率に対して有利である。発光サイズは放電周波数を上げても顕著に大きくならないので、基本的には放電周波数を高くしてEUVパワーを大きくする。図29は2012年に報告されたIF後方でのEUVパワーの放電周波数依存性である[37]。横軸は入力パワー（放電周波数と充電エネルギーの積）で表記されている。図29内左上はIF後方でのEUV照度分布である。この実験では充電エネルギーを3-4 Jとして、放電のデューティ比は12％（放電動作時間200ms）に設定された。IFにおけるEUVパワーは最大74W（発光点のEUVパワーは1.5kW）を達成し、この条件で1時間程度の連続発光も実施された。以上のような結果を含め研究開発の成果は見え始めていたものの、ビジネス環境の変化により、ウシオ電機のEUV露光用LDP光源の開発は2013年に打ち切られた。

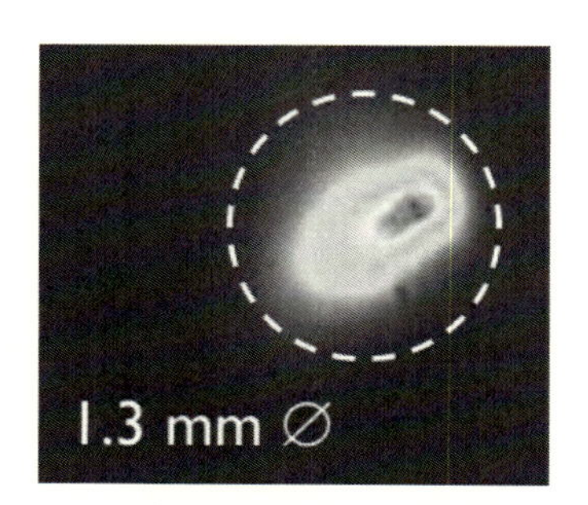

図28　LDP光源におけるEUV発光像の典型例

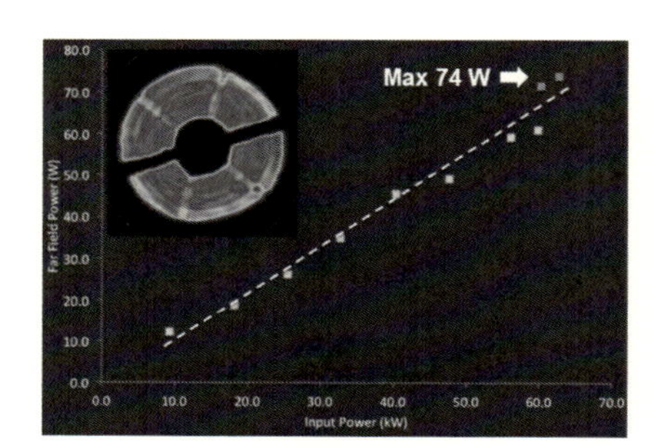

図29　IF後方におけるEUVパワー

4. LDP光源開発の現状

4.1 EUVマスク検査への応用

EUV露光用光源の開発が打ち切られて以降は、材料評価装置[38]やEUVマスク検査装置向け光源[39]として開発が続けられ、今日では量産用光源装置が半導体製造現場で稼働している。ここではEUVマスク検査向けの光源について述べる。図30に光源装置の外観を示す。マスク検査用光源ではデブリシールドを小型化して真空チャンバー内に組み込んでいる。EUV露光向けの光源では高いEUVパワーが求められたが、EUV用のマスク検査では高い輝度が求められる[40]。輝度の要求に応えるため、この光源にもダブルレーザー照射は採用されているが、その照射条件はマスク検査向けに最適化されている。放電ヘッドモジュールやSn循環モジュールは露光用光源での設計をベースに改良が加えられ寿命がさらに改善されている。LDP光源では電極へのレーザー照射と放電により、Snが真空中へ飛散するので、徐々に装置内に貯蔵してある液体Snの量が減る。そのため露光用光源の場合は装置を停めてSnを補充していたが、マスク検査用光源には自動Sn補充機構が搭載されており、放電動作をしながらSnを補充することで、光源装置の稼働率を支えている。

4.2 量産用EUVマスク検査機向けLDP光源開発

4.2.1 LDP光源の輝度

2013年時点で検査機向け光源に対する輝度の目標値として100W/mm^2/srが提示された[40]。これに対しLDP光源における輝度と放電周波数の関係は3kHzから10kHzの間においてほぼ線形で、10 kHzでは250 W/mm^2/srの輝度が得られている（図31）。図31左上に示したのはEUV専用カメラで撮影された典型的なEUV発光像で、発光サイズは半値全幅で幅0.2mm×長さ0.5mmである。この寸法は放電周波数によらず同程度である[41]。輝度は、EUVエネルギーモニターとEUV発光像の計測結果から算出している。マスクパターンの検査例などについては参考文献39、42を参照されたい。

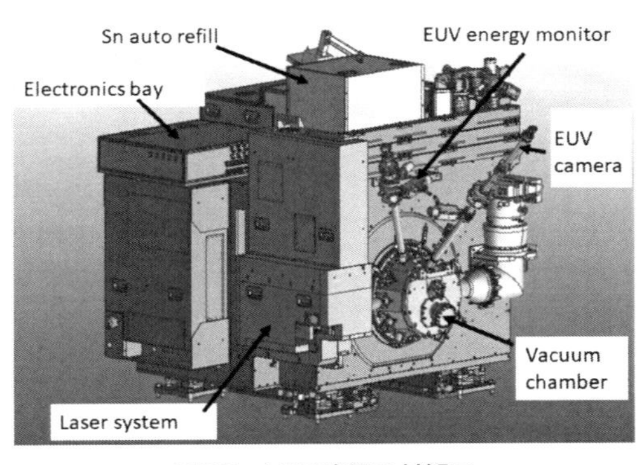

図30　LDP光源の外観図

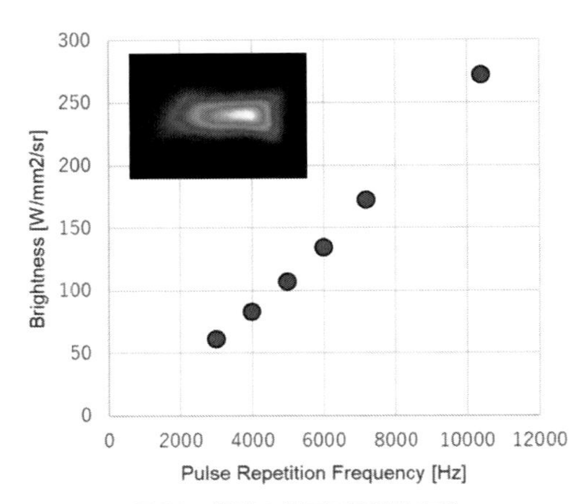

図31　輝度の放電周波数依存性

4.2.2　LDP光源の稼働実績

光源装置の稼働が不安定だと製造プロセス全体の稼働率を損ない､不要なコストを生む。そのため、実際の半導体製造の現場においては発光性能だけでなく高い光源装置稼働率を維持することが強く求められる。LDP光源においても長期安定稼働は重要な開発課題の一つであり、複数の光源稼働条件で試験が行われた。図32の縦軸は輝度、横軸は連続稼働時間である[41]。100W/mm^2/srでの光源稼働試験では、輝度を保ったまま240時間を超える稼働が実証され、200～250W/mm^2/srの高輝度条件での光源稼働試験においても150時間以上の連続稼働が達成されている。

図33は市場での稼働率の推移である[42]。こちらはある時期の一年分の稼働率を示しており、横軸の週番号1は対象期間の第一週目を意味している。棒グラフは各週の稼働率で、折れ線グラフは4週間の移動平均値を示している。これまでに不具合のため稼働率が落ちることもあったが、それらを解決して徐々に稼働率が高い推移で安定するようになった。図34は市場での光源装置の連続稼働実績を示す[43]。図34の縦軸は輝度を入力パワーで割った効率で、横軸は稼働日数である。放電ヘッドやSn循環モジュールなどの寿命改善の開発を進め、光源のメンテナンス間隔は20日以上になった。これらの改善効果は稼働率向上に寄与しており、2022年10月には90％以上の装置稼働率が報告された[44]。

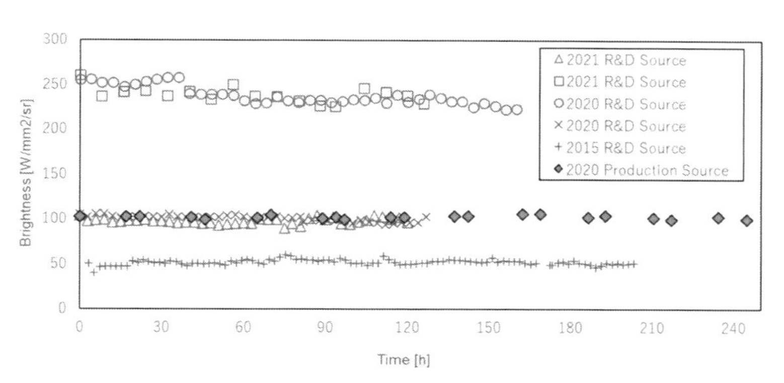

図32　LDP光源の長期連続稼働実証実験の結果

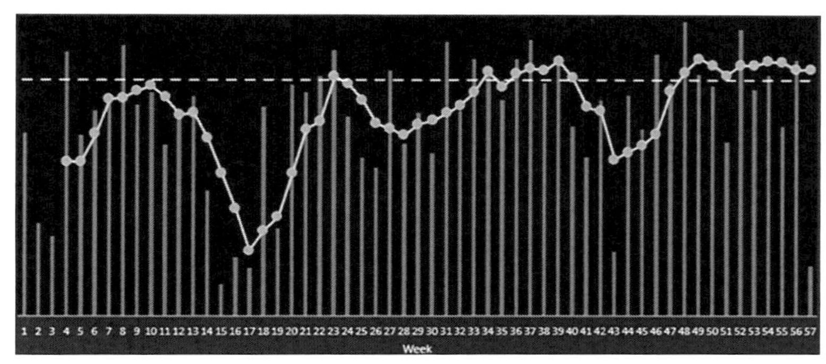

図33　LDP光源装置の稼働率推移

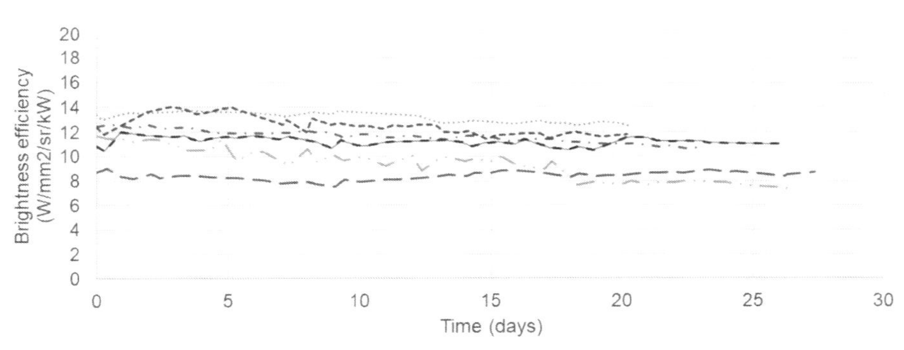

図34　市場での光源装置連続稼働実績

おわりに

1980年代後半に日本で世界初のEUVリソグラフィの原理実証[45]が行われて以来、本格的にEUV光源の開発が始まった。本節ではEUV発光方式の一つである放電生成プラズマEUV光源について述べた。開発初期には複数の放電プラズマ生成方法が検討された。Xeを用いたDPP光源の開発から始まり、EUVパワーの要求を満たすためにスタナンガスを用いたDPP光源が開発された。その後、放電ベースの光源で高いEUVパワーと産業用装置として十分な稼働率を実現するためにSnを用いたLDP光源の開発が進み、量産試作EUV露光機用の光源としてIMECに納品された。光源稼働率向上のための開発とEUVパワー向上のための開発の結果、稼働率は改善され、EUVパワーはIFにて74W（発光点でのEUVパワー 1.5 kW）を達成した。露光用光源としての開発は打ち切られたが、それまでに培った放電プラズマ生成技術やデブリ低減技術を活用してEUVマスク検査機用の高輝度LDP光源開発へと舵が切られた。そして今日、このLDP光源は半導体製造現場で日々稼働している。稼働率が安定しなかった時期もあったが、モジュール寿命の改善などを重ねて稼働率は安定し、2022年時点でその値は90％以上になった。今後の開発でさらなる改善が期待される。

最後に、プラズマ光源は放射種を変えることで発光波長を変えられるため、軟X線源としての可能性も秘めている。ここに記したEUV光源の開発が13.5mのみならず、新たな軟X線応用の創生に資することを期待する。

本節の内容は新エネルギー・産業技術総合開発機構（NEDO）からの委託を受け、技術研究組合EUVAにおいて行われた研究内容が含まれる。ここに記して謝辞とする。

参考文献

1）V. Bakshi, EUV sources for Lithography, p.5, Society of Photo Optical (2006) ISBN 0-8194-5845-7

2）林泉、高電圧プラズマ工学、p.2、丸善株式会社(1996)

3）A. Sasaki *et al.*, Effect of the satellite lines and opacity on the extreme ultraviolet emission from high-density Xe plasmas, Appl. Phys. Lett., 85, No. 24 (2004)

4）A. Sasaki *et al.*, Modeling of radiative properties of Sn plasmas for extreme-ultraviolet Source, J. Appl. Phys. 107, 113303 (2010)

5）西原功修　他、次世代リソグラフィ用レーザープラズマ極端紫外光源、J. Plasma Fusion Res. Vol.81, Suppl. 113-125 (2005)

6）D. Myers *et al.*, The Optimal Source Path to HVM, 3rd International EUVL Symposium, Nov. 2 (2004), Presentation available at http://euvlsymposium.lbl.gov/proceedings/2004

7）A. Shimoura *et al.*, X-ray generation in cryogenic targets irradiated by 1μm pulse laser, Appl. Phys. Lett. 72 (2), 12 (1998)

8）佐藤弘人、EUVL用ディスチャージ生成プラズマ光源の開発、光技術情報誌「ライトエッジ」No.30　(2008), https://www.ushio.co.jp/jp/technology/lightedge/200803/100352.html

9）Y. Teramoto *et al.*, "Development of Xe- and Sn-fueled high-power Z-pinch EUV source aiming at HVM", Proc. SPIE 6151, Emerging Lithographic Technologies X, 615147 (2006)

10）S. Fujioka *et al.*, Pure-tin microdroplets irradiated with double laser pulses for efficient and minimum-mass extreme-ultraviolet light source production, Appl. Phys. Lett. 92, 241502 (2008)

11）S. Lim *et al.*, Optical observations of post discharge phenomena of laser triggered DPP, Jpn. J. Appl. Phys. 54, 01AA01 (2015)

12）K. Tomita *et al.*, Time-resolved two-dimensional profiles of electron density and temperature of laser-produced tin plasmas for extreme-ultraviolet lithography light sources, Scientific Reports volume 7, Article number: 12328 (2017)

13）M. Masnavi *et al.*, Potential of discharge-based lithium plasma as an extreme ultraviolet source, Appl. Phys. Lett. 89, 031503 (2006)

14）A. Nagano *et al.*, Extreme ultraviolet source using a forced recombination process in lithium plasma generated by a pulsed laser, Appl. Phys. Lett. 90, 151502 (2007)

15）A. Nagano *et al.*, Laser wavelength dependence of extreme ultraviolet light and particle emissions from laser-produced lithium plasmas, Appl. Phys. Lett. 93, 091502 (2008)

16）堀田栄喜、放電生成プラズマ光源の研究の現状、J. Plasma Fusion Res. Vol.79, No.3 245-251 (2003)

17）V. Bakshi, EUV sources for Lithography, p.371-534, Society of Photo Optical (2006) ISBN 0-8194-5845-7

18）B. Wo, A. Kumar, Extreme Ultraviolet Lithography, McGraw-Hill Professional Pub,　p.135-145, (2009) ISBN 987-0-07-154918-9

19）M. G. Haines, A review of the dense Z-pinch, Plasma Phys. Control. Fusion 53, 093001 (2011)

20）平野克己、Zピンチ・プラズマフォーカス研究の現状と展望、日本物理学会誌 Vol.49 No.4 273-180 (1994)

21）K. Ollegott *et al.*, Fundamental Properties and Applications of Dielectric Barrier Discharges in Plasma-Catalytic Processes at Atmospheric Pressure, Chem. Ing. Tech., 92, No. 10, 1–18 (2020)

22）Y. Teramoto *et al.*, High-repetition-rate MPC generator-driven capillary Z-pinch EUV source, Proc. SPIE 5374, Emerging Lithographic Technologies VIII (2004)

23）Y. Teramoto *et al.*, High-power and high-repetition-rate EUV source based on Xe discharge-produced plasma, Proc. SPIE 5751, Emerging Lithographic Technologies IX, (2005)

24）堀田和明、佐藤弘人、放電プラズマEUV光源(DPP)、光技術情報誌「ライトエッジ」No.30 (2008年3月発行)、https://www.ushio.co.jp/jp/technology/lightedge/200803/100359.html

25) V. Banine, Harm-Jan Voorma, Requirements and prospects of next generation Extreme Ultraviolet Sources for Lithography Applications, International Symposium on Extreme Ultraviolet Lithography, October 16-18, 2006, Barcelona, Spain, Presentation available at http://euvlsymposium.lbl.gov/proceedings/2006
26) Y. Teramoto *et al*., High-power DPP EUV source development toward HVM,2007 International EUVL symposium Sapporo, Japan 29-31, Oct. 2007, Presentation available at http://euvlsymposium.lbl.gov/proceedings/2007
27) 佐藤弘人、高平均出力放電励起EUV光源技術、第55回応用物理学関係連合講演会2008年3月28日、日本大学 理工学部
28) T. Sirai *et al*., Debris mitigation and mirror cleaning for Sn-fueled EUV source, 2007 International EUVL symposium Sapporo, Japan, 29-31 Oct. 2007, Presentation available at http://euvlsymposium.lbl.gov/proceedings/2007
29) Y. Teramoto *et al*., Development of Sn-fueled high-power DPP EUV source for enabling HVM, Proc. SPIE 6517, Emerging Lithographic Technologies XI, 65173R (2007)
30) J. Pankert, The Philips' Extreme UV Source: Recent Progress in Power, Lifetime and Collector Lifetime, International Symposium on Extreme Ultraviolet Lithography, October 07-09, 2005, San Diego, USA, Presentation available at http://euvlsymposium.lbl.gov/proceedings/2005
31) U. Stamm *et al*., Development Status of EUV Sources for Use in Beta-Tools and High Volume Chip Manufacturing Tools, International Symposium on Extreme Ultraviolet Lithography, October 07-09, 2005, San Diego, USA, Presentation available at http://euvlsymposium.lbl.gov/proceedings/2005
32) Y. Teramoto *et al*., High-brightness LDP source: variation of EUV-emitting plasma, 2021 Source Workshop, October 27, 2021
33) M. Corthout, EUV Light Source – The Path to HVM, International Symposium on Extreme Ultraviolet Lithography, October 17-19, 2011, Miami, Florida, Presentation available at http://euvlsymposium.lbl.gov/proceedings/2011
34) Y. Teramoto *et al*., Sn film and ignition control for performance enhancement of laser-triggered DPP source, Proc. SPIE 7969, Extreme Ultraviolet (EUV) Lithography II, 79692V (2011)
35) H. Verbraak *et al*., Angular ion emission characteristics of a laser triggered tin vacuum arc as light source for extreme ultraviolet lithography, J. Appl. Phys. 108, 093304 (2010)
36) H. Yabuta *et al*., Development of debris-mitigation tool for HVM DPP source, Proc. SPIE 7969, Extreme Ultraviolet (EUV) Lithography II, 79692U (2011)
37) R. Apetz, Progress on Laser Assisted Discharge Produced Plasma (LDP) EUV Light Source Technology, International Symposium on EUV Lithography 2012, September 30 - October 04, 2012, Brussels, Belgium, Presentation available at http://euvlsymposium.lbl.gov/proceedings/2012

38) E. Sligte *et al*., EBL2: An EUV tool for testing components, photomasks, and pellicles, International symposium on extreme ultraviolet lithography, October 24-26, 2016, Presentation available at http://euvlsymposium.lbl.gov/proceedings/2016

39) T. Liang *et al*., EUV mask infrastructure and actinic pattern mask inspection, Proc. SPIE 11323, Extreme Ultraviolet (EUV) Lithography XI, 1132310 (2020)

40) M. Phillips, Enabling EUVL for HVM Insertion, International Symposium on EUV and Soft X-Ray Sources, 5 November 2013, Dublin, Ireland

41) N. Ashizawa *et al*., High-brightness LDP EUV source for EUV mask inspection, Proc. SPIE 11854, International Conference on Extreme Ultraviolet Lithography 2021, 118540L (2021)

42) S. Sayan *et al*., Laser-assisted discharge produced plasma (LDP) EUV source for actinic patterned mask inspection (APMI), Proc. SPIE 11609, Extreme Ultraviolet (EUV) Lithography XII, 116090L (2021)

43) Y. Teramoto *et al*., Improvement of LDP source performance for patterned-mask inspection, 2022 Source Workshop, October 27, 2022

44) R. Furuya *et al*., High-brightness LDP source for EUVL mask inspection, Proc. SPIE 12292, International Conference on Extreme Ultraviolet Lithography 2022, 122920S (2022)

45) H. Kinoshita *et al*., Soft X-Ray Reduction Lithography Using Multilayer mirrors, Jpn. J. Appl. Phys. 30, 3048-3052 (1991)

第4章　EUVリソグラフィと光源開発・露光装置と検査装置

第3節　EUVリソグラフィと露光装置

東京工業大学　　鈴木　一明

はじめに

リソグラフィ（lithography）の語源は、19世紀にヨーロッパで広まったリトグラフ（石版画：lithograph）から来ている。リトグラフでは刷りの原版となる石灰岩へのパターニングを行うが、半導体製造プロセスではシリコン基板へのパターニングを行うため、その類推からリソグラフィと命名されたと思われる。本節では、リソグラフィ工程の中心をなす露光装置についての基本的な説明と、EUV露光装置の特徴について述べる。

1.　半導体製造プロセス全体におけるリソグラフィの位置づけ

半導体デバイスの製造プロセスのブロック図を図1に示す。

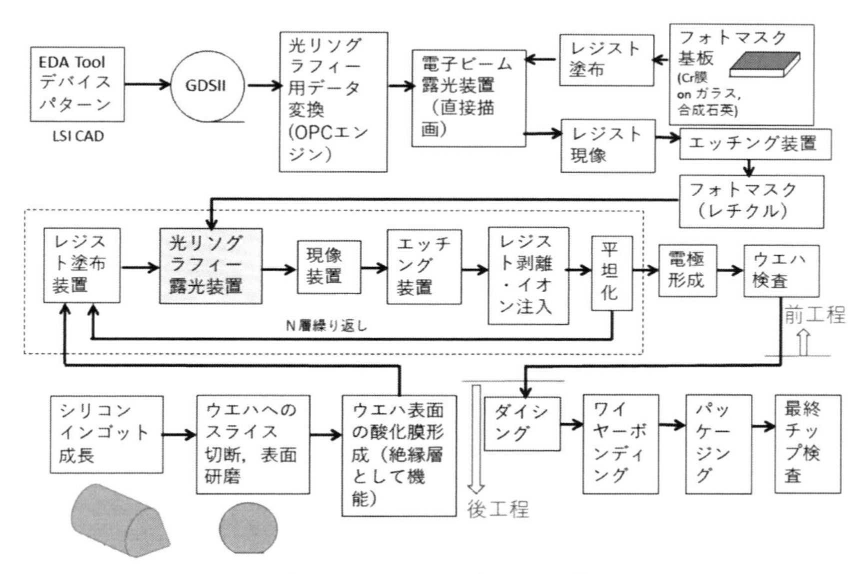

図1　半導体デバイスの製造プロセスのブロック図

1.1　マスクの準備

所望の半導体デバイスのパターンをLSI（Large Scale Integration：大規模集積回路）CAD等のEDA（Electronic Design Automation）Toolを用いて設計した後、関連装置間で共通に扱えるデータ・フォーマット（GDS IIなど）に変換される。次に、各種補正（光学近接効果補正（OPC）など）を加え、電子ビーム露光装置によりデータからの直接描画でマスク基板上のレジストが感光される。レジスト現像後、マスク基板表面の露光光吸収材をエッチング処理して所望のデザインにパターニングされたマスクが完成する。

1.2 前工程

シリコンウエハ（円柱形状のシリコンインゴットからスライスされ、表面研磨されたもの）は、表面に酸化膜形成（絶縁膜として機能）後、リソグラフィ工程に入る。パターニングされたマスクは、露光装置に載置される。シリコンウエハはレジスト塗布された後、露光装置に載置され、マスクパターンが順次転写露光される。露光、現像されたウエハはエッチング装置によりエッチングされ、不要なレジストが剥離され、所望のシリコン・エッチングパターンが現れる。その後、イオン注入、ウエハ平坦化が行われる。更に、必要なだけレジスト塗布、露光、現像、エッチングのループをまわり、シリコンウエハ上に3次元のパターンが形成されていく。最後に、電極形成、ウエハ検査が行われ、前工程が完了する。

1.3 後工程

パターニングされたシリコンウエハのダイシング、ワイヤボンディング、パッケージングを経て、最終チップ検査が行われ、半導体デバイスが完成する。

以上のように、リソグラフィ工程は半導体デバイスの製造プロセスの中心に位置している。

2. 露光方式の進化

露光装置の主要性能は結像性能（解像度、線幅均一性）、重ね合わせ精度、ウエハ露光処理能力（スループット）に大別される。これらの性能向上の必要性に伴い、露光方式も進化して来た[1-4]。その様子を示したものが図2である。

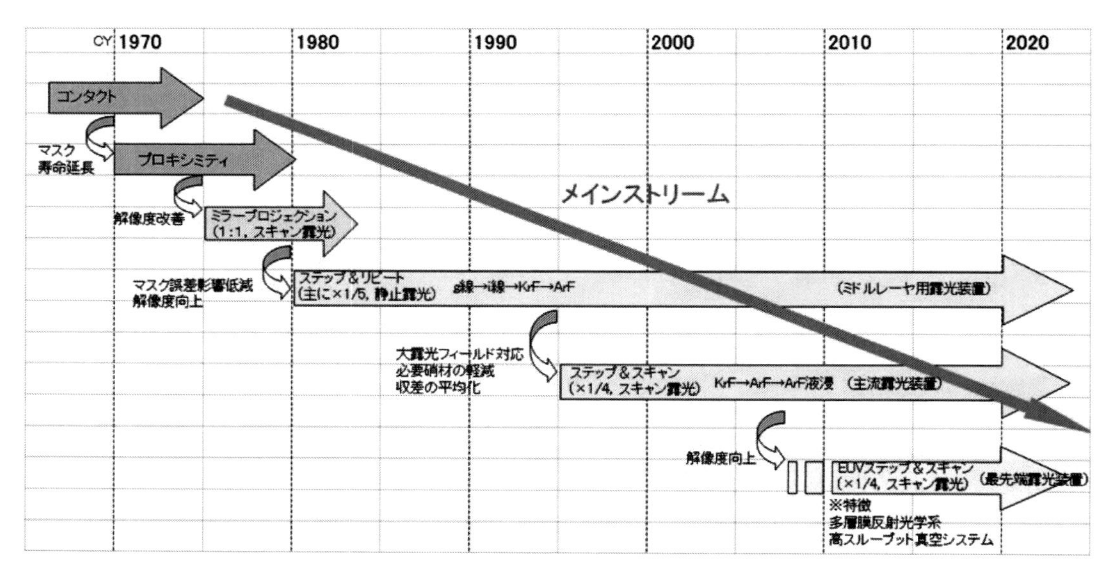

図2 光リソグラフィ露光装置の歴史

(1) **コンタクト露光**：1960年代半ばから使用開始。マスクとウエハを密着させることでマスク上のパターンを1：1のサイズでウエハに日光写真のように転写露光。マスクとウエハを密着させるため、マスク欠陥の発生、寿命が問題であった。

(2) **プロキシミティ露光**：1970年代、コンタクト露光の欠点を避ける方式として登場。マスクとウエハ間のギャップを0.01 ～ 0.03mmに近接させ、1:1で転写露光。フレネル回折領域でのパターン転写であり、dをギャップ長さ、λを露光波長とすると、解像度Rは$R \approx \sqrt{d\lambda}$で表される。露光波長を400nm程度 とすると、解像度は、2000nm程度が限界であった。

(3) **ミラー・プロジェクション露光**：1970年代に登場し、1980年代前半に一世を風靡した。等倍反射投影系において光軸から一定距離において収差を小さくできることを利用して、円弧状のスリット領域を走査露光。投影光学系が単純な反面、後述する投影系の開口数（Numerical Aperture（N.A.））が0.17程度と限界があり、250～400nm近辺の水銀ランプの波長にて、解像度は、1000 ～ 2000nm程度が限界であった。マスクとウエハの位置が離れたことで、マスク欠陥の発生や寿命の問題は解消したが、マスクのパターンの線幅誤差、位置誤差が1：1でレジストに転写するという精度問題は残った。

(4) **ステップ＆リピート投影露光**：1970年代後半に登場し、1980年代から本格使用された。マスク上のパターンをウエハ上の一部に縮小投影し静止露光、その後ウエハを載置したステージを順次ステップ移動させて、ウエハの隣接箇所の静止露光を順次繰り返す。縮小投影を採用することでマスク起因誤差は縮小されるが、ウエハステージのステップ回数が増えるため、ウエハ露光処理速度が律速される。解像度向上の必要性に伴い、光源は従来の水銀ランプ（g線波長436nm、i線波長365nm）に加え、より波長が短いエキシマレーザ（KrF 波長248nm、ArF波長193nm）が導入された。本方式の露光装置はステッパとも呼ばれる。解像度としては、1000～70nm程度をカバーしている。

(5) **ステップ＆スキャン投影露光**：1990年代半ばに登場し、2000年以降、本格使用されている。照明光学系、投影光学系の巨大化を回避するため、マスク上のパターンの一部（長方形または円弧状スリット領域）をウエハ上に縮小投影しつつマスク位置とウエハ位置を同期させて走査露光。その後、ウエハを載置したステージを順次ステップ移動させて、ウエハ上の隣接箇所の走査露光を順次繰り返す。マスク上の走査方向のパターン領域の長さを最大限に取ると共に投影倍率（縮小倍率）を下げることで、ウエハ上の1回の走査露光面積を拡大できる。その結果、ウエハステージのステップ回数が減り、ウエハ露光処理速度が向上。現在の主流の露光方式で、装置はスキャナーとも呼ばれ、解像度は100nm未満である。デバイス生産用のEUV露光装置も、ステップ＆スキャン投影露光方式を採用している。

3. EUV露光装置のユニット構成

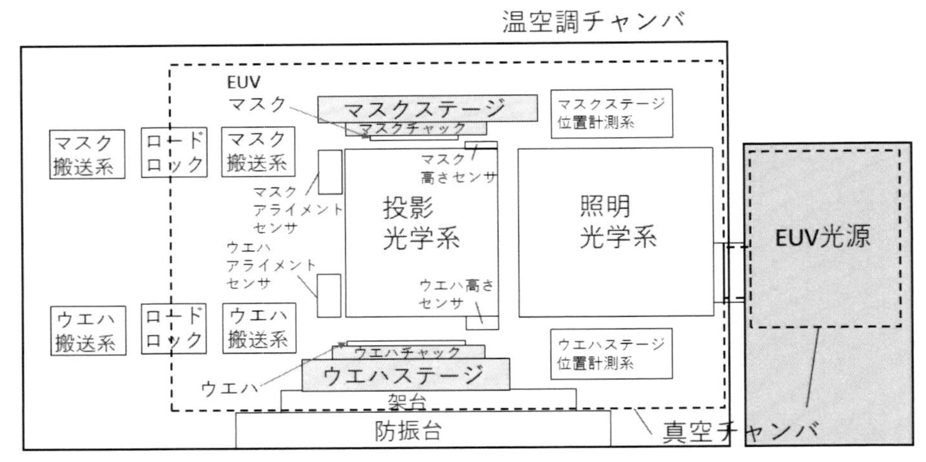

図3　露光装置のユニット構成図

EUV露光装置のユニット構成ブロック図を図3に示す。露光に用いる13.5nmのEUV光は空気中で減衰してしまうため、光路は真空にする必要がある。光源で発生するプラズマからの輻射の波長スペクトルは連続であるが、Mo/Siを主体とする多層膜ミラーにより構成される照明系で反射されることを繰り返すことにより、13.5nmのEUV光としてスペクトル純度が高まり、マスクで反射後に投影系を通過してウエハに達する。マスクは、大気中のマスク搬送系、ロードロック、真空中のマスク搬送系により、マスクステージ上のマスクテーブルに設置されたマスクチャックに固定される。同じく、ウエハは、大気中のウエハ搬送系、ロードロック、真空中のウエハ搬送系により、ウエハステージ上のウエハテーブルに設置されたウエハチェックに固定される。マスクステージおよびウエハステージの位置は干渉計に代表される位置計測系により計測され、マスクおよびウエハ自身の位置は、それぞれのアライメントセンサ、高さセンサにより計測される。EUV光源以外の装置本体を収めた真空チャンバは防振台の上に載置され、工場の床振動からの影響を防止している。また、大気中のマスク、ウエハの搬送系を含め、温空調チャンバ内に格納されている。

4. 半導体露光装置の性能

4.1 主要性能（結像性能、重ね合わせ精度、ウエハ露光処理能力）と要素性能の関係

露光装置の主要性能は、先に述べたように結像性能（解像度、線幅均一性）、重ね合わせ精度、ウエハ処理能力（スループット）である。所望の解像度は、市場要求で決まる。IRDS（IEEE International Roadmap for Device and Systems）[5]によれば、解像度（1/2ピッチ）に対する許容線幅均一性は10％（DRAMの場合）または15％（MPU/Logicの場合）、解像度に対する重ね合わせ精度は20％に設定されている。よって、これらの仕様値は解像度の値から自動的に設定することができる。例えば、2025年生産開始の最先端デバイスでは、DRAMでは1/2ピッチで14nm、線幅均

一性1.4nm、重ね合わせ精度2.8nm、ロジックではメタル層の1/2ピッチで10nm、線幅均一性1.5nm、重ね合わせ精度2.0nmとなっている。

解像度を決める露光装置としての主パラメータとして、露光波長と投影光学系の開口数（N.A.）があるが、前者は露光に用いるEUV光の波長である13.5nm、後者は開口数0.33の製品が実現している[6)]。後述するようにレイリーの式を用いると、限界解像度は12nm前後なので、更に高い開口数の装置が待たれている。パターン線幅均一性確保のため、フォーカス・レベリング制御、露光量の精密制御が行われる。

重ね合わせ誤差は、前工程にて既にウエハ上に形成されているパターンに配されたアライメント・マークを検出してウエハ上のパターンに対する露光位置の位置決めを行い、露光を実施した場合の、パターン層と露光＆現像後のレジスト層の間の位置誤差である。通常、ウエハ全面から選択された箇所での位置誤差の平均値の絶対値に標準偏差の3倍を加えたもの（｜平均値｜＋3σ）で評価する。アライメントセンサの一例としては、レジストを感光させない波長域（600nmより長波長）で、レジスト膜厚や膜厚均一性の反射光量への影響をなくすために広い波長域の光でウエハ上のマークを照明し、視野画像内のアライメント顕微鏡の指標を基準にウエハ上のアライメント・マークの位置計測を行う。アライメント・シーケンスとしては、ウエハ全面から選択された複数箇所のマーク位置を検出し、検出位置をモデル関数（例えば、露光位置座標の格子配列からの並進オフセット、回転、直交度、スケーリング、など）にフィッティングして、露光位置座標の補正を行うグローバル・アライメント、露光フィールド毎にアライメント・マークの検出を行うダイ・バイ・ダイ・アライメントがあるが、最近では、多数枚のウエハの重ね合わせデータを計測して機械学習により精度向上が図られている。

ウエハ露光処理能力は、1時間に露光可能なウエハ枚数であるスループット*Th*（wafers/h）で表現されることが多い。ウエハ上の露光フィールドの数をn_f、ひとつの露光フィールドの露光時間*Te*（sec）、露光フィールド間のステージ移動時間*Tstep*（sec）、ウエハアライメント時間*Tal*（sec）、ウエハ交換時間*Tex*（sec）として、

$$Th = \frac{3600}{T_{ex} + T_{al} + n_f(T_e + T_{step})} \quad \cdots \quad (1)$$

で表現される。

これらの主要性能と、それに影響を及ぼす要素性能の関係を図4に示す。要素性能は、露光光源、照明系、投影系、フォーカス・レベリング系、マスク＆ウエハアライメント系、マスク＆ウエハステージ系・位置計測系の6種のカテゴリーに分けた。点線はステップ＆スキャン投影露光装置に特有の線で、ステージ性能が結像性能にも大きく影響することを示している。

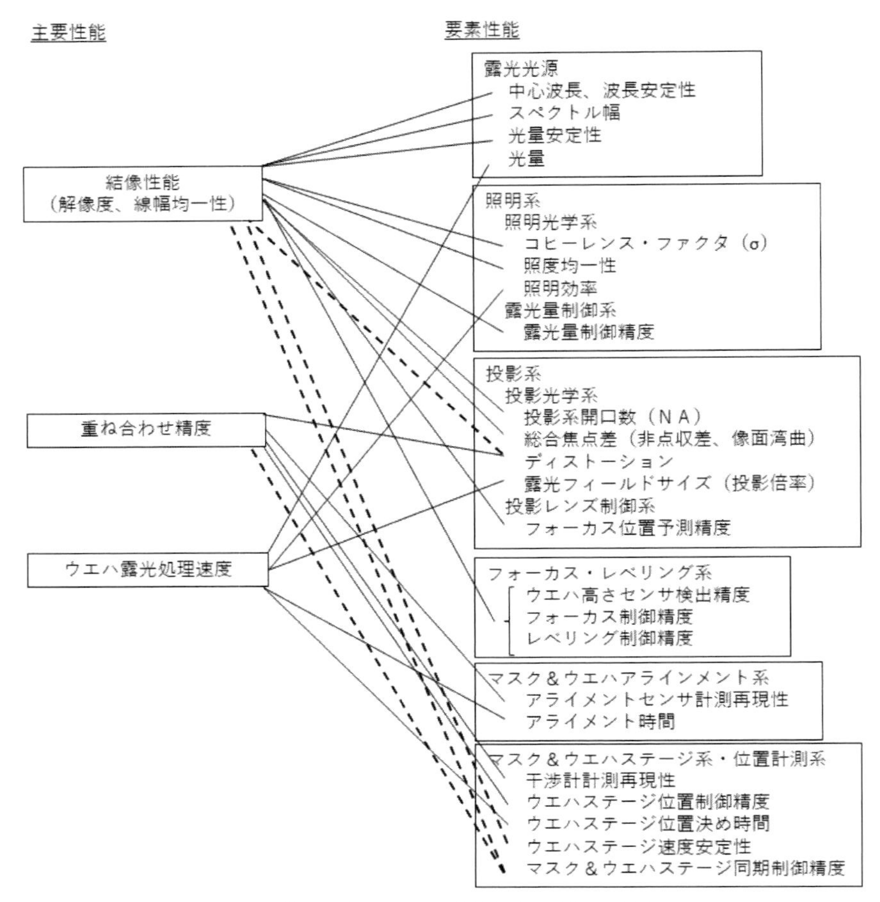

図4　投影露光装置の主要性能と要素性能の関係
（点線は、ステップ＆スキャン型で加わる関係）

4.2　解像度、焦点深度

最初に、結像性能に関連した基本的な指標である解像度と焦点深度について説明し、露光装置の仕様が結像性能にどう影響しているかについて述べる。

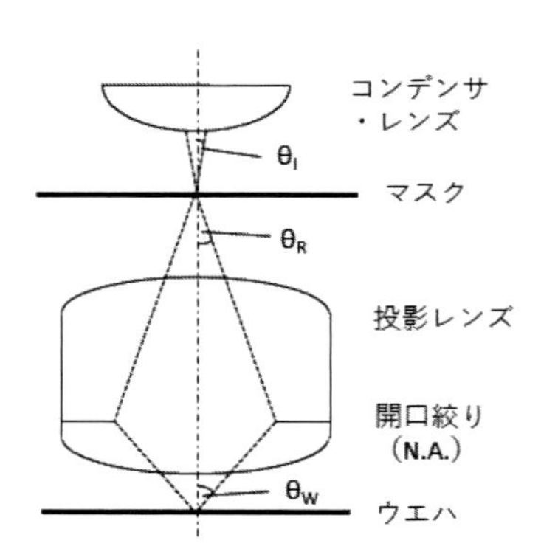

図5　マスク照明光束とウエハへの投影光学系

図5に示すように、マスクへの照明半角をθ_I、投影レンズでの回折光取り込み最大半角をθ_R、ウエハへの投影半角をθ_Wとおく。このとき、照明系のコヒーレンス・ファクタ（またはフィリング・ファクタ）σは、

$$\sigma = \frac{\sin\theta_I}{\sin\theta_R} \quad \cdots (2)$$

で定義される。投影光学系の中には開口絞りが設置してあり、マスクからの回折光の取り込み範囲を規定している。今、投影光学系とウエハ間の媒質の屈折率をnとおく。nは、真空や空気の屈折率では1.00、液浸で用いる純水の屈折率では1.44である。ここで、開口絞りの大きさを示す開口数NAは、次式で定義される。

$$NA = n\sin\theta_W \quad \cdots (3)$$

この時、解像度（Resolution）R、焦点深度（Depth of Focus）Dは、

$$R = k_1\frac{\lambda}{NA} \cdots (4)$$

$$D = k_2\frac{\lambda}{NA^2} = \frac{k_2}{k_1}\frac{R}{NA} \cdots (5)$$

で与えられる。ここで、λは露光波長、k_1、k_2は比例係数でそれぞれ0.3（高解像時）、1.0程度の値であり、解像度の式はレイリーの式と呼ばれる。k_1、k_2は後述する部分的コヒーレンス理論から、それぞれ規格化空間周波数、デフォーカスに伴う波面収差量と関連した量であることがわかる。式（4）から波長が短い程、開口数が大きい程、解像度が向上する。一方、式（5）から、開口数が大きい程、解像度が小さい程、焦点深度は狭くなる。今、波長λをEUV光の13.5nm、開口数の値を0.33とおくと、解像度は12nm程度、焦点深度は124nm程度となる。

4.3　部分的コヒーレンス理論と一次元周期構造物体の空間像コントラスト

部分的コヒーレンス理論に基づいた空間像強度分布の計算を行う[7, 8]。ここでは特別な場合として、物体が1次元周期構造の場合について述べる。この時、物体の振幅透過率（電場ベクトルの透過率）は、

$$a(u) = \sum_{m=-\infty}^{\infty} a_m \exp(-i2\pi mfu) \quad \cdots (6)$$

1次元周期構造が原点対称で位相物体ではない場合、像強度分布関数 $I(v)$ は、

$$I(v) = \sum_{m=-\infty}^{\infty} \sum_{l=-\infty}^{\infty} a_m \, a_l T(mf', lf') \exp\{-i2\pi(m-l)fv\} \quad \cdot \cdot \cdot (7)$$

ただし、f' は規格化空間周波数で、

$$f' = f/(\frac{NA}{\lambda}) \cdot \cdot \cdot (8)$$

$T(mf', lf')$ は相互透過係数（TCC：Transmission Cross Coefficient）と呼ばれる量で、ベストフォーカス位置では、m次とℓ次の回折光（半径σの円）の瞳（開口絞りの半径を規格化空間周波数で表現した半径1.0の円）上の重なり部分のうち瞳を透過できる部分の量である。

更に、物体が1：1のline & spaceパターンの時には、

$$a_0 = 1/2, \ a_{2k} = 0 \ （k\text{は0以外の整数}）, \ a_{2k-1} = \frac{1}{\pi} \cdot (-1)^{k-1} / (2k-1) \ （k\text{は整数}）$$

微細パターン領域では、2次以上の高次回折光は瞳の外に出てしまい1次回折光以下のみが結像に寄与している。即ち、

$$(1+\sigma)/3 \leq f' \leq (1+\sigma) \cdot \cdot \cdot (9)$$

に対し、m=-1, 0, 1；l=-1, 0, 1の場合のみを考えればよい。

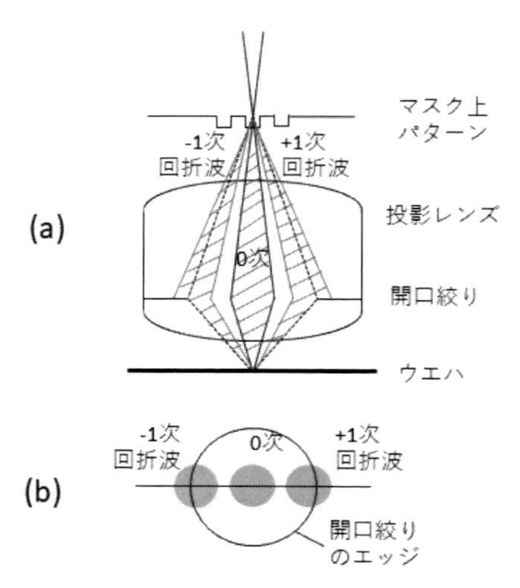

図6　マスクパターン回折光の開口絞りでの一部遮光
(a) 照明光軸を含む面での断面、(b) 開口絞り面上での断面

図6はこれを図示したものであり、開口絞りを通過した0次、＋1次、－1次の回折波がウエハ上で干渉する様子を示している。そして、$I(v)$ は整理されて、

$$I(v)=\frac{1}{4}T(0,0)+\frac{2}{\pi^2}(T(f',f')-T(-f',f'))$$
$$+\frac{2}{\pi}Re[T(0,f')]\cos(2\pi fv)+\frac{4}{\pi^2}T(-f',f')cos^2(2\pi fv) \quad \cdots (10)$$

図7は像強度分布の一例であり、余弦の2乗項の影響により1/2ピッチの位置に像強度の小さなピークがあることがわかる。尚、規格化空間周波数が1以上の領域では、－1次と1次の回折光の干渉は発生せず、$T(-f',f')$はゼロになり、上式の右辺の余弦2乗項はなくなる。

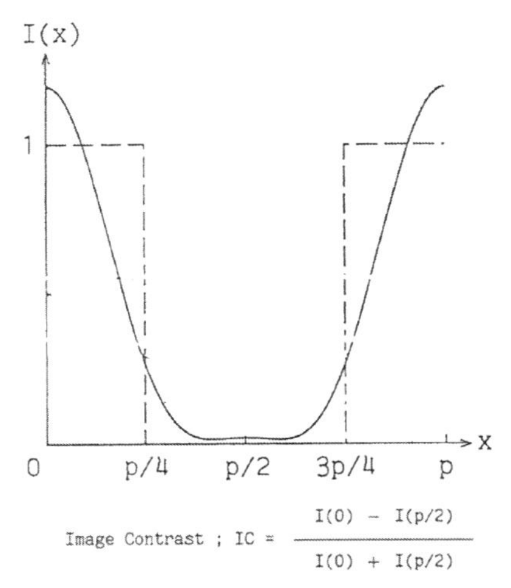

図7　矩形透過パターンの空間像強度分布

空間像コントラストは、(パターン開口中心での像強度 －1/2ピッチ位置での像強度) / (パターン開口中心での像強度 ＋1/2ピッチ位置での像強度)で表される。ベストフォーカスと、規格化デフォーカス(デフォーカス量をλ/NA^2 で除したもの) 1/2の場合について(k_2＝1.0に相当)、横軸を規格化空間周波数、縦軸を空間像コントラストにして、照明系 σ＝0.2～0.8 (0.1刻み) をパラメータにして作成したグラフを図8に示す。規格化空間周波数の2倍の逆数が k_1ファクタに相当しているので、規格化空間周波数0.5、1.0、1.5、2.0は k_1ファクタ1.0、0.50、0.33、0.25にそれぞれ相当する。

図8(a) より、ベストフォーカスでは、規格化空間周波数1.05近辺を境に、それ以下の規格化空間周波数では照明系 のコヒーレンス・ファクタ σ が小さい方が、それ以上の規格化空間周波数では照明系の σ が大きい方が空間像コントラストが大きくなる。

デフォーカス位置では、TCCの計算には発生する波面収差量(規格化空間周波数についてのTaylor展開の1次項まででで近似するとデフォーカス量に比例)の影響を加味する必要があるが、詳しい説明は紙面の都合上、割愛する。図8(b) より、規格化デフォーカス位置1/2では、規格化空間周波数0.7

以上の領域にて、照明系のコヒーレンス・ファクタσが大きい方が空間像コントラストが高く、高周波の1次元周期パターンに対して有効であることがわかる。

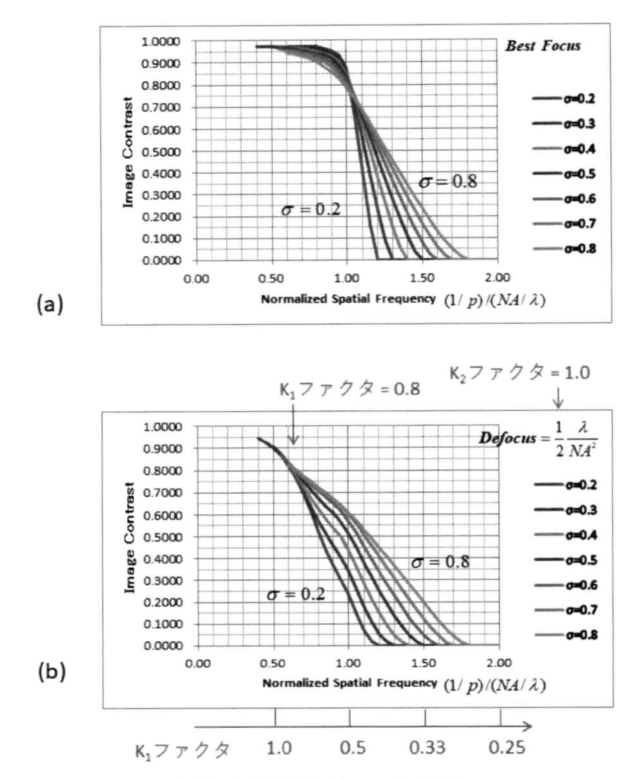

図8　空間周波数とコントラスト
(a) Best Focus　(b) 規格化defocus 1/2

5.　EUV露光装置の特徴

5.1　EUV光源

プラズマ源としてSn（錫）を用いた場合、13.5nmの発光効率が高いため、EUV光の光源として利用されている。発散光源で無偏光である。先に触れたように、この波長域の電磁波は空気中での吸収、散乱が大きいため、光源，露光装置とも露光光の経路は真空環境が必要である。プラズマは時間的にパルス状に生成されるため、エキシマレーザと同じパルス光源としての露光量制御が必要である。

5.2　多層膜ミラー

13.5nmの波長の電磁波を透過する光学材料は存在していないため、照明光学系、投影光学系は反射ミラーで構成される。従来から知られている斜入射ミラーに加え、13.5nmに反射率ピークを持つ多層膜直入射ミラーが用いられている。Mo（モリブデン）層／Si（シリコン）層をペアとして数十層重ねるのが一般的であり（厚み300～数100nm）、ピーク反射率として65％程度の反射率が得られているが、1枚のミラー反射で約35％の露光光を失うことになる。マスクからの反射光は入射光と分離できること、開口絞りから見込む光束角にわたって回折光が取り込めることが必要である。マスク上での入射角は6°が規格として決められている。*NA*=0.33、投影倍率×1/4の投影光学系がカバーすべきマスクからの反射光の光束の半角は4.8°である。よって、多層膜ミラーの反射率の帯域特性として、両者の合計値から帯域半幅で11°以上が必要である。

多層膜ミラーは複数枚の使用の結果として真空紫外から軟エックス線の領域で波長選択フィルタの機能を持つことになるが、紫外領域以上の長波長領域（赤外線領域を含む）では無視できない量の電磁波が反射してくる可能性がある。このため、スペクトル純化フィルタ（通常Be（ベリリウム）薄膜やZr（ジルコニウム）薄膜などで製作される）を照明系に挿入する方式も考えられるが、同時に露光光の約半分も吸収されてしまうため、採用時にはデメリットを伴う。露光光以外の漏れ光の総称をOoB（アウト・オヴ・バンド）光と呼んでおり、ウエハ面上でのレジスト像性能への影響評価、ウエハに吸収された熱の重ね合わせ精度への影響評価が必要である。OoB の露光光に対するパワー比の目安として130～400nmのレジスト感光波長域で1％未満、400nm以上の波長域で10％未満という値が挙げられている。

5.3　反射光学系

ピーク反射率が65％程度のため、いかに少ないミラー枚数で照明光学系、投影光学系を構成するかが設計上の鍵である。また、反射光が他の反射ミラーでケラレないよう配置する必要がある。光学レンズを用いた投影光学系では約30枚のレンズ（面としては60面）を用いて高次収差まで抑え込んだ設計になっているが、EUVでの反射ミラーを用いた投影光学系では数枚のミラー面しか許されない。図9は6枚の反射ミラーで構成される投影光学系の一例である[9)]。この例では、軸はずしの円弧フィールドを利用し、ステップ＆スキャン露光による露光機用のものである。

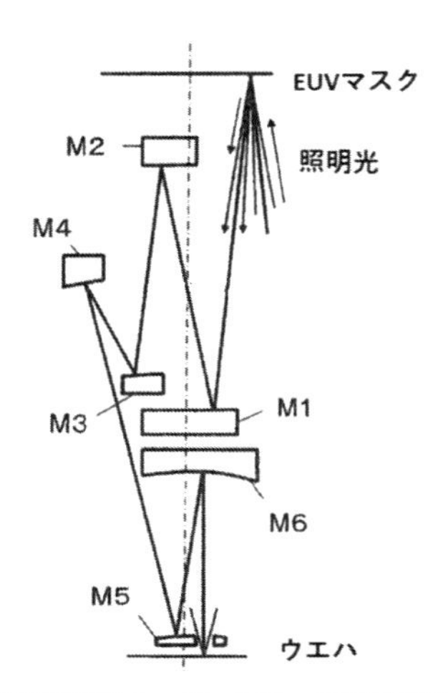

図9　EUV投影光学系の一例。M1～M6が多層膜反射ミラー

ところで、加工したミラー表面の粗さはその空間周波数領域により、3つに分類される。LSFR（low-spatial-frequency roughness）は空間周波数が1 mm以上の表面の大局的な形状誤差であり、収差に影響する。MSFR（mid-spatial-frequency roughness）は空間周波数が1μm以上のうねりで散乱光がウエハ面に達し、フレアとなる。またHSFR（high-spatial-frequency roughness）は空間周波数が1μm未満のラフネスで散乱光がウエハ面に到達せず、反射率低下となる。フレア量は各ミラー面でのMSFRの2乗和に比例し，波長の2乗に反比例する。ArF 露光機に比べ面数の少なさ（約1/10）を考慮しても，波長の違い（約1/13）から10倍以上厳しくなっている。フレア量が多いと露光時にパターン寸法精度に大きな影響があるし、フレア不均一性はパターン線幅均一性に影響するため、小さく抑える必要がある。これら3つの周波数帯で、100pm（rms）未満の精度が求められている[10]。

5.4　コンタミネーション制御

多層膜ミラーはEUV 光照射中に酸化が進行し反射率が徐々に低下する。そのため、真空排気系を強力にして真空チャンバ内の水分圧、酸素分圧を極力下げる一方、酸化防止のためのCapping 層（Ru（ルテニウム）など）を施して、寿命を長くしている。カーボン・コンタミネーションの原因となるレジストからのアウトガスも抑制する必要がある。また、EUV 光源のプラズマ源であるSnイオンが再結合したものが、露光機本体まで飛散してくると、やはりミラー寿命を短くするため、水素フローなど種々の対策が施されている[6, 10]。

5.5　EUV マスク

EUVマスクのブランクス基板は､高いフラットネスを持った低熱膨張材（ゼロデュアなど）であり、従来の光リソグラフィと同じく6025 形状を採用している。その基板表面にMo/Si の多層膜を成膜し、更に50nm程度のバッファレイヤを介し、その上にTaN（窒化タンタル）やW（タングステン）からなる吸収帯（厚み100nm程度）をつけてブランクスとなしている。この上にレジストを塗布し、電子ビーム露光機での描画の後、現像、吸収層のエッチングを経て、マスクが出来上がる。EUVマスクは露光波長に比べエッチングされた吸収体の段差がずっと大きい立体構造となる。そのため、先に述べた斜め入射の影響でShadowing 効果が発生する。XY 線幅差の無いパターニングを実現するためには、予めマスク上の一方向のパターンに線幅バイアスを乗せる必要がある。

5.6　真空ステージ

例えば、300mmウエハに対しスループット180枚／時を得るには、20秒でウエハ1枚の露光を終了しなければならない。300mmウエハ上には、フルフィールドの26mm×33mmが100フィールド弱あるため、ウエハアライメント時間やウエハ交換時間のオーバーヘッドを考慮すると、1フィールドの露光に許される時間は0.2秒以下である。これを真空中で実現しなければならない。

5.6.1　マスクステージ

マスクステージの加速度として10 G程度、最高速度として2 m/sec程度が必要とされる。EUVマスクは反射型であるため、マスクは重力に逆らってマスクステージ上の静電チャックにより裏面吸着されるが、高加速度でもずれずにチャックされるだけの吸着力が求められる。

5.6.2　ウエハステージ

ウエハステージの構造は、ガントリー方式と平面式があり、軸受けとして差動排気付きエアベアリング、磁気ベアリングがある。差動排気方式のエアベアリングは、ガイド面のエアが真空環境中に漏れ出ることを防ぐため、エア給気口と真空部分の間にエア排気口を設け、給排気のための構造をガイドの内部に作っているが、実績がある方式である。スループット達成のための加速度、最高速度は、マスクステージに比べ投影倍率分ゆるいが、高速ウエハ交換を実現するために静電チャックに早い応答性が求められている（例えば、1秒以内)。

おわりに

本節では、露光装置の構成と性能の基本的な説明を行った。そしてEUV光を用いる露光装置は、露光光が通過する場所を真空にする必要があること、光学部品が多層膜をつけた反射ミラーであること、波長がArFエキシマレーザ波長より1桁小さいことからミラー面への要求精度が高いこと、など、ArF液浸露光装置に比べ、種々の制約条件や高精度が必要であることを述べた。

参考文献

1）J. H. Bruning, “Optical Lithography – Thirty years and three orders of magnitude; The evolution of optical lithography tools”, Proc. of SPIE, 3048, pp.14-27 (1997).

2）D. D. Massetti, M.A. Hockey and D. L. McFarland, “Evaluation of deep-UV proximity mode printing”, Proc. of SPIE, 221, pp.32-38 (1980).

3）岡崎信次、鈴木章義、上野巧、“はじめての半導体リソグラフィ技術”、工業調査会、2003.

4）M. S. Hibbs, “Chapter 1 System Overview of Optical Steppers and Scanners”, Microlithography – Science and Technology – 2nd edition (K. Suzuki & B. Smith) (CRC Press, New York, 2007).

5）IEEE International Roadmap for Device and Systems (IRDS) Lithography 2021 edition, https://irds.ieee.org/editions/2021

6）R. Peeters, *et al.*, “EUV lithography: NXE platform performance overview”, Proc. SPIE 9048, 90481J (2014).

7）M. Born and E. Wolf, Principles of Optics 4th ed. (Pergamon Press, London, 1970), pp. 526-532.

8）E. C. Kintner, "Method for the calculation of partially coherent imagery", Appl. Opt., 17, pp. 2747-2753 (1978).
9）鈴木一明、"EUVリソグラフィの最新状況と高エネルギーリソグラフィに対する一考察"、第155回JOEM講演要旨集、pp.25-31(2006).
10）S. Wurm, *et al.,* "Chapter 4 EUV Lithography", Microlithography – Science and Technology – 3rd edition (B. Smith & K. Suzuki) (CRC Press, New York, 2020).

第4章　EUVリソグラフィと光源開発・露光装置および検査装置

第4節　EUVリソグラフィ向け塗布現象装置プロセス技術

東京エレクトロン株式会社　永原　誠司

はじめに

半導体デバイスの回路パターンの微細化はEUVリソグラフィ技術の進展により継続している[1-8]。EUVリソグラフィの微細化にともない、レジストの寸法ばらつきを抑えるために、レジストの感度を落として、高EUV露光量で露光する必要性が高まっている。しかし、EUV露光量の増加は、EUV露光のスループットを下げることにつながり、EUV露光のコスト増大につながる。EUV露光のコスト低減のために、EUVレジストプロセスの高解像性、低ラフネスを実用レベルに維持しつつ、レジストを高感度化し、EUVリソグラフィのスループットを上げる要求が高まっている。また、同時に、パターン倒れ、レジストスカム低減などパターン欠陥を減らしてデバイスの歩留まりを上げることも要求されている。本稿では、これらのEUVリソグラフィ向けレジストプロセスの先端開発動向と今後に向けたアプローチを議論する。

1.　EUVレジストプロセスの課題

1.1　デバイスとリソグラフィトレンド

図1にロジックデバイスの技術トレンドを示す[3)]。技術ノードが進展するにつれトランジスタの構造が変化し、最小配線ピッチも微細化が続く見込みである。すでに量産されているデバイス技術では、EUVリソグラフィによるマルチパターニングによるピッチの縮小が始まっている。マルチパターニング前のパターンでは、高度なレジストパターンの寸法制御が要求される。

導入タイミング	2020	2022	2024	2026	2028	2030
技術ノード	5 nm	3 nm	2 nm	1.4 nm	1 nm	0.7 nm
デバイストレンド	2 Fin	2~1 Fin	GAA NS	Forksheet	CFET	2nd Gen. CFET
	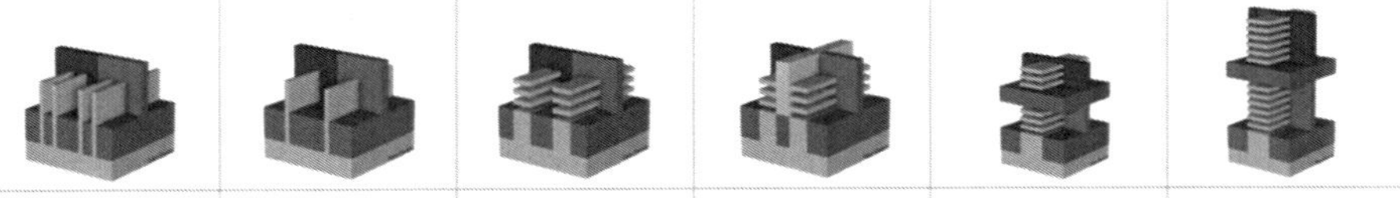					
最小配線ピッチ [nm]	28	22	20	18	16	12
EUVパターニング技術	EUV MP	EUV MP	EUV MP	EUV MP High NA EUV	EUV MP High NA EUV MP	EUV MP High NA EUV MP
レジスト	CAR	CAR (+MOR)	CAR (+MOR)	CAR+MOR	CAR+MOR	CAR+MOR

CAR: 化学増幅型レジスト（Chemically amplified resist）, MOR: メタルオキサイドレジスト（Metal oxide resist）, MP: マルチパターニング（Multi-patterning）

図1　ロジックデバイスロードマップとリソグラフィトレンド

図2は、パターンの解像能力Rを示すレイリー式のk_1パラメータを各パターンサイズ（ハーフピッチ）に対して計算した数値を示している。k_1は結像能力を示すパラメータで、リソグラフィの困難性をあらわす指標として用いられる。EUV露光時に、デバイスパターン形状の特性を考慮した照明形状やマスク構造、レジストのにじみなどの影響を考慮すると、k_1が物理的解像限界の0.25よりも比較的高い値でないとデバイスパターンは形成できない。現実的には、ラインパターンであるとk_1が0.4前後を下回るパターン（例えば、NA 0.33のEUV露光機では、16nmハーフピッチ）の安定した加工はチャレンジングで、レジスト材料やプロセスへの要求も高まる。さらなる微細化のため、高NA露光機（NA 0.55）の準備も進んでおり、露光の実証実験が始まる予定である。

レイリーの式（解像度）

レジストパターンの最小ハーフピッチ寸法（解像度R）

$$R = k_1 \frac{\lambda}{NA} \Leftrightarrow k_1 = \frac{NA \cdot R}{\lambda}$$

物理限界

$k_1 > 0.25$@1回露光

EUV露光機のNA（波長13.5 nm）	各パターンのハーフピッチ (nm) に対するレイリー式の k_1 値																				
	40	36	32	28	24	20	18	17	16	15	14	13	12	11	10	9	8	7	6	5	4
0.25	0.74	0.67	0.59	0.52	0.44	0.37	0.33	0.31	0.30	0.28	0.26	0.24	0.22	0.20	0.19	0.17	0.15	0.13	0.11	0.09	0.07
0.33	0.98	0.88	0.78	0.68	0.59	0.49	0.44	0.42	0.39	0.37	0.34	0.32	0.29	0.27	0.24	0.22	0.20	0.17	0.15	0.12	0.10
0.55	1.63	1.47	1.30	1.14	0.98	0.81	0.73	0.69	0.65	0.61	0.57	0.53	0.49	0.45	0.41	0.37	0.33	0.29	0.24	0.20	0.16
0.70	2.07	1.87	1.66	1.45	1.24	1.04	0.93	0.88	0.83	0.78	0.73	0.67	0.62	0.57	0.52	0.47	0.41	0.36	0.31	0.26	0.21

←パターンハーフピッチ（nm）

レイリー式の k_1 値

図2　レイリーの式によるレジスト解像限界の目安
（k_1が小さいほどリソグラフィの困難性が増加する）

1.2　EUVリソグラフィのレジストプロセスの技術課題[3-8)]

EUVリソグラフィで量産するためには、パターンが解像できるだけでなく、デバイスの高歩留まりを実現できるパターン欠陥レベルになっている必要がある。そのため、レジストパターン形状の改善、欠陥の除去技術が非常に重要である。微細化で制御しなければならない欠陥サイズは小さくなっており、欠陥低減の困難性はますます高くなっている。

レジスト材料としては、EUVリソグラフィでも、従来から用いられているArF液浸リソグラフィなどと同様に、化学増幅型レジスト（CAR）が広く用いられている。一方、さらなる高解像度、高感度化を目指して、メタルオキサイドレジスト（MOR）も導入検討が進んでいる。

次世代デバイスのEUVリソグラフィプロセスを確立するにあたって、図3に示すような、いくつかの課題がある。

まず、リソグラフィ技術のレジストパターンの解像度（R：Resolution）、ラフネス（L：Line Edge Roughness）、露光感度（S：Sensitivity）のトレードオフの課題（RLSトレードオフ）がある。リソグラフィ特性を維持しつつ高感度化できることは、半導体デバイスの製造コストに関係する重要な課題である。

また、微細なパターンになるにしたがい、より厳しいケアが必要になってきた欠陥、つまりパターン形成不良の課題がある。特に高いエネルギーの光子を用いるEUVリソグラフィでは、同じ露光量（エネルギー）をウェーハ上に露光しても、光子数が少なくなる。例えば、一つのホールパターンを形成するために、数百個から数千個という少ない光子数で露光するようになる。そのため、パターンを形成するための光子数のばらつきに起因する欠陥（ストキャスティクス欠陥とも呼ばれる）の対策が重要な課題である。

さらに、量産プロセスを見越して、レジスト必要膜厚確保をする際の課題がある。例えば、微細なパターニングのためにレジスト膜厚を薄膜化するとエッチングに耐えられずパターン不良になるが、一方、レジスト膜厚を厚膜化すると、レジスト倒壊やホール底の現像残渣という課題が発生する。

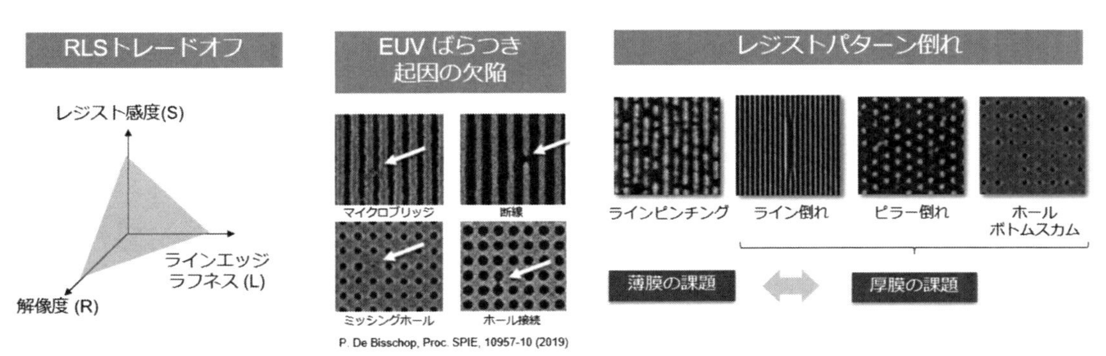

図3　EUVリソグラフィのレジストプロセスの技術課題

これらの技術的課題を解決するために、リソグラフィの塗布現像技術による対策はもちろんのこと、エッチング技術からのアプローチも組み合わせて、総合的なパターニング技術の最適化が進められている。

2.　EUVレジスト塗布・現像技術の概要[3, 9-12]

2.1　EUVリソグラフィ用レジスト塗布・露光・現像装置

東京エレクトロンでは、EUVリソグラフィ向けに最適化したEUVレジスト塗布・現像装置を提供している。図4は、レジスト塗布・現像装置 CLEAN TRACK™ LITHIUS Pro™ Zの外観イメージを示している。LITHIUS Pro™ Z EUVは、EUVリソグラフィ向けに最適化されたモジュールを搭載しており、「高信頼性」「高生産性」そして「高い汎用性」を実現している。CLEAN TRACK™ LITHIUS Pro™ Z EUVはインライン装置として広くEUVリソグラフィの量産で使用されている。「高信頼性」「高生産性」は、さまざまな光源の露光機向けに使用されているLITHIUS Pro™ Zプラットフォームによる高い搬送能力と迅速なプロセス処理に加えて、EUV対応の機能を搭載していることから実現されている。また「高い汎用性」は、次世代向けEUV技術に必要な多様なレジストや下層膜のレジストプロセス処理に対応していることから実現している。

レジスト塗布後の引き置き時間や、レジスト露光後の引き置き時間によりパターン寸法が変動することを防ぐため、先端リソグラフィ向けのレジストの塗布・現像は、塗布現像装置を露光装置に直接インライン接続しておこなうことが多い。

図4　東京エレクトロン株式会社製レジスト塗布・現像装置
CLEAN TRACK™ LITHIUS Pro™ Zの外観イメージ

2.2　EUVレジスト塗布・露光・現像の基本的な流れ[9-12)]

図5に、EUVリソグラフィ向けレジストの塗布、露光、現像によるレジストパターニングの流れを示す。

図5　3層レジストプロセスの場合の塗布・露光・現像の一般的なフロー

①塗布

まず、コーターと呼ばれる塗布装置で、下層膜（UL：アンダーレイヤー）、中層膜（ML：ミドルレイヤー）、あるいはEUVレジスト膜の溶液をウェーハ上に滴下し、ウェーハを回転させ塗布（スピン塗布）、乾燥させる。塗布膜厚の精度を上げるために塗布の前には、通例ウェーハ温度を常温付近で一定にするステップを挿入する。

スピン塗布後には、膜に残存している溶剤をベークし、揮発させる。このステップは、ポストアプライベーク（PAB:Post Apply Bake）と呼ばれる。残存溶媒はレジストのプロセスウィンドウ、パターン密着性、ラフネスなどの特性に影響を与えるため、ベーク温度や時間の最適化が必要である。

多層レジストプロセスを用いる場合、スピンオンカーボン（SOC）と呼ばれる有機下層レジストの上に、シリコン含有反射防止膜（SiARCやSiC）をスピン塗布し、その上にレジストを塗布する場合も多い。下層膜、中層膜の塗布後には、比較的高温でベークし、材料を固めることで、次に塗られる膜との混和を防いでいる。

EUVレジストの場合、レジストと基板の密着性を上げるために有機密着層をレジスト下層に塗布する場合もある。

②露光

その後、マスク上のデバイスパターンを、EUV露光によりレジストに転写する。この露光により、レジスト内で露光された箇所に選択的な反応が起こる。

③露光後ベーク（PEB）

露光後にウェーハを高温でベークすることで、レジスト内に極性変化を引き起こす化学反応を起こしたり、反応物の適切な拡散でラフネスを低減したりする。この露光後のベークのことをポストエクスポージャベーク（PEB）と呼ぶ。化学増幅型レジストでは、露光で発生した酸により、ポリマーの極性を変化させる反応（脱保護反応や架橋反応）がPEB中に起こる。EUVリソグラフィで用いられるメタルオキサイドレジストの場合は、この熱で脱水縮合反応が起こり、露光部が現像液に不溶化する。

④現像

EUVレジスト内の反応により、露光部で選択的に現像液への溶解性が変わることを利用して現像し、レジストパターンを形成する。

露光により､露光部が溶け出し未露光部（遮光部）が残るレジストのことをポジ型レジストと呼ぶ。この場合の現像をポジ型現像（PTD：Positive Tone Development）と呼ぶ。

反対に未露光部が溶け出し、露光部（遮光部）が残るレジストのことをネガ型レジストという。この場合の現像をネガ型現像（NTD：Negative Tone Development）と呼ぶ。

化学増幅型レジストのポジ型現像の現像液としてはテトラメチルアンモニウムヒドロキシド（TMAH）の2.38wt％水溶液が量産で広く用いられている。TMAH現像液はアルカリ性で、露光後のレジストの極性が高い部分を選択的に溶かす。多くの場合、レジスト露光後にレジスト中で生成するカルボン酸や水酸基がアルカリ水溶液中でイオン化し､溶け出す現象を利用してパターンを形成する。現像後は、ウェーハ上に残留しているTMAHを除去するために、リンスと呼ばれる水洗処理をおこなう。リンス液としては、微細パターンのレジスト倒壊を抑えるために、表面張力を抑えることのできる界面活性剤など含んだ特殊なリンス液を用いることで倒れを抑える手法も用いられている。

一方、化学増幅型レジストで、酢酸ブチル（nBA：*n*-Butyl Acetate）などの有機溶媒を用いて、レジスト露光後の極性が低い部分を選択的に溶かすネガ型現像も用いられる。この場合は、溶媒との親和性の違いで露光部と未露光部の溶解コントラストを得る。極性が高い部分は有機現像液への溶解性が低く、レジストパターンとして残る。

メタルオキサイドレジストを用いるEUVレジストでも有機系の溶剤を用いるネガネガティブトーン現像が用いられている。メタルオキサイドレジストの場合は、未露光部は有機現像液に溶けるが、露光部が凝集反応で有機現像液に不溶化する。そのため、ネガ型のレジストパターンを得ることができる。

⑤ポストベーク

リンス処理後に残るリンス液を気化し除去したり、レジストを硬化させたりするために、リンス処理後にポストベークと呼ばれる熱処理をおこなうこともある。

以上の基本プロセスを経て得られたレジストパターンをその後の加工のマスクとして使い、エッチングをおこなうことで、所望のデバイス形状を得る。

3. 化学増幅型EUVレジスト対応塗布・現像技術

3.1 化学増幅型レジストプロセスの優位点と課題

化学増幅型レジスト（Chemically Amplified Resist：CAR）は、図6に示すように、露光により発生する反応触媒である酸による反応で、反応が増幅し、現像液への溶解性が変化するレジストである。

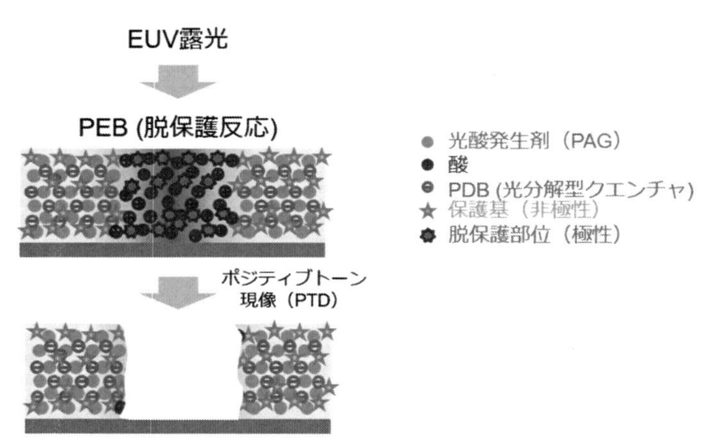

図6 化学増幅型EUVレジスト（CAR）の反応のイメージ

この化学増幅反応により、高感度にパターン形成が可能となる。一般的には、ヒドロキシ基、カルボニル基など親水性官能基を保護した高分子と、光により強酸を発生する光酸発生剤（PAG：Photo Acid Generator）を混合した材料を用いることが多い。露光により発生する酸で露光部の脱保護反応が酸触媒反応で進行し、極性変化が起こる。この反応により、露光部と未露光部の現像液への溶解性が変化しパターンを形成できる。KrFリソグラフィから広く採用され、EUVリソグラフィでも、主流のレジストとして用いられている。

化学増幅型レジストは、メタルフリーの組成を用いることができるため、メタルコンタミに敏感なフロントエンドプロセスでも使いやすい。また、ホールパターン形成時には、ポジ型の化学増幅型レジストを用いれば、マスクのトーンをダークフィールドマスク（露光部分が少ないマスク）にすることができる。そのため、EUVマスクの多層反射膜の欠陥によるパターン欠陥発生確率を小さくできるメリットがある。

デメリットとしては、有機高分子を中心にした組成になるため、メタル含有レジストに比べレジストのエッチング耐性が不十分で、レジストが厚膜になることである。そのため、レジストのアスペクト比（レジスト高さの幅に対する比率）が高くなり、レジスト倒れを誘発しやすい。また、ホールパターンの場合には、厚膜化によりレジストボトムの現像が不十分になり、レジストスカムによるミッシングホール（ホールの開口不良欠陥）を誘発しやすい。これらの課題に対する対策が必要になる。

3.2 化学増幅型レジストプロセスのレジスト倒壊防止技術[3, 5]

化学増幅型レジストの最適化の例として、レジストパターン倒壊防止技術の例を紹介する。

液体現像液を用いた現像手法では、パターンサイズの微細化にともない、現像後のリンス時にレジスト間に発生する表面張力によりレジストパターンの倒れが発生しやすくなる。

図7の上段の写真は、従来の現像後のリンスプロセスでの、14nmサイズの高アスペクト比のレジスト倒れで見られた課題を示している。図7の下段の写真は、新現像リンスプロセスの導入による対策にて、ターゲット寸法の14nmより、かなり小さい11.8nmの細いパターンでも倒れが起こらなくなった様子を示している。材料メーカーと共同で開発した新しい現像リンスプロセスを適用することで、このパターン倒れの問題を抑制し、より量産に適した広いプロセス余裕度を実現した。

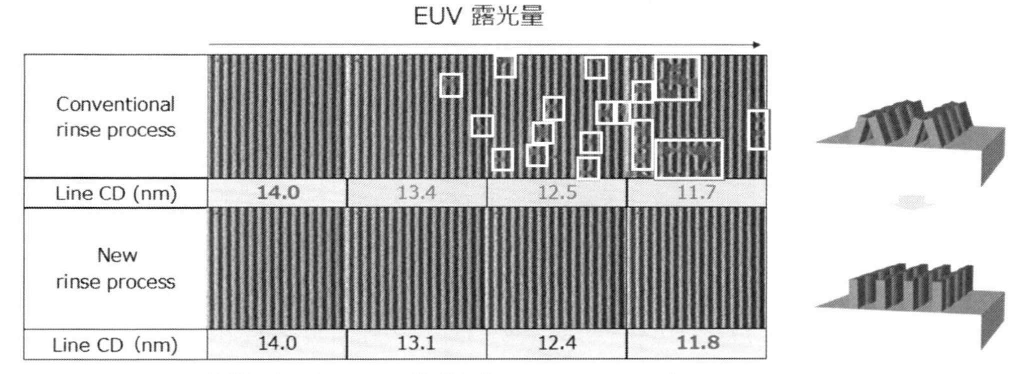

図7　化学増幅型レジストの量産技術課題のソリューション例：
新リンスプロセスを適用した現像時の微細レジストラインパターン倒壊防止技術
レジスト塗布膜厚 38nm、14nm ライン@28nm ピッチ

4. メタルオキサイドレジスト（MOR）対応塗布・現像技術[3-8]

4.1 メタルオキサイドレジストの優位点と課題

次に、EUVの微細化を支える技術として期待されているメタルオキサイドレジストに関するレジスト塗布現像技術に関した開発状況を紹介する。

メタルオキサイドレジスト（MOR: Metal Oxide Resist）は、金属酸化物の反応を利用して、露光部、未露光部の溶解性を変化させパターンを形成するレジストである。図8に示すように、EUV露光により、露光部に活性化部位を形成し、露光後ベーク（PEB）による熱反応による露光部の凝集反応を用いて露光部を現像液に不溶化するタイプのものが検討されている。

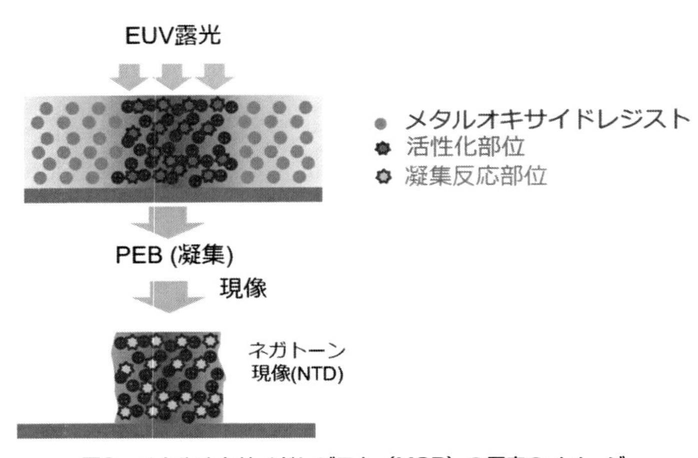

図8　メタルオキサイドレジスト（MOR）の反応のイメージ

メタルオキサイドレジストは、化学増幅型レジストに比較して、EUV光の吸収が大きく、EUVの信号を効率よく反応に変換できる。また、反応機構がシンプルで、化学増幅機構を使用しない。そのため、像のぼやけが小さく、露光量裕度が高い。メタルを主成分として含んでいるため、高エッチング耐性が実現でき、レジストの膜厚を薄くしてレジストのアスペクト比を下げることができる。

一方、メタルレジストは、新しい技術のためプロセスの確立が必要で、メタル汚染対応技術も重要になってくる。

4.2　メタルオキサイドレジストのベーク技術

図9はメタルオキサイドレジスト用に開発した、露光後ベーク（PEBオーブン）を用いた実験結果の例を示している。最適なベーク条件を適用することで、レジストパターンの形状悪化なく標準条件より約25％露光感度を向上できている。この露光感度向上によりEUV露光機のスループット向上に貢献できる。

さらに、新規オーブンによりレジストパターンサイズのウェーハ面内のばらつきも改善し、面内寸法均一性が0.2nmと非常に均一な仕上がり寸法を達成している。また特にメタル含有レジストで懸念されるベークモジュール内におけるメタル汚染も、量産ターゲットを満たしている。

このように新オーブンでは、メタルオキサイドレジストのベークプロセスとして、量産技術の準備ができてきている。

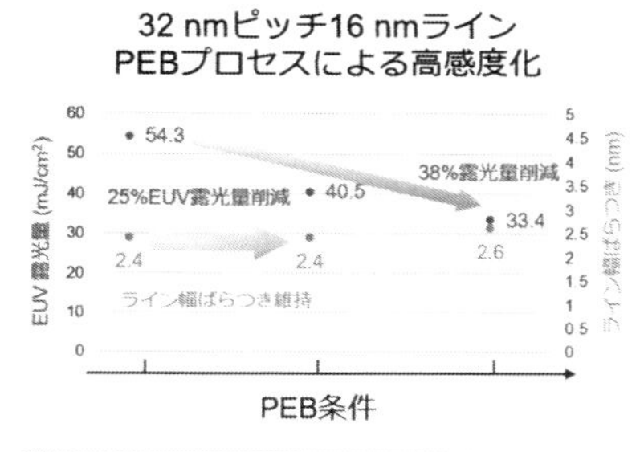

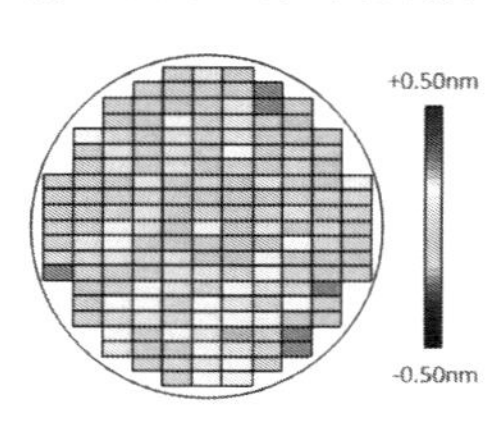

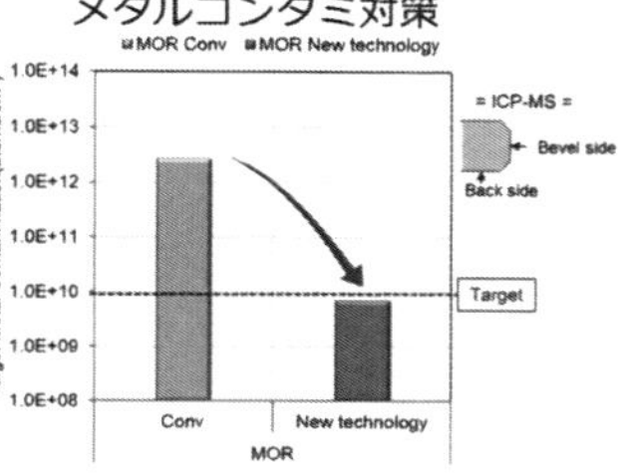

EUV高感度化 > 20% (<40 mJ/cm²)　ウェーハ内レジスト寸法均一性~0.2 nm　低メタルコンタミ <1E10個/cm²

図9　メタルオキサイドレジスト（MOR）の量産技術課題のソリューション例：
MOR用に新規に開発した露光後ベーク（PEB）オーブンの導入
新開発のMOR対応露光後ベーク（PEB）オーブンで、量産向けのプロセスを実現

4.3　メタルオキサイドレジストのパターニング技術

エッチング技術を含めたメタルオキサイドレジスト向けモジュールソリューションの構築も進んでいる。

図10の左図に示すようにエッチング技術の最適化により、デバイスの信頼性向上に不可欠なエッチング後のパターン幅ばらつき（LWR）は、1.8nm以下まで改善している。

また、図10の右の図に示すように、配線を途切れさせる要因となるブリッジ欠陥は、当初目標であった欠陥密度1cm^{2}当たり0.1個を下回っている。

このように最新の塗布現像装置で、メタルオキサイドレジストの最適化で良好な結果を達成しており、量産に向けた準備が順調に進められている。30nmピッチのライン＆スペースの電気特性評価パターン（オープンショート評価パターン）でも、寸法が13.2nm ～ 15.6nmまでCDを変化させても電気特性が100％を実現できていた結果が報告されている。

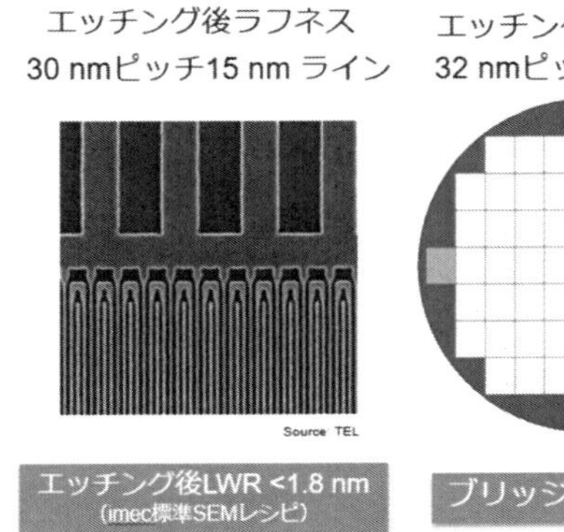

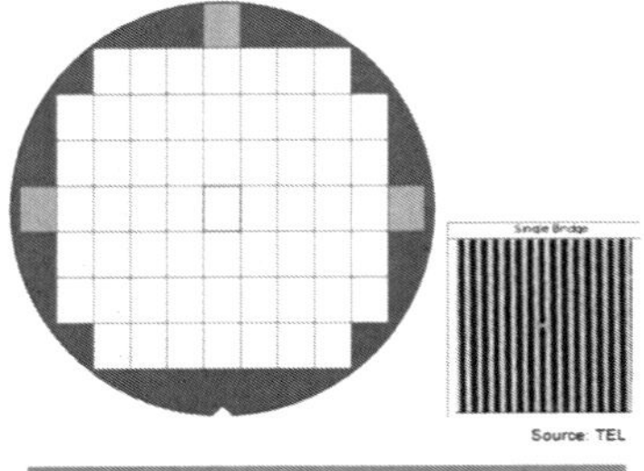

図10　ライン＆スペースパターンでのエッチング後のラフネスと欠陥データ

4.4　メタルオキサイドレジストの新現像技術

図11は新開発の現像手法（ESPERT™：Enhanced Sensitivity develoPER Technology™）によりメタルオキサイドレジストの特性を改善した例を示している。新現像手法では、従来のメタルオキサイドレジストの現像よりも外側の現像界面を用いて現像することで、高感度化を実現している。

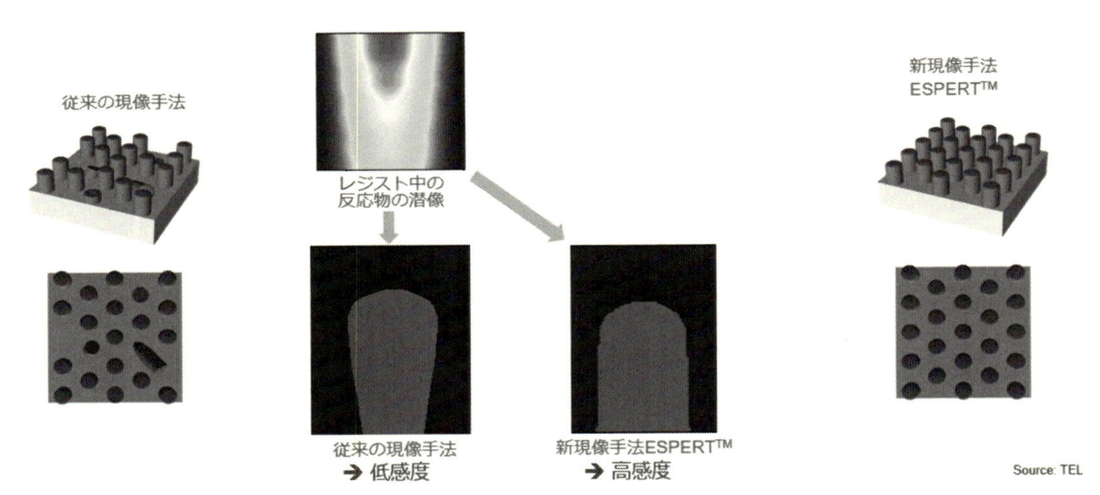

図11　新現像手法ESPERT™の従来現像手法との違い

将来のDRAM向け36nmピッチの微細ピラーパターンでは、現像液を使用したウェット現像では、レジストパターンの倒れが課題であった。ESPERT™では、図12に示すレジスト界面の違いを活用した現像でレジスト形状を補正し、レジストパターン倒壊の抑制が可能となっている。またこの手法により、レジストパターンサイズのばらつきが悪化せずに、25%の露光感度を向上させることができている。この新現像技術は、EUV露光のCoOを大幅に削減すると考えられる。

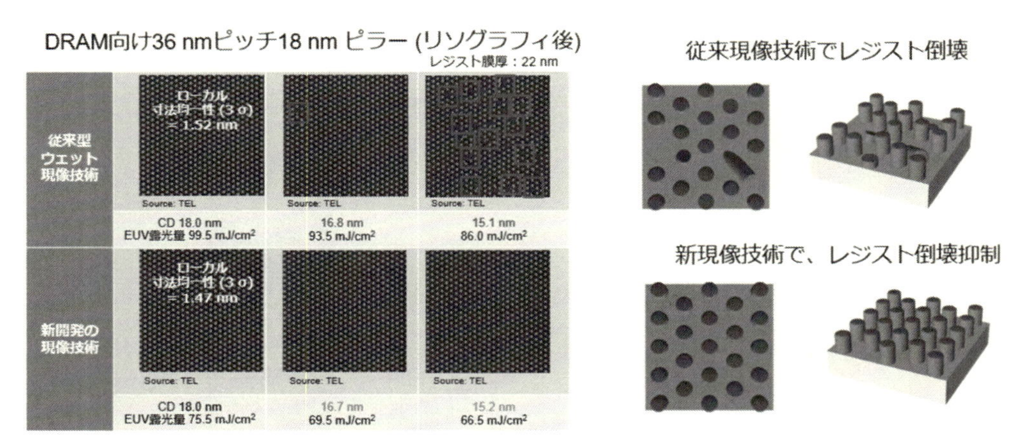

図12　36nm ピッチピラーパターニングへ新現像方式ESPERT™（*Enhanced Sensitivity develoPER Technology*™）を適用し、レジスト倒れ抑制、レジスト増感、ラフネス低減を実現した例

図13は、30nmピッチのパターンで新現像方式ESPERT™により現像をおこなった例である。従来現像手法に比較して、ラフネス値を維持した状態で29％の増感を実現している。また、ESPERT™を用いるとレジストの形状を制御することができ、EUV光の吸収がレジスト表面側で大きいことに起因するレジストの逆テーパー形状を補正することができる。

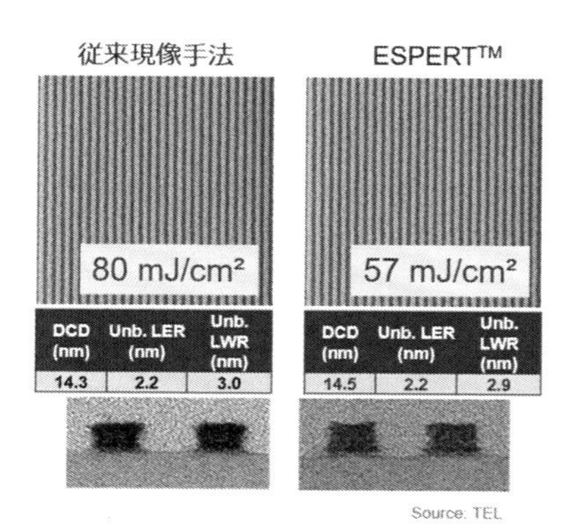

図13　ESPERT™技術でMOR L/Sの感度とラフネスを低減した例（現像後）：パターンピッチは30nm

4.5　メタルオキサイドレジストによる微細パターン形成例

高NA（NA 0.55）EUV世代への準備として、従来NA（NA 0.33）を用いた微細パターン形成プロセスの最適化も進んでいる。

図14は、現行のEUV露光機で作成した、微細なメタルオキサイドレジストパターンのリソグラフィ評価での実証例である。高NA世代を目指して、微細パターンである12nmハーフピッチラインを、ウェットレジスト工程と当社のエッチング技術を組み合わせて検証した。ウェット現像で、12nmラインパターンでも倒壊もなく、エッチング後に2nm以下のラフネスLER/LWR）を実現している。

将来のさらなる微細パターン形成においても、最新の塗布現像装置でのプロセス処理が有望であることを示している。

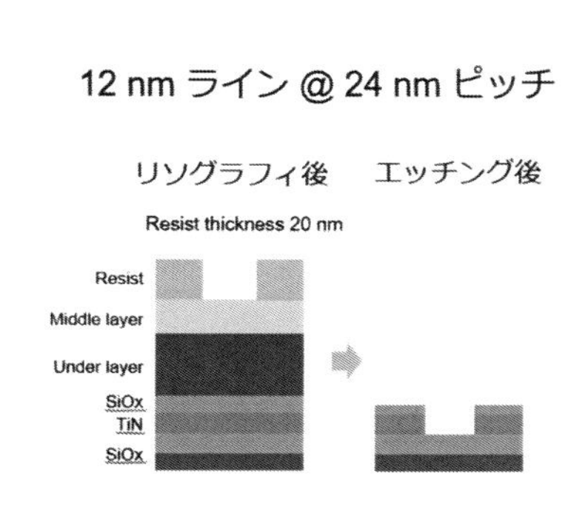

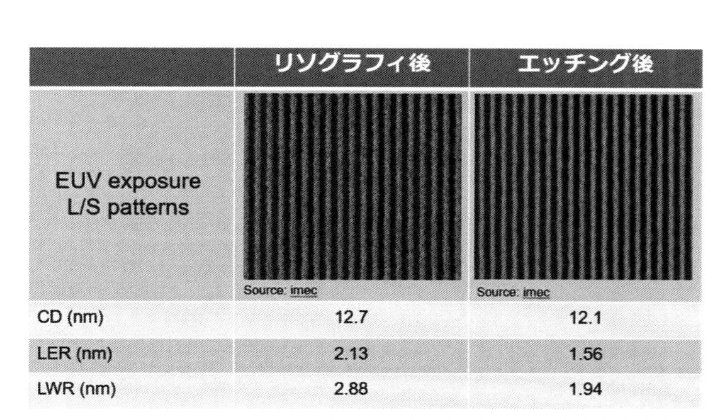

図14　High NA EUVへ向けた検討：24nmピッチの高解像度パターニング

4.6　レジストプロセス中の補助プロセスによるメタルオキサイドレジストの増感

図15は、レジストプロセス中に、特性改善のための補助的なプロセス処理を行ってレジストを増感したものである。本レジスト処理では、レジストの反応を誘発し、レジストの極性を変化することで、レジストのウェット現像時の溶解コントラストを改善している。このプロセス処理によりレジストの感度は向上する。同時に、プロセス処理を進めると現像液への溶解コントラストも上げられる。その結果、レジストの高感度化時にドーズ量低減による光子数の減少に起因するラフネスの劣化を抑えながら増感ができている。このように、レジストプロセスの改善でレジスト特性が大きく改善できる場合もある。この処理により、感度を13％増感しつつも、42％現像欠陥が削減できる結果が報告されている。

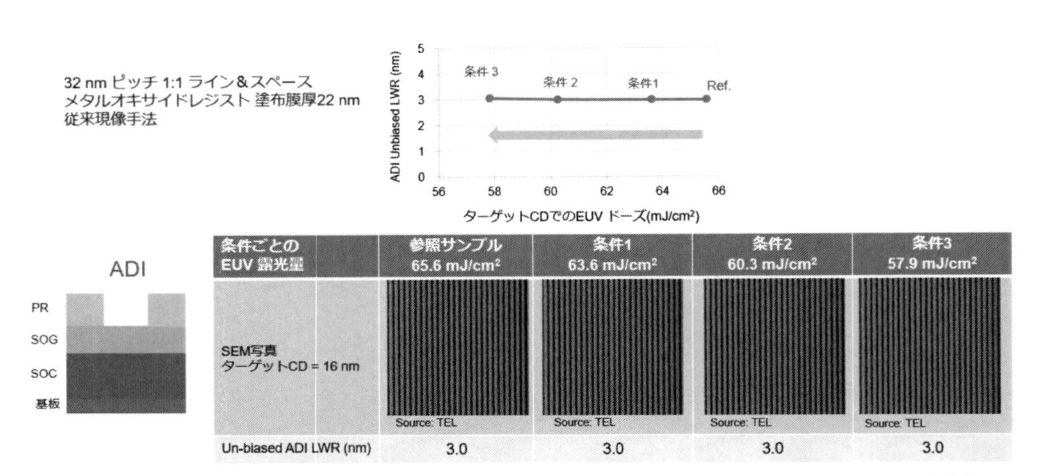

図15　32nmピッチライン＆スペースパターニングのプロセス処理によるラフネス劣化を抑えた増感

おわりに

EUVレジストプロセスのトレンドとプロセスの概要を紹介した。また、EUVレジストプロセスを実現する先端塗布現像装置を用いたEUVレジストの評価状況を紹介した。

従来から広く用いられている化学増幅型レジストに加え、高解像度EUVリソグラフィ用に、メタルオキサイドレジスト（MOR）が注目されている。MOR向けの高性能・低コストのプロセスが実現できる新現像方式ESPERT™に関する開発状況も紹介した。

インライン型の塗布現像装置を用いることで、化学増幅型レジストもメタルオキサイドレジストも同一装置で処理可能である。そのため、低フットプリントと効率的かつ高速なプロセス処理が実現できる。

高NA EUV露光技術に向けたプロセス評価が、ASML社の高NA（NA0.55）EUV露光機を用いて、今後本格化する。さらなる微細化に向けて、レジスト材料とプロセス技術の進展がますます重要になってくる。

参考文献

1）Harry J. Levinson, “High-NA EUV lithography: current status and outlook for the future.” Jpn. J. Appl. Phys. 61 SD0803 (2022).

2）Dario L. Goldfarb, “Evolution of patterning materials towards the Moore's Law 2.0 Era.” Jpn. J. Appl. Phys. 61 SD0802 (2022).

3）秋山啓一、“最先端EUVレジストプロセス技術の課題とソリューション”、https://www.tel.co.jp/ir/policy/mplan/cms-file/IR_Day_20211012_J.pdf

4）Seiji Nagahara, “EUV resist material and process optimization for reducing stochastics effects in EUV lithography.”, MNC2021, 28A-3-2 (2021).

5）Kanzo Kato, *et al.,* “Coater/Developer and New underlayer applicate to sub-30nm process.” Proc. SPIE 11854, 118541D (2021).

6）Arnaud Dauendorffer, *et al.,* “Addressing EUV Patterning Challenges Towards the Limits of NA 0.33 EUV Exposure.” International Conference on Extreme Ultraviolet Lithography 2021, 11854-11.

7）Angélique Raley, *et al.,* “Outlook for high-NA EUV patterning: a holistic patterning approach to address upcoming challenges.” Proc. SPIE 12056, 120560A (2022).

8）Seiji Nagahara, *et al.,* “Holistic litho-etch development to address patterning challenges towards high NA EUV.” SPIE International Conference on Extreme Ultraviolet Lithography 2022; PC122920N (2022).

9）永原誠司ほか、レジストプロセスの最適化テクニック 微細化・トラブル解消のための工程別対策および材料技術、情報機構、P2.

10）2014 最先端リソグラフィ技術大全 Electronic Journal 別冊.

11）永原 誠司、“EUVレジスト材料・プロセス技術の新展開クリーンテクノロジー ” 2017年12月号、P38.

12）永原誠司、“第VII編　フォトレジスト処理装置・光源・露光装置　第1章　レジスト塗布・現像装置“、フォトレジストの最先端技術（監修　遠藤政孝）シーエムシー出版、296 (2022).

第4章　EUVリソグラフィと光源開発・露光装置および検査装置

第5節　マスク欠陥検査技術の基礎

兵庫県立大学　渡邊　健夫

はじめに

半導体用リソグラフィ技術は一般的にマスク原版に形成された半導体回路パタンを、露光光学系を通してウエハ上に塗布された感光性材料であるフォトレジストに転写する技術である。このため、マスクの半導体回路パタンに欠陥が存在すると、誤った回路情報がウエハに転写され、半導体回路が電気的な断線やショートを誘発する原因となる。このように断線およびショートを誘発する欠陥はそれぞれ白欠陥および黒欠陥と呼ばれている。

欠陥検出に要求される最小サイズは、マスクの近接効果補正を考慮して、ウエハに転写される最小寸法と同じサイズである。例えば、EUVリソグラフィの場合に、ウエハ上に転写する線幅の最小サイズが16 nmであれば、マスク上でも16 nmサイズの欠陥検出性能が要求される。

この節ではEUVマスクの欠陥検査技術について述べることにする。

1.　EUVマスクの構造

従来のi線リソグラフィ、KrFリソグラフィ、並びにArFリソグラフィで使用されてきたマスクは何れも透過型のマスクである。これは世界標準の6025規格のガラスレチクルを基板上にCrの吸収体の半導体回路パタンが形成されている。

一方、EUVリソグラフィは13.5 nmの波長を有するEUV光を露光光源に使用しているため、物質の屈折率がほぼ1であるので、露光光学系に屈折レンズが使用できない。このため、Mo/Si多層膜を反射面とする反射光学系が用いられている。また、マスクも上記した構造を有する透過型マスクを用いることができないため、Mo/Si多層膜を反射面とする反射型マスクが用いられている。このため、図1に示すとおり、3次元構造を有する。基板には超低膨張係数を有するULE6025であるガラスレチクルが用いられており、その上に、反射面であるMo/Si多層膜が成膜されている。さらに、その上にTa系の金属膜から成る吸収体層があり、この層に半導体回路の原版パタンが形成されている。

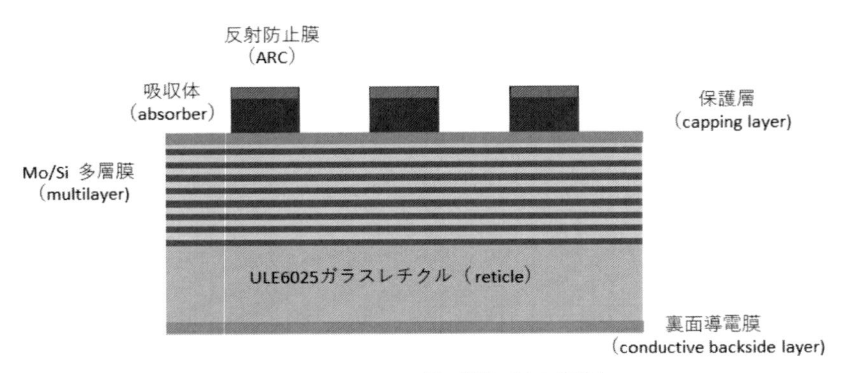

図1 EUVマスクの断面構造(3D構造)

2. Mo/Si多層膜

EUVL用多層膜にMo/Si多層膜が使用されている。このため、EUVリソグラフィに用いる露光波長が13.5 nmになっている。

ここでは、どのようにして多層膜の材料が選択されたかについて解説する。図2に各種材料の波長13.5 nmにおける屈折率nおよび消衰係数kを示す。この波長領域で使用できる多層膜材料は屈折率の差が大きく且つ消衰係数が小さいものを選択することで、理論上は高い反射率を得ることができる。一般的に多層膜反射率の低下は層間で原子の拡散によるインターミキシングによるところが大きい。

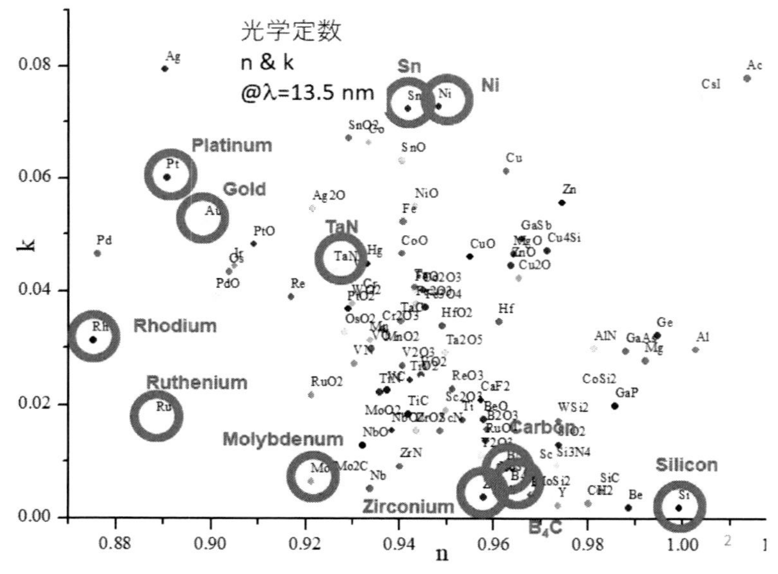

図2 波長13.5 nm用の多層膜材料の屈折率nおよび消衰係数k

上記内容を鑑み、波長13.5 nm用の多層膜として、選択されたのがMoとSi材料である。Mo/Si多層膜の最初の提唱者はBarbee氏である[1)]。そのときの論文に掲載された反射率スペクトルを図3に示す。このときの反射率は約66%程度であった。このときの波長は約17 nmであり、MoとSiの一層の膜厚はそれぞれ3.8 nmと5.7 nmであった。現在はスパッタ技術が確立されており、Mo/Si一層対の厚みは約6.8 nmで、一層対の中でMo膜厚占める比がΓ値でΓ=0.6で、Siから始まりSi層で終わる81層のMo/Si多層膜で中心波長が13.5 nmで70％の反射率を有する。図4のとおり最大反射率の1/2でその半値幅が定義され、その半値幅の半分の値が中心反射率として定義されている。一般的に、中心波長と中心反射率で多層膜の性能が評価されている。

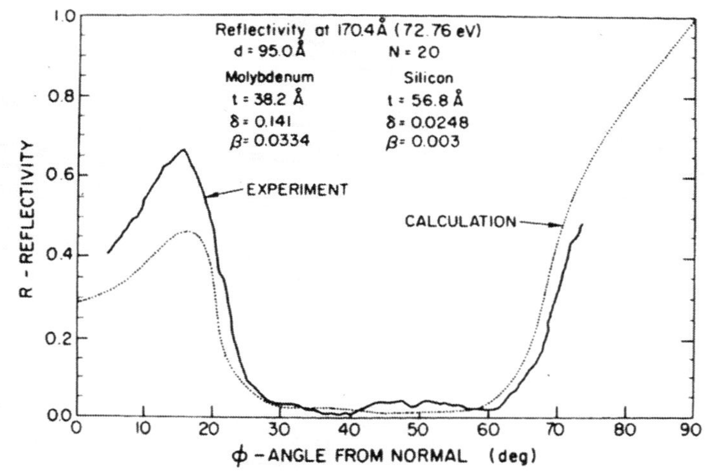

図3　Barbee氏により提案されたMo/Si多層膜反射率スペクトル

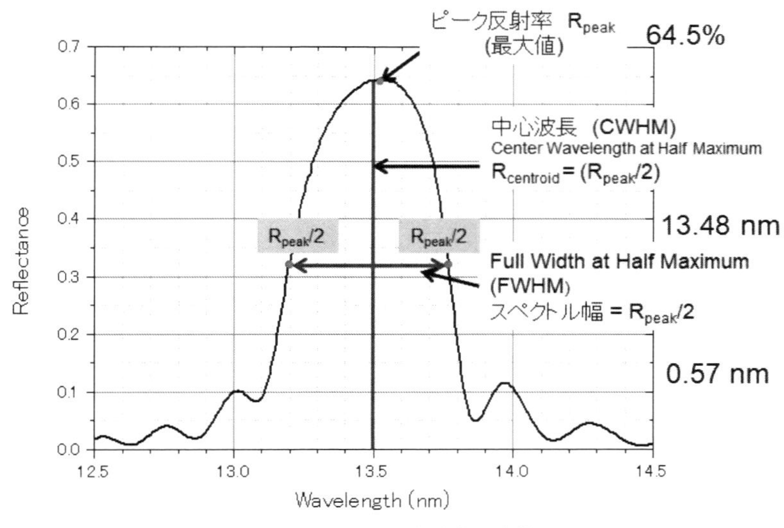

図4　多層膜の反射率等の定義

多層膜の反射率測定は図5に示すθ-2θの回転ステージを用いて測定する。この反射率計は測定チャンバーとサンプル交換用ロードロックチャンバーから構成され、測定チャンバー内にθ-2θの回転ステージが設置されており、θステージにはサンプル用x-yステージが設置され、入射角の制御をしている。2θステージにはEUV光強度測定用のフォトダイオードが取り付けられている。θ-2θの回転ステージの回転中心は水平方向に進む測定光の光軸上にあるため、サンプルに対する水平方向の入射角をθに合わせるとフォトダイオードの角度2θとなる。反射率計は多くの場合、放射光ビームラインのエンドステーションに設置されている。図6にニュースバル放射光施設に構築されているBL10反射率測定用ビームラインの概要を示す[2)]。分光器に定偏角不等間隔平面回折格子を用いており、入射角を変化させても出射スリットでの光の非点収差、焦点収差が最小になる設計を施しているため、非常に明るい分光器となっている。第2、第3、第4ミラーにより、サンプル上鉛直方向で約0.1 mm程度の大きさである。また、第1斜入射ミラーにより、サンプル上に水平方向で約1 mmの大きさである。

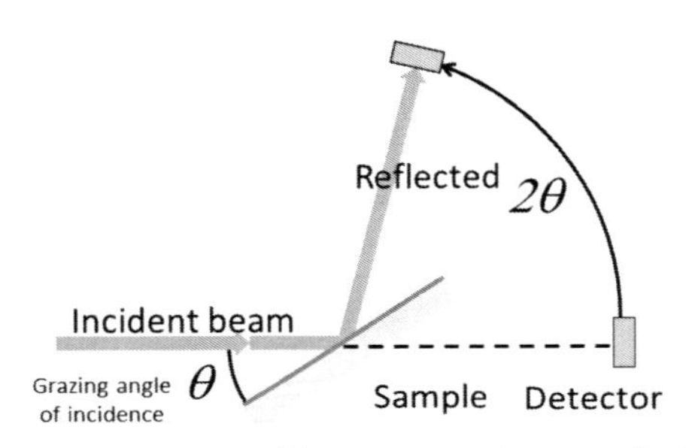

図5 多層膜の反射率測定用θ-2θの回転ステージの概要

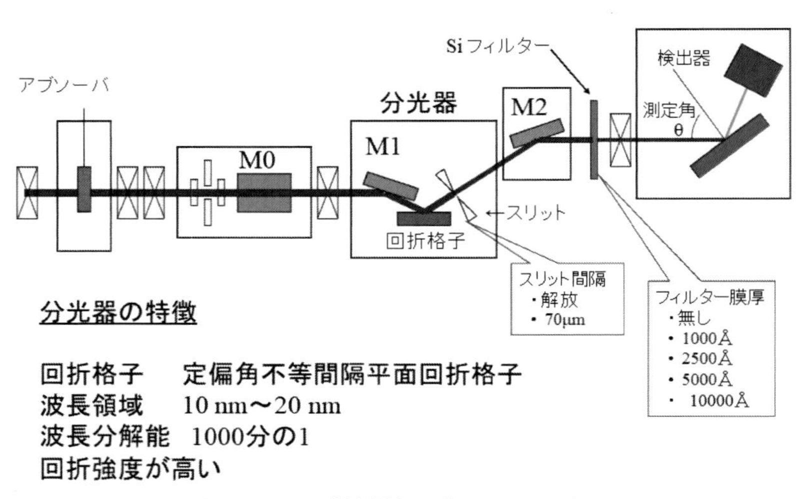

図6 BL10反射率測定用ビームラインの概要

3.　EUVマスクの欠陥

EUVマスクの欠陥には強度欠陥および位相欠陥があり、図7(a)および(b)にそれぞれ強度欠陥と位相欠陥を示す。強度欠陥は吸収体の欠け等および多層膜の大きな欠けに起因した欠陥である。一方、位相欠陥はULEガラスレチクル表面の傷や異物、並びに多層膜中の異物に起因した欠陥である。図7(c)にレチクル基板に100 nmの幅のbump型の異物があった場合に、その上層にMo/Si多層膜を成膜したときのTEM像を示す。ここで示すように異物の両側で多層膜の層が乱れており、この領域では反射が乱れて反射率低下が起きるため、位相欠陥となり、黒欠陥として観測される。同様にpit型の異物や多層膜中の異物も位相欠陥として観測される。

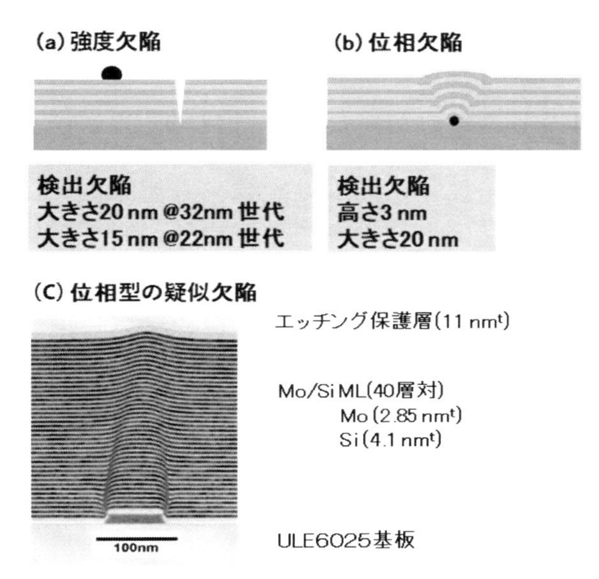

図7　EUVマスク欠陥；(a) 強度欠陥、(b) 位相欠陥、(c) 位相型疑似欠陥

これらの欠陥検出は露光光である波長13.5 nmのEUV光による欠陥検査が必須となっている。

このため、兵庫県立大学でEUV光による明視野顕微鏡（EUVM）の開発を進めた[3]。このEUVMの概要を図8に示す。この結像系にシュバルツシルド光学系（SC）を用いており、この開口数は0.3で倍率は30倍であり、反射面にMo/Si多層膜を用いた。マスク像は、観察像をこの光学系で30倍に拡大し、折り返しミラーを得て、CsIの光電変換面で電子情報に変換し、zooming管の200倍の電磁レンズで拡大し、マイクロチャネルプレートを通して光の情報に増幅し、CCDカメラに合計6,000倍に拡大される。撮像し、これをコンピュータの画面に表示する。これにより、世界で初めてEUV光の波長13.5 nmで多層膜中の位相欠陥の観察に成功した。また、疑似欠陥を有するマスクを作成し、EUV顕微鏡で観察した結果について、実露光機で欠陥転写の有無を評価した。この結果を図9に示す。ULE6025のガラスレチクルに線幅20～140 nmおよび深さ1～4 nmを有する凹欠陥を形成した後、多層膜を成膜下pit型の疑似欠陥を観察した。また、凸型の疑似欠陥についても観察を試みた。その結果、欠陥の線幅が70 nmで深さが1 nm以上の欠陥がウエハに転写されることが分かった[4]。

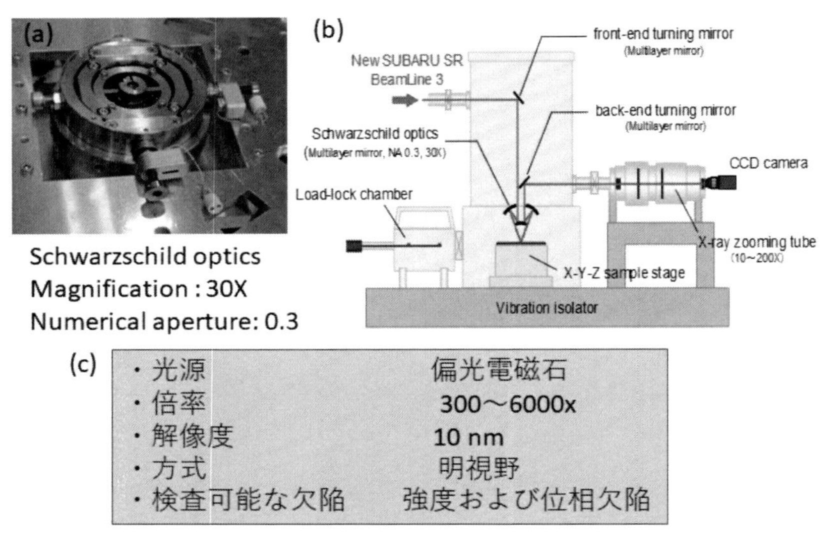

図8　EUV顕微鏡；(a) 鏡筒の写真、(b) 概要、(c) 仕様

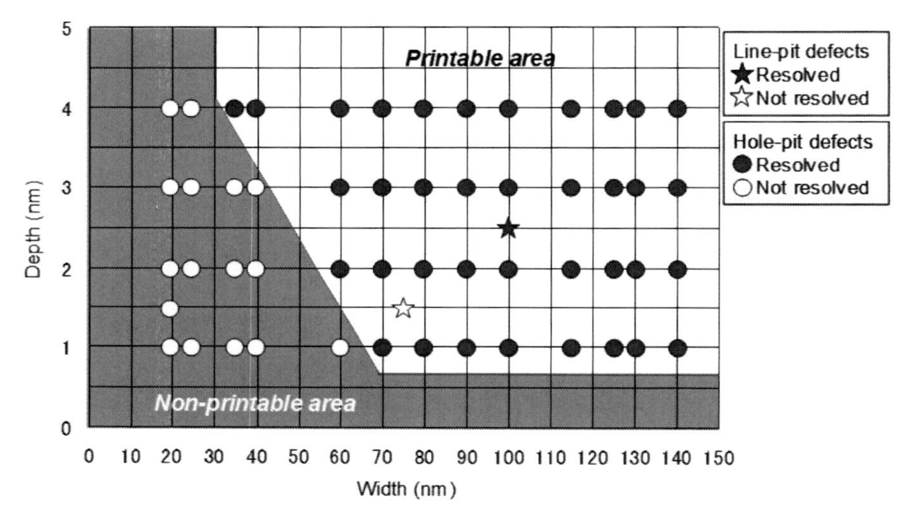

図9　Pit型疑似欠陥の欠陥転写の有無の境界条件の探索結果

EUVマスク全面の欠陥検査は約4 ～ 5時間程度で終えなければならず、このEUVMの場合、そのスループットを実現するにはLPP光源の拡がりを考慮して中間集光点で100W以上のEUV光源パワーが要求される。このため、このスループットを実現できる欠陥検査装置として、開発されたのが暗視野EUV顕微鏡である。この顕微鏡の概要を図10に示す[5]。EUV光は折り返しミラーを得てフレネルゾーンプレートを通してマスクに照射し、欠陥からの散乱光強度を観測することで、マスク欠陥の有無を観測でき、EUVマスクの欠陥検査を迅速に行えるようになった。

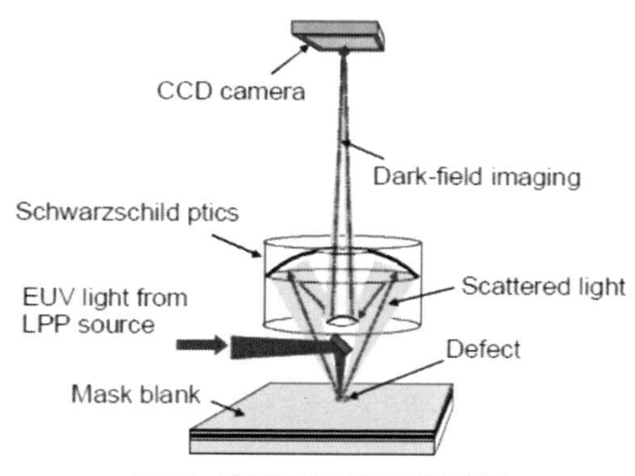

図10　暗視野EUV顕微鏡の概要

しかしながら、マスク欠陥の有無が分かるが、大きさと高さ情報を得ることができない。そこで、兵庫県立大学でEUVコヒーレント顕微鏡の開発を進めた[6]。この装置をニュースバルのBL03ビームラインに設置し、光源に放射光の偏向電磁石を用いた。この顕微鏡の概要および構成写真を図11(a)と(b)に示す。EUV光をピンホールに照射し、コヒーレント光を再構築する。この光を折り返しミラーによりサンプルに照射することで、マスク上の吸収体回路パタンの回折像が観測できる。この回折像はフーリエ変換像であるので、逆フーリエ変換とフーリエ変換を繰り返すことで像再生でき、強度像と位相像の両方を得ることができる。また、高次高調波レーザーを波長13.5 nmのEUV光光源に用いることで、マスクのパタンがライン・アンド・スペース88 nm L/S（ウエハ上 22 nm L/S）の場合で、一本だけパタンの線幅が30 nmのような欠陥の回折画像として図12(b)が得られる。このように、わずかな線幅の違いでも線欠陥が観測でき、一本だけが2 nm細くなっている欠陥でも検出が可能である[7]。この顕微鏡にフレネルゾーンプレートを付加することで、EUV光をサンプル上にΦ140 nmの大きさで照射可能なEUV-μCSMの開発を進めた[8]。この概要を図13(a)に示す。また、この顕微鏡を用いて、図13(b)に示すように、大きさが33×28 mm^{2}で高さが1.7 nmのbump型自然欠陥の観測に成功した。上記した2つのタイプのCSMで得られる回折像はフーリエ変換像なので、逆フーリエ変換とフーリエン変換を繰り返すことで、強度像と位相像を得ることができ、欠陥の大きさと高さが3Dの画像として観測できる。暗視野顕微鏡で得られた欠陥の位置情報を元に、この回折顕微鏡の一種であるCSMを用いて観測することで、欠陥を3Dによる可視化が可能であり、マスク欠陥の起源を探る上で重要な情報を得ることができ、欠陥の低減に結び付けることができると期待されている。

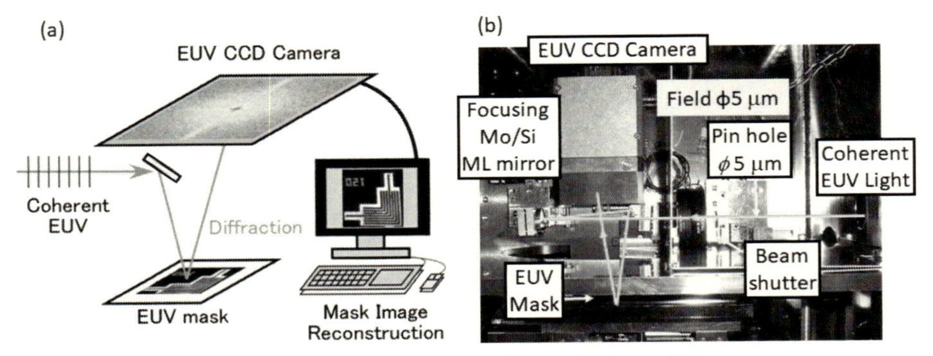

図11　EUVコヒーレント顕微鏡；(a) 概要、(b) 写真

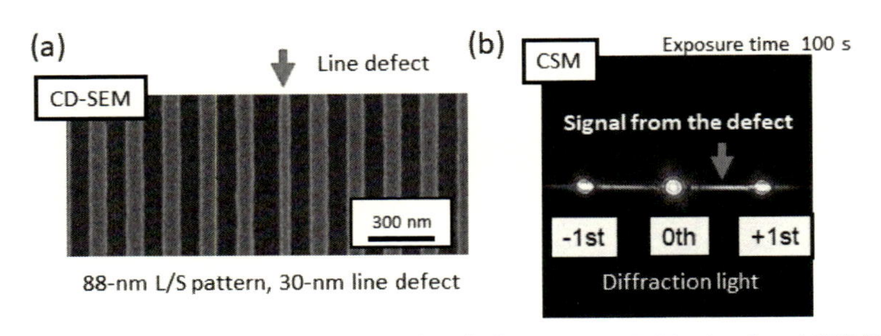

図12　(a)88 nm L/S中の30 nmライン幅の欠陥、(b) (a) のEUVコヒーレント顕微鏡像

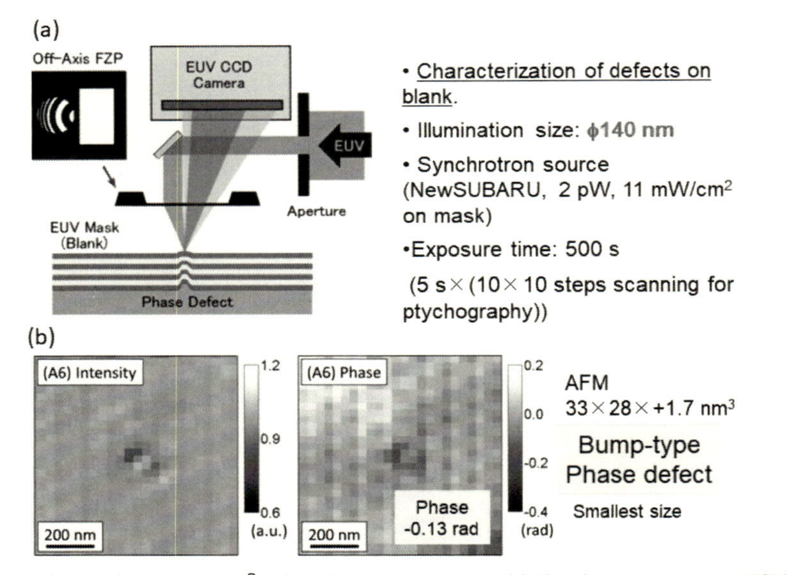

図13　大きさが33×28 mm^{2}で高さが1.7 nmのbump型自然欠陥のμCSMによる評価結果；
(a) μCSMの概要、
(b) μCSMで得られたCCDカメラ像を元に像再生した強度像および位相像

以上に示すマスク欠陥検査技術開発を経て、Lasertech社は2013年にEUVマスク裏面検査/クリーニング装置「BASIC シリーズ」、2017年にEUVマスクブランクス欠陥検査／レビュー装置 ABICS「E120」、2018年にEUV マスク欠陥検査装置 MATRICS「X8ULTRA シリーズ」、2019年にEUV マスクのパタン検査に対応した欠陥検査装置 ACTIS「A150」を市場に投入している。

おわりに

マスク欠陥検査技術はEUVリソグラフィのさらなる半導体微細加工技術の中でレジストに続いて重要な技術課題の一つである。今後はEUVLのHigh NAに備えて、吸収体のhigh *k*材料、並びに位相シフトマスク[9]を睨んだ吸収体のlow *k*材料の開発が要求されている。これはマスク欠陥技術と連動するものであり、上記のように吸収体材料開発が必須となる状況の中で、吸収体材料のエッチング技術も重要になってくる。High *k*やlow *k*材料開発では回路の原版パタン形成に必要なエッチング技術開発が要求されている。これらの技術については今後の展開に期待する。

参考文献

1) T. W. Barbee, S. Mrowka, and M. C. Hettrick, "Molybdenum-silicon multilayer mirrors for the extreme ultraviolet," *Applied Optics,* **24**, 883-886 (1985).

2) a) Morio Hosoya, Norikazu Sakaya, Osamu Nozawa, Yuki Shiota, Shoji Shimojima, Tsutomu Shoki, Takeo Watanabe, and Hiroo Kinoshita, "Direct Evaluation of Surface Roughness of Substrate and Interfacial Roughness in Molybdenum/Silicon Multilayers Using Extreme Ultraviolet Reflectometer," *Jpn. J. Appl. Phys.* **46**, 6128-6134 (2007).

b) Tetsuo Harada, Takeo Watanabe, "Reflectance measurement of EUV mirrors with s- and p-polarized light using polarization control units," *Proc. SPIE,* **10809**,108091T (2018).

3) a) K. Hamamoto, Y. Tanaka, S. Y. Lee, N. Hosokawa, N. Sakaya, M Hosoya, T. Shoki, T. Watanabe, and H. Kinoshita, "Mask defect inspection using an extreme ultraviolet microscope," *J. Vac. Sci. Technol.,* **B23**, 2852-2855 (2005).

b) Y. Mizuta, M. Osugi, J. Kishimoto, N. Sakaya, K. Hamamoto, T. Watanabe, and H. Kinoshita, "Development of Optical Component for EUV Phase-Shift Microscopes," *Proc. SPIE,* **6517**, 651733 (2007).

4) K. Takase, Y. Kamaji, N. Sakagami, T. Iguchi, M. Tada, Y. Yamaguchi, Y. Fukushima, T. Harada, T. Watanabe, and H. Kinoshita, "Imaging Performance Improvement of an Extreme Ultraviolet, Microscope," *Jpn. J. Appl. Phys.,* **49**, 06GD07 (2010).

5) a) Tsuneo Terasawa, Yoshihiro Tezuka, Masaaki Ito, Toshihisa Tomie, "Highspeed actinic EUV mask blank inspection with dark-field imaging," *Proc. SPIE,* **5446**, Photomask and Next-

Generation Lithography Mask Technology XI, (20August 2004).

b) Tsuneo Terasawa, Takeshi Yamane, Toshihiko Tanaka, Teruo Iwasaki, Osamu Suga, Toshihisa Tomie, "Development of actinic full-field EUV mask blank inspection tool at MIRAI-Selete," *Proc. SPIE,* **7271**, Alternative Lithographic Technologies, 727122 (17 March 2009).

6) T. Harada, M. Nakasuji, T. Kimura, T. Watanabe and, H. Kinoshita, "Imaging of extreme-ultraviolet mask patterns using coherent extreme-ultraviolet scatterometry microscope based on coherent diffraction imaging," *J. Vac. Sci. Technol.,* **B29**, 06F503(2011).

7) M. Nakasuji, A. Tokimasa, T. Harada, Y. Nagata, T. Watanabe, K. Midorikawa, and H.Kinoshita, "Development of coherent extreme-ultraviolet scatterometry microscope with high-Order harmonic generation source for extreme-ultraviolet mask inspection and metrology," *Jpn. J. Appl. Phys.,* **51**, 06FB09(2012).

8) T. Harada, H. Hashimoto, T. Amano, H. Kinoshita, and T. Watanabe, "Actual defect observation results of an extreme-ultraviolet blank mask by coherent diffraction imaging," *Appl. Phys. Express,* **9**, 035202 (2016).

9) Sang-In Han, James R. Wasson, Pawitter J. S. Mangat, Jonathan L. Cobb, Kevin Lucas, Scott Daniel Hector, "Novel design of att-PSM structure for extreme-ultraviolet lithography and enhancement of image contrast during inspection," *Proc. SPIE,* **4688**, Emerging Lithographic Technologies VI, 481-494(2002).

第5章

EUVリソグラフィと フォトマスク・ペリクル

第1節　次世代EUV半導体プロセス向けフォトマスクの開発

大日本印刷株式会社　森川　泰考

はじめに

フォトマスクは半導体リソグラフィの回路原版であり半導体の性能を決定づける重要な部品であるため、フォトマスクに要求される品質は半導体の微細化および性能向上に伴って、より厳しいものが求められ続けている。近年実用化されたEUVリソグラフィに使用されるEUVマスクは、従来のDUVマスクとは露光方式の違いから構造が大きく異なりEUV露光に最適化されたものとなっており、その重要性や要求される性能はさらに高まっている。次世代EUV露光技術すなわちHigh-NA（NA＝0.55）に対応したマスクは、それに適合した形での進化が求められている。

本稿では以上のような変化と高精度要求に対応した機能や性能をフォトマスクが発揮するために、どのような技術的検討が行われているかと製造工程について説明し、さらに次世代露光技術に必要とされている開発課題について解説する。

1.　EUVマスクの特徴と技術課題

1.1　EUVマスクの構造と転写の概要

EUVリソグラフィに使用されるEUV露光方式は、従来のDUV露光方式とは全く異なる光学系となることで、マスクの形態も異なったものとなる。DUV露光方式が透過屈折系の光学系を採用しているのに対し、EUV露光方式は反射系の光学系である。従ってEUVマスクもこの反射光学系の光路内に置かれた反射ミラー群の一部として機能する必要がある。

この機能を持たせるためにEUVマスクには、EUV反射光学系と同じくMoとSiが繰り返し多層膜構造で積層されたEUV光の反射層となるマルチレイヤーミラー（ML）が基材上に形成されており、その上にあるEUV光を吸収する吸収体（Absorber；ABS）をパターニングすることで回路情報をマスク上に形成している。図1にEUVマスクとDUVマスクの構造および露光方式の違いの概念を図示する。

DUV露光方式ではマスクの裏面から照明光の主光線が基板に対して垂直に入射し、基材を透過してマスク表面の回路パターンによって回折された回折光が結像光学系を通ってウエハ上に転写されるが、EUV露光方式の場合には、照明光はマスク表面側から斜めに入射し、回路パターンが形成された吸収体直下の反射ミラーで反射される際に回路パターンで回折された回折光を結像光学系で集光しウエハ上に転写する。なお、実際の露光装置内では図示と上下は逆で、マスク表面は下向きにセットされる。

図1　EUVマスクとDUVマスクの構造と露光方式の違い

現在実用化されているEUV露光装置は、従来のDUV露光装置と同様にマスクに対してウエハ上に1/4縮小光学系を用いているため、EUVマスク上には4倍に拡大された回路パターンが形成される。マスクへの照明光および反射された回折光は、光路上の干渉を防ぐためにマスク上に斜めに入射し斜めに反射された光をウエハ上に集光する。このマスク上の斜め角度は主光線軸で6度であるが結像光学系でカバーされる開口数NA_Wの広がり角度を加味すると斜め入射方向に対して約1度から11度までの傾きの広がりができる。このマスク上の広がり角度θ_Mは、開口数NAの定義（式1）と、両テレセントリック光学系に対する物体面と結像面の相関関係を示す以下の式2で簡便に求められる。

$$NA_W = n \cdot \sin\theta_W,\ NA_M = n \cdot \sin\theta_M \qquad （式1）$$

$$Mag. = NA_M/NA_W \qquad （式2）$$

$$\therefore NA_M = NA_W/4,\quad \therefore \theta_M = \arcsin(0.33/4) \fallingdotseq 4.73\ [deg]$$

つまりこの広がり角度内に結像に寄与できる有効な回折光が収まれば、ウエハ面で結像することができる。

この斜め方向は露光装置のスキャン露光動作方向に沿っており、EUV光は波長13.5nmとマスク吸収体の膜厚約60～70nmと比べると十分に短波長であるため、この露光スキャン方向に対して縦パターンと横パターンでは、同じ寸法形状のマスクパターンが形成されていても転写される寸法が異なることになる。つまりスキャン方向に対してマスクを正立させた場合、水平パターンはマスクパターンの影の影響が、同形状の垂直パターンより大きく出ることで、ポジプロセスの場合は露光される部分の寸法が小さく露光される。これをシャドーイング効果(shadowing effect)またはマスク3Dエフェクト（Mask 3D effect）と呼ぶ。このシャドーイング効果は不可避であるため、OPCソフトウエア（光近接効果補正（OPC））の機能として、縦パターンと横パターンが同等の転写寸法となるように、同ソフトにて回路設計後にマスクパターンが補正されている。

1.2 EUVマスクへの要求仕様

DUVマスクからEUVマスクへの大きな変革点はその解像度の違いから要求される短寸法の解像度が大きく前進することである。式3はレイリーの方程式（Rayleigh 方程式）と呼ばれる解像限界を求める式であるが、DUV露光方式の最後の世代であるArF液浸露光装置では、最大NA＝1.35を採用し、光リソの限界付近であるk_1＝0.27を使用しても、限界解像度はハーフピッチ（hp）38nm（4×マスク上152nm）であるが、NA＝0.33の現在のEUV露光装置では、k_1＝0.4でもhp16nm（4×マスク上64nm）と半分以下の寸法が解像できる。

$$R = k_1 \cdot \lambda / NA \qquad (式3)$$

すなわちDUVマスクではロジックデバイスの28nmノード以降で、解像限界から複数枚に分割されていた設計パターンがEUVマスクでは1枚で解像できることとなり、マスク上の設計パターン密度が一気に上がる。また、同時に微細化も進み、要求されるOPCの精度も上がるため、マスク上のパターン密度がさらに上昇する。これらの結果、一般的にEUVマスクのデータ容量は巨大化し、VSB描画装置では描画時間が長くなる傾向にある。また、マスク上の最小寸法も小さく低感度高解像度レジストを使用するため描画時間がさらに長くなる。この解決方法として、マルチ電子ビーム描画装置（Multi Beam Mask Writer；MBMW）がEUVマスクでは主に使用されている。MBMWでは約26万本の微小成型ビームを制御しラスター諧調描画することで、パターン密度によらず高ドーズ高解像の描画が可能となっている。

図2にIRDSロードマップ[1)]から、最小寸法に関連した項目をピックアップしてまとめた。

"MPU/Logic" Year of production	2020	2022	2025	2028	2031
Logic Industory "Node Range" labeling	"5nm"	"3nm"	"2nm"	"1.5nm"	"1.0nm eq"
Logic device structure options	FinFET	FinFETLGAA	LGAA	LGAA	LGAA-3D
MPU/ASIC Minimum metal 1/2 pitch (nm)	15	12	10	8	8
Metal CD control (3 sigma)(nm)	2.3	1.8	1.5	1.2	1.2
4x Mask minimum 1/2 pitch (nm)	60	48	40	32	32
4x Mask SRAF resolution (1/2 of 1/2 pitch)(nm)	30	24	20	16	16

図2　微細化ロードマップ（IRDSより抜粋）

2020年のロジック5nmでは配線hp15nmが、2022年のロジック3nmではhp12nmが必要とされている。すなわちEUV露光でも既にこれらの世代に複数回パターニングが必要と言われている。また、より低いk_1でのプロセス裕度を確保するためにDUVと同様に超解像技術の一つである補助パターン（Sub resolution assist Features；SRAF）も必要とされており、本パターンの半分以下の寸法とすると、ロジック3nmでもマスク上24nm以下の解像度が必要となりこれを先述のEB直描リソグラフィで実現しなければならない。このような解像度と同時に、メインパターンの各種寸法や種々の形状を高精度にコントロールすることがすなわちEUVマスクに求められる仕様となる。

1.3 EUVマスク基板への要求仕様

露光方式の変化により、EUVマスクへの変革点に加えて、EUVブランクにも種々の仕様要求がある。詳細は次節のEUVブランクの解説に譲るが、露光装置から見た要求について説明する。最初のポイントはフラットネス（FN）要求が高くなっている。式4は式3と同様にリソグラフィのウエハ面での焦点深度（Depth Of Focus ; DOF）を求める式である。

$$DOF = k_2 \cdot \lambda / (NA)^2 \qquad (式4)$$

DUV露光の最終世代であるNA＝1.35のArF液浸リソグラフィでは、式1の液浸材料のn＝1.44とし、k_2＝0.5と仮定すると、DOF≒110nmとなる。これがNA＝0.33のEUV露光では、真空のn＝1とし、同様にk_2＝0.5と仮定して、DOF≒64nmと約半減する。4倍体のフォトマスク表面のFNによるウエハ焦点面の変動の影響は2乗で効く為、光路長に対してDUVマスクは1/16の影響がある。しかしEUVマスク上で露光光は反射されるため、FNの影響は光路長に対して2倍効いてしまう。これらを考え併せてEUVブランクに要求されるFNはDUVマスクの何倍も厳しくならざるを得ない。

それと共に、EUV露光装置は真空チャンバー内に裏面を静電チャックで吸着させてマスクを保持する機構であるため、裏面に異物を挟み込むと表面FNに影響が出るため、裏面異物に対しても規格が設けられている[2)]。

さらに、反射光学系であるため、反射ミラーを構成する多層膜の平面の不完全性（表面粗さ）が迷光となって結像後のコントラストを劣化させる恐れがあるため、ML形成前の基板は、FNはもとより高い平滑性も求められ、成膜中の各層の平滑性も同様であり、一般的にはEUVグレードと呼ばれる表面精度となっている。

1.4　遮光帯（Black Border ; BB）

露光装置では、ステップアンドスキャン動作によりウエハ全面を露光する。その際に隣り合った領域への露光光のカブリを低減するために、DUV用ではハーフトーン位相シフトマスクに遮光帯と呼ばれる低透過率領域が有効エリアの外周に配置されている。EUVマスクは、一般的なTa系吸収体の反射率が1～2％程度あるため、同様に外周部を遮光する必要がある。EUVマスクの場合は特にこれをBlack Borderと呼んでいる。EUVレジストはEUV光だけでなくDUV光にも感度を有しているため、両波長帯の光に対して十分に低反射化するために、吸収体とMLを全てエッチングで除去するML掘り込み型BBが主に採用されている[3)]。

1.5　EUVペリクル

元々EUVマスクは、その開発の歴史で少しでもスループットを落とさないためにもペリクルを使わない前提での開発が進められてきたが、量産で欠陥増加を嫌う工程にはEUVペリクルが使用されていると言われている。ペリクルのメンブレンに対する要求としてEUV光に対する高い透過率が求められ、ASMLを中心に量産用EUVペリクルの開発が進んでおり、近年では透過率90％に近いところまで実用化が進んでいる[4)]。それでもEUVマスクは反射型であるため2回ペリクルを通過するためそのエネルギーロスは無視できず、また、受けたEUV光のエネルギーはメンブレンに吸収されるため熱変形や破壊の恐れもあり放熱の工夫が必要である。今後もスループット改善の為、またパターンの高解像化の為、EUVレーザーパワーの向上が間断なく行われるため、引き続き透過率の改善および放熱効率の改善が求められている。

2. EUVマスクの製造工程

EUVマスクの製造工程と装置開発は、従来から存在する光マスク製造装置を可能な限り活用することで進められてきたため、基本的に先端DUVマスクの製造工程と似通っている。ただし、当然のように加工対象となる吸収体材料の違いや露光波長が異なることによる品質保証装置の違いなどから、EUVマスク専用の装置が必要となる。

一般的なEUVマスクの製造工程を図3に示す。各工程での主な役割について次に説明する。

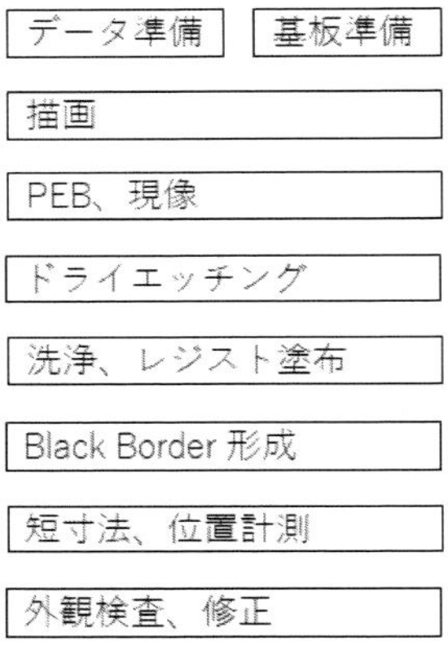

データ準備　基板準備
描画
PEB、現像
ドライエッチング
洗浄、レジスト塗布
Black Border 形成
短寸法、位置計測
外観検査、修正

図3　EUVマスク製造工程図

2.1　データ準備工程（Mask Data Preparation；MDP）

得意先より支給されるマスクデータは一般的に、設計関係のソフトウエアで使用されるGDSIIまたはOASISデータフォーマットが用いられており、パターンデータと設計レイヤの定義と配置情報に基づいて、受注したマスクショップにてEB描画データに変換処理される。その際に、マスク加工や検査に問題が発生しないかどうかをチェックするMRC処理や、マスク加工時の寸法変化を補正するMPC処理を追加する場合がある。

2.2　描画現像工程（レジストプロセス）

上記で準備された描画データを用いて、ブランクベンダーより購入したブランク上にマスクパターンを描画する。先端フォトマスクの品質のカギとなる指標は、パターン寸法の解像性と制御性および位置精度である。これらを実現するために、レジスト材料の選定、EB描画装置の描画パラメータの最適化および各種補正機能の適用が試みられる。描画後、レジストタイプに合わせて、PEB、現像処理されレジストパターンが形成される。

2.3　エッチング工程

EUVマスクの吸収体を加工する際のドライエッチング装置は、DUVマスク加工用の装置が活用されているが、DUVマスクと異なる材料を加工するため専用装置としている場合が多い。ドライエッチングによる条件最適化の際に注意すべき点としては、異なったパターンカテゴリーに対して断面形状が安定していることが望まれる。先述の通りマスク3D効果が顕著に現れるEUVマスクにおいては、OPCが正確に機能するためにより一層の断面形状の安定性が求められる。また基本的な注意点として、吸収体直下にあるMLを保護するためのRu（金属ルテニウム）キャップ層に、その後の洗浄工程も含めてダメージを与えない事が重要である。過去の吸収体やキャップ層の材料選定の歴史の中から、現在最適な組み合わせとして、Ta系吸収体とRuキャップ材が選択されて実用化に至っている。

2.4　計測・検査・修正工程

短寸法計測はDUVマスクと同様に測長SEM（CD-SEM）が用いられている。光マスクに対して、EUVマスクは吸収体の膜厚が薄く、また材料コントラストも取りにくいために再現性が悪くなる傾向にあるが、それでも各種パラメータの最適化によって同等の再現性を確保できている。今後の微細化や後述するILT化により計測に対する要求は強まるばかりである。

長寸法計測も同様にDUV波長の位置精度測定機が使用されている。ただし最近ではインダイのパターン計測の要求があるが、EUVマスクパターンはDUV波長では解像できないため他の計測原理による位置精度測定に対する開発も必要となっている。

外観検査も同様に、実用化されているDUV検査装置ではマスクパターン自体、および検出が必要とされているサイズの欠陥に対する解像度が不足しており、充分な感度で検査保証ができない。特にMLの凹凸等の位相欠陥は原理的にも検出できず、ブランク検査の段階でこのような位相欠陥を検出しておいてアライメント描画で欠陥を吸収体の下に隠してしまう方法も検討されている[5)]。このような問題を打開するためにEUV光源によるActinic外観検査装置も市販されペリクル貼付後の保証機としても期待されている[6)]。また、DUVより解像度の高いSEM型外観検査装置も複数のベンダーで開発が進んでいる。このようにEUVマスクの外観検査装置は現在も発展段階にある。

修正工程は、市販されているEB修正装置にて修正条件を最適化することで、現在のTa系吸収体に対しては良好な条件が見出されている[7)]。

欠陥部および修正部位の品質保証にはEUV-AIMSが市販されているが、装置価格が高価であるため、より簡便な光学系を持った代替装置の開発が進んでおり、EUVリソグラフィの普及期における代替技術として注目されている。韓国E-SOL社の装置は市販化まで熟成が進んでおり[8]、また国内では兵庫県立大学のCSM顕微鏡がEUVマスクの位相情報を検査可能としており[9]、位相欠陥の評価および後述する位相シフトマスクの位相評価に適用が期待されている。

3. 次世代EUVマスクの開発課題

次世代露光装置として2025年以降に適用が見込まれているのがHigh-NA露光装置（NA＝0.55）である。この露光装置の目指す解像度はhp10nm程度から最終的にはhp8nmを目指している。このhp8nmに対してはマスク寸法が4倍体で32nmと、膜厚との対比で、アスペクト比で2程度となり、先述のシャドーイング効果の影響で水平パターン開口部からの反射光量低下が顕著となり転写性能が劣化してしまう。これを回避するためにはマスクの倍率を上げることが近道であるが、そうすると露光フィールドが小さくなりスループットが下がってしまう。様々な検討の結果、垂直パターンは4倍体のままで水平パターンは2倍の8倍体とすることで、このシャドーイング効果による転写性能劣化を回避している。この結果、露光フィールドがスキャン方向の半分になり、光線の斜め入射角度は主光線で約5.3度と逆に小さくなっている[10]。先ほどのマスクに対するNA広がり角度で確認すると、スキャン方向に対して最大9.3度と小さく抑えられており、スキャン方向と直行方向でも最大角度は7.9度となっている。このように最大角度を現状と同程度以下に抑えることで、ML反射率の入射角依存性が問題とならないように倍率が決定されている。

3.1 微細化の追求（解像度の向上）とさらなる複雑化への対応

先述の通り最終的な達成解像度はhp8nmであり、垂直パターンは4倍体で32nm、水平パターンは8倍体で64nmとなる。SRAF寸法は半分として垂直パターンでは16nmと非常にチャレンジングな解像度がマスク上で求められる。また、変倍率であることから例えば正方形のコンタクトホールが長方形のデザインとなる。特に短辺寸法を計測する際に計測エッジの十分な情報が得られず計測再現性の問題が懸念される。これらの微細パターンに対する計測もチャレンジであり、もはやウエハ計測の寸法に達していることから、ウエハ計測のノウハウをマスク計測に採用検討が必要と考えられる。

さらにマスクの最適化という意味では、OPCを発展させ曲線パターンを多用するインバースリソグラフィ技術(ILT)の適用が重要味を増している。MDPの観点からみると、曲線パターン形状を従来フォーマットの多角形で表現すると先述のMRC処理やMPC処理に膨大な時間がかかるなどの問題が提起されている。効率よく正確にこれらの曲線パターンを表現するためのパターンデータフォーマットの見直しも標準化団体で検討が進んでおり[11]、このような問題が改善されることが望まれている[12]。

また基板のFN仕様もさらに高い精度が求められる。式4から、k_2＝0.5として、NA＝0.55とすると、DOF≒22nmとNA＝0.33時と比較して半減以下となり、マスクに対する精度要求が厳しくなる。ただし長手方向であるスキャン方向に対してはマスク上倍率が大きいためその2乗分緩和される。これらを加味したFNの要求仕様は、ASML社よりレチクルマニュアルとして規定されている[13]。

3.2　新材料（位相シフトマスク）の適用

次世代に要求されるパターンはさらに縮小されるため、EUVマスクの吸収体に求められる性能としては、より薄くよりコントラストが上げられることが求められる。現在一般的に用いられているTa系吸収体では、膜厚を薄くするとEUV光の吸収能力が不足してコントラストが低下する。これらの問題を解決するために新たな吸収体材料が求められている。このような新たな吸収体材料の開発方向性として欧州コンソーシアムimecから提唱されている[14)]。図4はEUV波長に対する各種金属元素の屈折率と消衰係数の関係をプロットした物であり[15)]、現在主流となっているTa系材料（図中の破線円）から見て、kが大きい材料は、High-k材料としてより膜厚を薄くしてマスク3D効果を小さくできる効果が期待される。また、同様にTa系材料から見て、nが小さい領域の材料は、Low-n材料として位相効果を持たせた位相シフトマスク材料としての各種効果が期待される。また、同様にnが1に近い材料は、明部と暗部の位相エラーが少ないことから安定した転写性能が期待される。

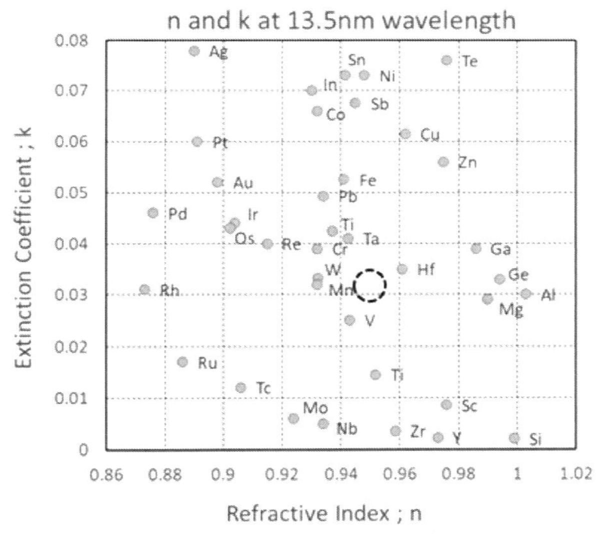

図4　EUV波長のn, k マップ

新材料に対する期待は、EUV露光装置で転写した際の像質の向上（NILSの向上、MEEFの低減）と露光量の低減が主な動機となるが、これらを満たすものが位相シフトマスクである。Low-n材料は、ハーフトーンタイプで位相効果を発揮することでマスク開口部が大きくなりコントラストの向上と併せて露光量を低く抑えることができる。つまりコンタクトホールのポジプロセスなど転写が厳しく高Doseが求められるプロセスでスループットが改善できることが期待されている。ただし副作用として、位相の影響で異なるピッチパターンでのフォーカス位置の変動による共通プロセスウインド（PW）の減少が懸念材料としてあげられるが、これらの問題は現在のTa系材料でも問題とされるところでもあり、求められるパターンデザインに対してどのような材料が最も有効であるかの判断が今後の実用化のカギとなる。これらの新材料は、High-NA露光装置だけではなく、理論上従来のNA＝0.33の露光装置にも適用が可能であり、従来NAの露光技術の延命にも期待がされている。

3.3 スティッチング露光への対応

先ほど述べたようにHigh-NA露光装置では露光フィールドサイズが半分となる。メモリや小サイズチップ半導体ではこの半分の露光フィールドに合わせた面付けレイアウトによって大きな問題無くHigh-NA露光装置が適用されると考えられるが、高性能CPUやFPGAなど1チップに大規模な回路を配置する場合はこの露光フィールドに収まらずに、つなぎ露光つまりスティッチング露光が必要となると考えられている。これをマスクへの課題とした場合、スティッチング領域のマスクデザインの検討やBBのエッジ位置精度などが検討課題としてあげられる。

さらにこのスティッチング露光を避けるために、マスクの有効面積を大きくしてつなぎ露光をしなくても済むような提案がされている[16)]。具体的には300mmウエハを使用して、8倍体の縦264mm、4倍体の横104mmのフルフィールドが1枚のウエハ上に形成できるとしている。ただし、この実現のためには現在6インチマスクサイズで運用されているブランク成膜装置や描画装置をウエハタイプに変更する必要があり、これらのインフラ投資には巨額の開発費がかかることが予測されており、今後の需要と顧客要求によってこの提案が実用化に向けて進むかどうかが決まると考えられる。

3.4 高透過率EUVペリクルの開発

先述の通りさらなる微細化が求められるHigh-NA露光装置には光源出力500W以上が必要とされている。この高エネルギーEUV光下で異物の防御と放熱性を保つためには、金属薄膜ではない別の材料が必要と言われている。その候補が欧州コンソーシアムimecが提案しているカーボンナノチューブを膜状に整形しメンブレンとしたCNTペリクルである[17)]。CNTペリクルメンブレンはそれ自体で97％の透過率と5μm以上の異物防御能力と非常に良好な特性を持っているが、EUV露光装置内のミラー光学系のカーボンコンタミを防ぐための水素ラジカル環境では自身のカーボンが徐々に分解されてメンブレンとして維持できなくなる。これを防ぐために保護膜のコーティングが検討されているが肝心の透過率が下がってしまう。このように、透過率と水素ラジカルへの耐久性という相反する特性に対しての最適化の開発が進められている。

おわりに

ようやく実用化されたEUVリソグラフィ技術は、採用から間もなくHigh-NA露光装置開発と間断無く開発が進められている。この先の提案については、短波長化やさらなる高NA化が議論されているがまだ具体的な開発方針は公開されていない。また技術ロードマップ上もリソグラフィ自体の微細化は2028年のロジック1.5nmノード以降は、クリティカルレイヤの2次元方向の最小ピッチの微細化は止まっているように読み取れる。今までも何度も存在した解像度の限界をいよいよ迎えて、More Mooreの追求によって3次元集積度を上げていくのか、または今後のブレークスルーにより新たな微細化へと突き進むのか、それを支えるマスク技術開発動向にも今後とも注目していく必要がある。

参考文献

1）https://irds.ieee.org/editions/2021/lithography, https://irds.ieee.org/editions/2022/irds%E2%84%A2-2022-lithography

2）ASML, "RETICLE DESIGN MANUAL, EUV Reticles for TWINSCAN NXE Systems", Document ID ; 50338, Issue date ; 27 Jul 2021, Issue ; 17.

3）Takashi Kamo, *et al.*, "Dependence of lithographic performance on light-shield border structure of EUV mask", EUVL symposium, MA-05, Oct 2010.

4）Guido Salmaso, *et al.*, "A new generation EUV pellicle to enable future EUV lithographic nodes at enhanced productivity", Proceedings Volume 11854, International Conference on Extreme Ultraviolet Lithography 2021; 118540R (2021).

5）Takashi Kamo, *et al.*, "Defect Management of EUV mask", Proc. SPIE 8441, Photomask and Next-Generation Lithography Mask Technology XIX, 844118 (29 June 2012).

6）Hiroki Miyai, *et al.*, "Actinic patterned mask inspection for EUV lithography," Proc. SPIE 11908, Photomask Japan 2021: XXVII Symposium on Photomask and Next-Generation Lithography Mask Technology, 119080H (23 August 2021).

7）Britt Turkot, *et al.*, "EUV progress toward HVM readiness", Proc. SPIE 9776, Extreme Ultraviolet (EUV) Lithography VII, 977602 (18 March 2016).

8）http://euvsol.webmoa21.co.kr/sub/product/srem.php

9）Tetsuo Harada, *et al.*, "Phase Imaging of Extreme-Ultraviolet Mask Using Coherent Extreme-Ultraviolet Scatterometry Microscope", 2013 Jpn. J. Appl. Phys. 52 06GB02, DOI 10.7567/JJAP.52.06GB02

10）Lars Wischmeier, *et al.*, "High-NA EUV lithography optics becomes reality," Proc. SPIE 11323, Extreme Ultraviolet (EUV) Lithography XI, 1132308 (23 March 2020).

11）https://www.semi.org/jp/standards-watch-2021sept/new-curvilinear-format-tf

12）Kokoro Kato, "Verification methods for curvilinear and real-curve geometries", Proc. SPIE PC12325, Photomask Japan 2022: XXVIII Symposium on Photomask and Next-Generation Lithography Mask Technology, PC123250D (15 September 2022). (to be published)

13）ASML, "RETICLE DESIGN MANUAL, EUV Reticles for TWINSCAN EXE Systems", Document ID ; 51416, Issue date ; 25 Jan 2022, Issue ; 1.

14）Vicky Philipsen, *et al.*, "Novel EUV mask absorber evaluation in support of next-generation EUV imaging," Proc. SPIE 10810, Photomask Technology 2018, 108100C (10 October 2018).

15) B. L. Henke, E. M. Gullikson and J. C. Davis, "X-ray interactions: photoabsorption, scattering, transmission, and reflection at E = 50-30000 eV, Z = 1-92," Atomic Data Nucl. Data Tables, 54 181–342 (1993).
16) Mark C. Phillips "0.55NA EUV progress towards production in 2025", Proc. SPIE PC12051, Optical and EUV Nanolithography XXXV, PC1205101 (13 June 2022).
17) Ivan Pollentier, *et al.*, "The EUV CNT pellicle: balancing material properties to optimize performance," Proc. SPIE 11323, Extreme Ultraviolet (EUV) Lithography XI, 113231G (23 March 2020).

第5章　EUVリソグラフィとフォトマスク・ペリクル

第2節　反射型マスクブランクの製造方法

HOYA株式会社　笑喜　勉

はじめに

EUVリソグラフィは、1986年に縮小投影系にて露光イメージが実証されてから[1]、約30年間様々な課題の解決に向けた開発が行われ、2018年より先端ロジックの量産が開始されている。EUV露光による最大のメリットは微細化であり、光リソグラフィでは解像できない20nmhp（Harf pitch）以下のパターン形成が可能で、メモリ（DRAMなど）の量産にも展開している。ArF液浸リソグラフィはマルチパターニングとの組み合わせでスループットが大幅に低下するが、EUV露光は、シングル露光にて工程数が削減でき、低コスト化も期待できる技術である。リソグラフィ技術の実用化のためには、高精度・無欠陥マスクの実現が不可欠となり、露光世代に応じて、その要求を満たす基板やマスク材料の開発や品質改良が鋭意実行されてきた。

EUV露光用マスクは、光リソグラフィ用マスクとは大きく異なり、新しい材料や工程が必要となる。図1に、EUV露光機に装着されたマスク（EUVマスク）の断面構成と主要な要求特性を示す。光源となるEUV光（13.5nm）は、すべての材料を吸収し透明な材料が存在しないため、光リソグラフィで使われている透過型のマスクは実現できず、EUVマスクは、EUV光を反射する多層膜を用いた反射型となる。EUV光を効率良く反射させるために、Mo（モリブデン）とSi（シリコン）を積層した多層構造で屈折率差による多重干渉を利用した反射基板と、その上にEUV光を遮光させる吸収体パターンが形成された構成となる。多層膜は、EUV光の反射率特性をマスク作製工程（吸収体エッチングやマスクパターン欠陥修正など）で劣化させないことが必要となり、保護膜としてキャップ層が多層膜上に形成される。キャップ層としては、マスク工程に対して優れた耐性を有するRu（ルテニウム）が有効に使われている。吸収体は、Ta（タンタル）系の材料がマスクの総合的なパターニング特性（パターン形状やパターン幅制御など）に優れており、幅広く使われている。ガラス基板は、先端の光ブランクスと同じ6025規格（6025：6インチ角、0.25インチ厚み）で、露光中の熱歪みを最小限に抑えるために、ゼロ膨張ガラスと呼ばれる低熱膨張ガラス材料（LTEM：Low Thermal Expansion Material）が使用される。露光は真空中下で行われ、マスクは、裏面に形成した導電膜を介し、静電チャックステージに固定される。導電膜として、CrN（窒化クロム）やTaB（ホウ化タンタル）が使用される。露光光は、マスクへの入射光と反射光を分離するために、マスク面に6°の角度で入射される。パターン形成前の基板をマスクブランクス（マスク基板）と呼び、図2に示すように、ガラス基板を加工し（サブストレート）、その後、表面に多層膜とキャップ層、吸収体層、裏面に導電膜を成膜し、表面にEB（Electron Beam：電子線）レジストをコートする工程で製作される。EUVマスクブランクスに対する重要な要求特性として、①高平面度ガラス基板（＜30nmPV、両面）、②ゼロ欠陥多層膜（≤20nm感度）、③高EUV反射率（＞65％）などが挙げられる。いずれもEUV露光特有の要求であり、平面度（フラットネス）と欠陥は、現行の光学マスクブランクスと比べても、非常に厳しい特性が要求されている。本書では、EUVブランクス作製技術の基礎として、要求されている特性とその特性を実現するための製作工程について紹介する。

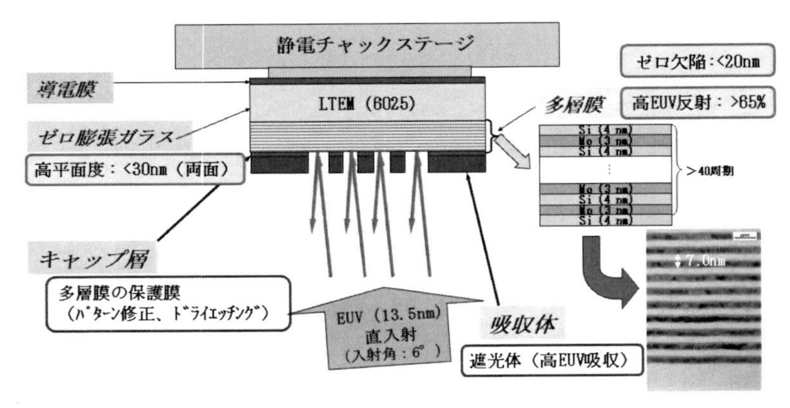

図1　EUVマスクの構造と要求特性

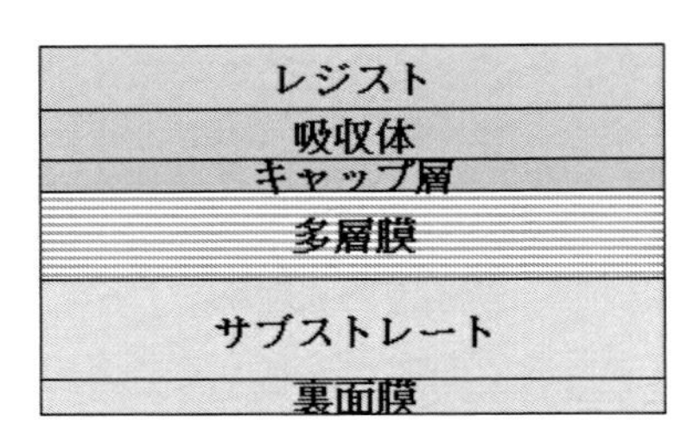

図2　EUVマスクブランクスの構成

1.　ガラス基板材料

ここでは、マスクにおけるガラス材料の変遷とEUVマスクブランクスに用いられるガラス材料について紹介する。光リソグラフィ用マスク（光マスク）は、透過型であるため、露光波長で透明な材料を使用する。また、マスク工程や露光工程に適用できる材料選定も重要となる。マスク製作では、パターン加工性や洗浄に使われる薬品（硫酸系の酸、アンモニア系のアルカリなど）への耐性が求められ、露光では、光照射による耐光性なども求められる。光リソグラフィにおいて、Hg（水銀）ランプの光源を用いたg線（436nm）及びi線（365nm）露光の時代には、ソーダライムガラスやアルミノシリケートガラスなどの多成分光学ガラスが用いられてきたが、KrF（248nm）やArF（193nm）エキシマレーザーによる高輝度のDUV（紫外線）露光に用いるフォトマスクでは、低熱歪みと露光波長域での高透過率を達成するために、合成石英が使用されている。また、結像性能に影響する耐光性、屈折率均一性や低複屈折など光がガラスを通過する上での特性が要求されている。EUVリソグラフィでは、EUV光が大気中の酸素や窒素を吸収するために真空中露光となり、マスク基板を効率よく冷却するのが難しくなり、露光時の温度上昇がマスク基板の熱膨張によりパターン位置ずれが発生しオーバーレイ（重ね合わせ）精度の悪化を招く。そこで、熱歪みを最小限に抑えるために、石英よりさらに熱膨張率の小さい基板が求められている。EUV光は、透過しないため光学的に透明なガラス基板には限定しないが、表面粗さやフラットネスを制御する研磨工程に適用するためには、光マスクで実績のある石英をベースとしたガラス基板が適している。そこで、ゼロ膨張ガラスと称して、TiO_2（酸化チタン）をドープしたSiO_2（酸化シリコン）ガラスがEUVマスク用基板として採用されている。表1にゼロ膨張ガラスとしてコーニング社のULE®と合成石英の特性を示す。熱膨張係数（Coefficient of Thermal Expansion：CTE）は、SEMIスタンダードにて、0±5ppb/℃（温度領域：19～25℃）が要求されており、石英ガラス（500ppb）より1/100の低熱膨張特性となる[2]。TiO_2ドープSiO_2ガラスは、合成石英と同じCVD法により、TiO_2を7％程度ドープし、TiO_2が有する負の熱膨張特性を利用して、SiO_2の正の膨張を相殺し熱膨張をゼロ近くに制御したアモルファスガラスであり、密度、ヤング率、屈折率は、合成石英と近い特性を有している。このようなゼロ膨張ガラスとして、コーニング社とAGC社が製造を行っており、5ppbのCTE特性を実現できることが報告されている[3,4]。

表１　ガラス基板の特性

Properties	Unit	LTEM ULE® (Corning)	Quartz	SEMI Standard
Composition		SiO_2 doped with TiO_2	SiO_2	
Structure		Non-crystalline	Non-crystalline	
Coefficient of thermal expansion	ppb/℃	0±5（19-25℃） ＜6（Range）	500	Mean 0±5（19 - 25℃） ＜6 (Range)
Density	g/cm^3	2.21	2.21	2.1-2.6
Elastic modulus	GPa	67.6	73.1	65-91
Refractive index		1.48	1.46	1.4-1.6

2.　サブストレート加工プロセス

EUVマスク用のサブストレートへのフラットネス要求と加工工程によるフラットネス品質と開発経緯を紹介する。EUVマスクブランクスの開発が本格化した2000年初頭は、ITRS（International Technology Roadmap for Semiconductor）ロードマップに基づいた要求特性が開発目標となっていた。図3にITRS2007において各技術ノード（ウエハ上パターン幅）で要求されるマスク基板のフラットネスを光マスクとEUVマスクについて比較する[5]。開発初期は、22nmhp世代への適用が目標となっていた。光マスクでは、フラットネスはパターン面となるマスク表面のみで規定され、露光時の焦点深度に影響を与えないことが求められ、22nmhp世代では、約90nmPV（Peak to Valley）が要求されていた。一方EUVマスクは、30nmPVのフラットネスが両面で要求されていた。EUV露光においても焦点深度によるフラットネスへの影響要因は存在するが、EUV光は、6°の入射角により照射されるため、この斜め入射光がマスク面のフラットネスエラー（d）によりウエハ面での位置ずれ(IPE）を引き起こし、焦点深度より大きな影響を及ぼす（図4）。この現象はEUV露光特有で、IPEとdの関係は、$IPE = d \times \tan\theta / M$となり、ここでMは倍率、$\theta$はEUV光の入射角度である。EUV露光における入射角度が6°（$\theta = 6$）、倍率が4倍（M＝4）のとき、例えば16nmhpパターンで要求される18nmのフラットネスエラーは、ウエハ面で約0.47nmの位置ずれが生じる。このような位置ずれは、重ね合わせ精度（Overlay）の悪化を引き起こす。ウエハ上でのOverlayの影響度は、露光・マスク・プロセスなどの要因に分かれる（図4)。実際、16nmhp世代でのウエハ上でのOverlay要求は、3.4nmで、マスクの位置ずれ（Image placement）は、1.9nmが要求されており、EUVマスクのフラットネス要求値（18nmPV）は、露光プロセスに必要な重ね合わせ精度から振り分けたマスク起因の位置ずれ要求値（1.9nm）の約25％に相当する。さらに、EUVマスクは、裏面を極平坦な静電チャック面で保持し裏面が基準面となるため、裏面も表面と同等のフラットネスが要求されている。つまり、EUVマスク基板は、光マスクより約4倍平坦なフラットネスが必要で、かつ両面で達成する加工工程が必要となる。

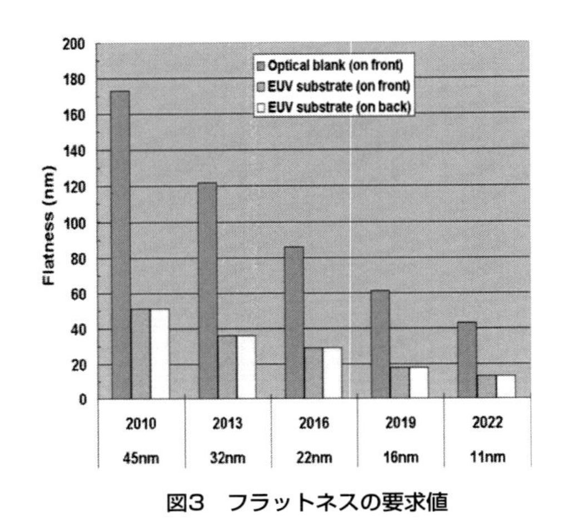

図3　フラットネスの要求値

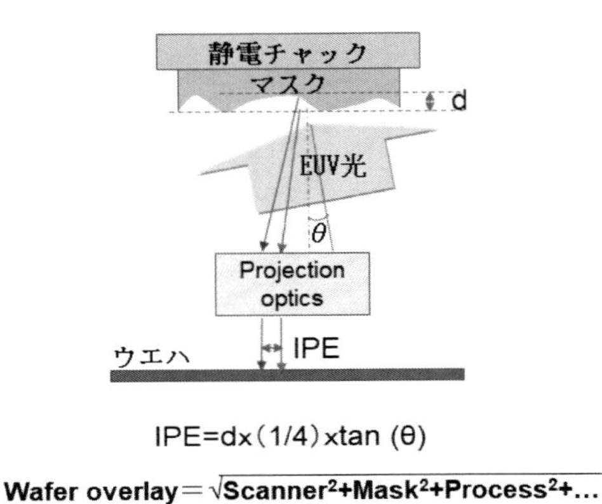

図4　マスクフラットネスと位置ずれの関係

次に実際の加工工程によるサブストレートのフラットネス特性の制御方法について紹介する。現行の光マスク用サブストレートは、量産性の高いグローバル研磨法を用い、複数の基板を両面全面同時に研磨する。しかしながら、この研磨法は、基板面内及び基板間の研磨レートを均一に制御することに限界があり、基板面内で100nmPV以下のフラットネスを再現良く製作することは困難となる。そこで、EUVマスク用サブストレート作製のために、局所加工技術を開発している。局所加工は、NC（Numerical Control：数値制御）による修正加工とも呼ばれ、基板のフラットネス計測データを使い、局所的な表面形状に応じて、加工量を決めるために加工条件（加工スポットサイズや加工時間など）を精密に制御する方法である。加工方法は、イオンビーム法、メカニカル研磨、プラズマエッチングなどが、主には光学ミラーへの応用として実績がある。EUVサブストレートのフラットネス品質は、局所加工を適用した加工工程の開発を進め、30nmPV以下の品質を達成している（図5）[6]。近年は、KPI（Key Performance Indicator）というフラットネスパラメーターで、露光特性（OverlayやFocus等）を予想することで、より現実的なフラットネスを管理する手法がASMLより提案されている[7]。基本的なフラットネスへの要求原理は変わらず、今後の微細化に伴いフラットネス要求はさらに厳しくなり、加工工程の継続改善を進めている。

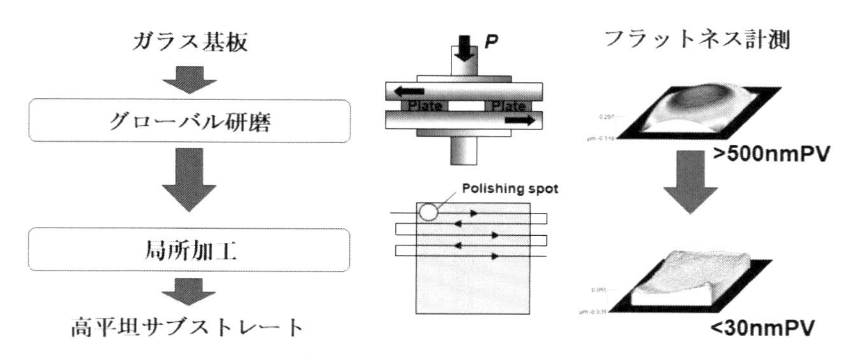

図5　高平坦度サブストレートの加工工程

3. 多層膜

多層膜は、高平坦サブストレート上に、スパッタリング法によりSi（約4nm厚）とMo（約3nm厚）を交互に40対（周期）と最上層にSiを積層し、さらにRu膜（キャップ層）を形成し、品質（EUV反射率や欠陥）の検査を行い、さらに後述するように吸収体と裏面膜を成膜して、EUVブランクスが完成する（図6）。Siは、最も吸収係数が小さく（$k=0.002$）屈折率が1に近い（$n=0.999$）材料で、Moは低吸収係数で屈折率が小さい（$k=0.006, n=0.921$）材料である。この積層による屈折率差と低吸収材を利用して高反射率を実現する。しかし、各層に吸収が存在するために、積層数を増やしても反射率は飽和し、40対程度が現実的な周期数となる。Ruは、EUV光に対して透過率の高い材料であるが、Ru膜の形成により吸収（EUV反射率低下）を引き起こす。多層膜からの反射率の低下を最小限にするために、マスク工程で耐性を確保できる最小膜厚（数nm厚程度）のRu層を適用している。図7に典型的なRuキャップ付多層膜のEUV領域の反射率スペクトルを示し、中心波長（反射スペクトル幅の中心となる波長値）とピーク反射率（最大反射率）が制御すべき重要な特性になる。多層膜は、露光機の反射ミラーにも使われており、マスクの多層膜基板の中心波長は、露光機の反射ミラーの中心波長特性に高精度に一致させることで、露光時のウエハ面への光量が最大化する。中心波長は、基板間で13.53±0.02nm以下に制御する必要がある。中心波長は、多層膜の周期長（Mo層とSi層のトータル膜厚）とガンマ値（周期長に対するMo層の膜厚比）に相関があり、SiとMoの膜厚を精密に制御することにより、諸望の中心波長に調整することができ、基板間ではその膜厚を安定に制御する必要がある。例えば、中心波長が13.5nmの場合、周期長はおよそ7.0nmであり、中心波長を±0.02nmで制御するには、周期長を±0.01nm（7nm±0.15%）という高精度な膜厚制御が要求される。現状は、スパッタリングレートの精密制御技術の開発により、要求品質を満たす多層膜が製作可能である。また、ピーク反射率は、露光プロセスにおける露光量を決める因子で、露光量の変動はパターン幅の変動を引き起こす。そのため、基板面内（露光領域内で）では0.3%以下の均一性が要求されている。多層膜の膜厚分布がピーク反射率分布の主要因であり、0.1%程度の均一な膜厚制御を実現し、要求されるピーク反射率性能を達成している。Mo/Si多層膜のピーク反射率の理論値は73%程度であるが、これは2つの材料の屈折率と吸収率だけで計算された理想的な構成であり、実際は、界面に存在する拡散層とその膜厚、表面粗さ、膜密度（バルクとの差）などにより低下する。今後、膜質（拡散層など）の改善などにより、ピーク反射率のさらなる向上を進めている。

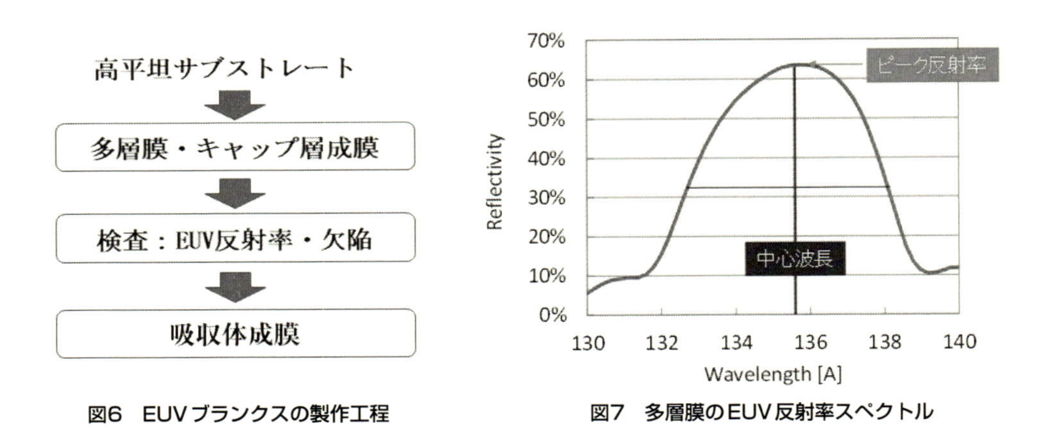

図6　EUVブランクスの製作工程　　**図7　多層膜のEUV反射率スペクトル**

多層膜ブランクスの欠陥は、132×132mmの最大露光エリアでゼロ個が要求されている。対象となる欠陥サイズは、ITRS2011によれば、16nmhpで26nm（PSL粒子サイズ）となっている。ゼロ欠陥の要求は、多層膜欠陥を修正することが困難であることによる。多層膜基板には、いろいろな欠陥が存在するが、大きくは振幅欠陥と位相欠陥に分かれる。振幅欠陥は、多層膜上あるいは膜中の異物で、多層膜の反射を阻害する欠陥となる。位相欠陥は、基板上の微小な凹凸欠陥に起因した多層膜の凹凸欠陥であり、周期性（反射率性能）を維持し、微小な高さの変動が多層膜に存在するタイプで、シミュレーション結果によれば、数nmレベル以下の欠陥でも、180°の位相変化が発生する位相欠陥として、露光時の転写パターンの寸法を変動させる。このような欠陥高さによる位相変化は、露光波長に相関する行路差により発生し、EUV露光（13.5nm）は、現行のArF露光（193nm）と比べて10倍以上波長が短く、またEUVマスクは、反射により往復の行路になるため、20倍程度の低い高さが位相欠陥となる。例えば、図8の右図に示したように、線幅の10％の変動を許容すると、60nm幅で1nm高さの欠陥がクリティカルな位相欠陥となり、多層膜ブランクスは、いかにこの位相欠陥を減らすかが重要となる[8)]。また、このような微小な欠陥サイズの検出を目標に欠陥検査機開発も進められてきた。60nm幅で1nm高さの欠陥は、粒子径として20nmSEVD（Sphere Equivalent Volume Diameter）サイズに相当すると見積もられている。通常、光マスクブランクスの欠陥検査は、光学式の欠陥検査機を用いる。しかし、光学検査は、光の波長に応じた進入深さに応じて膜表層部のみの凹凸の異物を検出するため、膜中やサブストレート近傍の欠陥源にて、膜表面に凹凸を発生させない欠陥に対しては、感度がないという課題をもつ。EUV光は、多層膜に深く侵入して反射するため、膜中の微小な凹凸の変動を捕え、多層膜の位相欠陥の高感度な検出が可能となる。そこで、暗視野方式のEUV検査機がMIRAIプロジェクトで開発され[9)]、続いて、Seleteプロジェクト（2007～2011年）でフルフィールド検査を実証し、さらにEIDECプロジェクト（2011～2015年）にて、レーザーテックに開発委託をして、ABI（Actinic Blank Inspection）装置の完成に至っている。ABIは、図8の左図に示したように、

16nmSEVD（1.1nm高さ×40nm幅に相当）の感度を保有し、16nmhpプロセスに必要となる欠陥検査感度を満たしていることが実証されている[8)]。

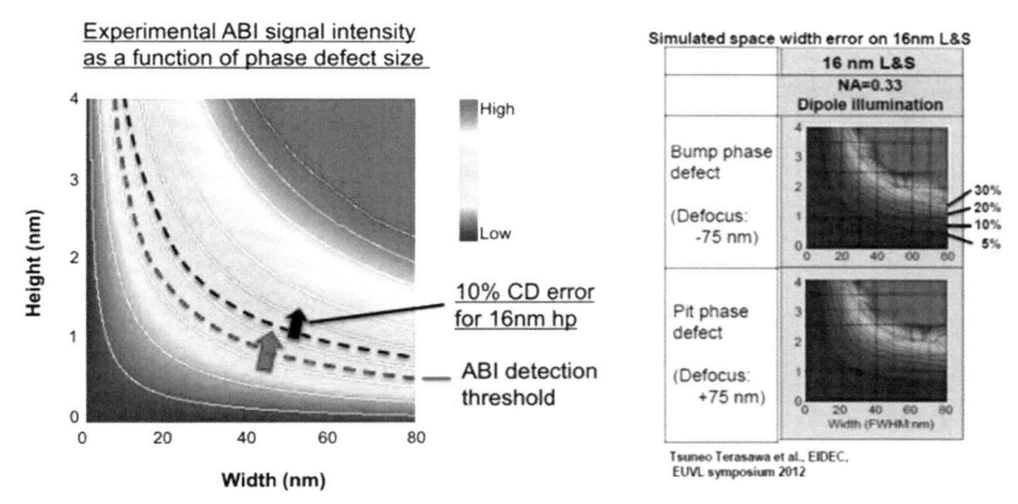

図8　位相欠陥のEUV露光によるCD変動とABI検査感度[8)]

次に多層膜ブランクスの欠陥について紹介する。ブランクスの欠陥低減改善活動は、欠陥検査機（ABIや光学検査）で検出された欠陥について、欠陥種を特定するために分析しその発生原因を解明し、その原因を改善するために製作工程にフィードバックする欠陥低減化サイクルを実行している。多層膜ブランクスには、いろいろな種類の欠陥が存在するが、図9に典型的な欠陥の断面TEM像を示す[10)]。多層膜中に発生する異物は、多層膜の積層構造を乱すため振幅欠陥となる。一方、欠陥の根源がガラス上に存在し、粒状異物である欠陥や数nm程度以下の高さの低い欠陥は、位相欠陥となる。これらの欠陥要因を特定し、それぞれ製作工程にて対策を講じることで欠陥低減化が進められてきた[5, 11)]。一方、残存した多層膜ブランク欠陥をマスク工程において吸収体パターン下に配置して、露光に影響しないように回避するプロセス（Defect Mitigation Process）の開発も進められてきた[11)]。このような工程を適用することで、残存するブランクス欠陥を回避し、マスク工程でゼロ欠陥を得ることが可能になる。この工程の実現には、ブランクス上にフィディーシャルマーク（Fiducial Mark）と呼ぶ基準のマークを形成し、欠陥を高精度に管理する工程が必要となり、フィディーシャルマークの形成を実用化している。また高精度な欠陥位置の検査が課題となるが、例えば、30nmの欠陥を16nmhpのパターン（マスク上で64nmライン）に隠すために、20nm（3σ）の位置再現性が必要となり、EIDECのプロジェクトにおいて、ABI検査が20nmの検出再現性を実証しており、ブランクス欠陥の回避工程に有効な検査機となる。

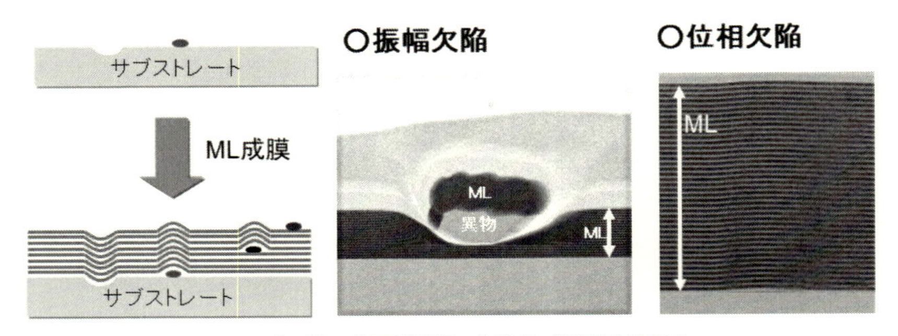

図9　典型的な多層膜基板の欠陥像（断面TEM像）

4. 吸収体

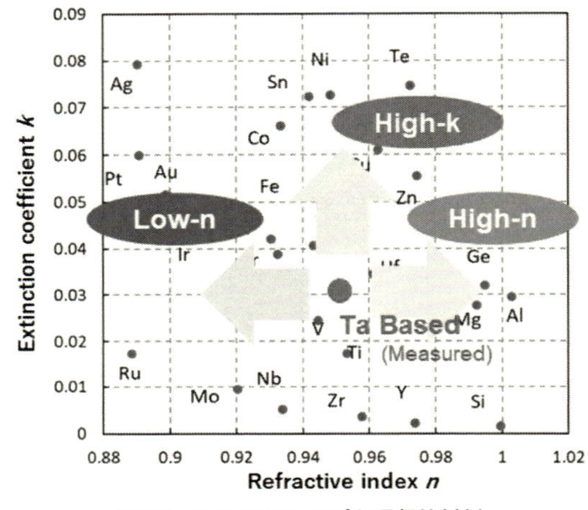

図10　EUV nkマップと吸収体材料

吸収体材料には、EUV光で高吸収な材料で、かつマスク工程にて微細加工が可能でマスク洗浄に対する耐久性などが必要となる。さらには、マスク欠陥修正やマスク検査に適用できる材料設計（構成）も要求されている。フォトマスクの吸収体としては、Cr（クロム）が幅広く使われてきたが、EUVマスク用吸収体としては、Ta（タンタル）系材料が微細加工性やCD（Critical Dimension）制御性に優れていることが検証され、提案されていた[13)]。具体的には、TaNやアモルファス材料であるTaBNなどが開発され、EUV露光の量産に適用されている[14)]。さらなる微細化（例えば13nmhp以降）に適用するために、吸収体の高性能化が求められており、新たな材料開発も進められている。図10は、EUV波長における屈折率nと消衰係数kのマップを示している[15, 16)]。現在のTa系吸収体膜は、$n = 0.95$, $k = 0.03$の光学特性を示している。このマップに示すように、3種類の新規吸収体候補がある。1つ目は、高い吸収性により薄い膜厚で低い反射率（高吸収）を得ることができるHigh-k材料である。マスクの3D効果（EUV光の斜め入射に起因した、パターンCDのエラー）を低減するのに有効である。2つ目はHigh-n材料である。真空に対する位相整合により、より位相影響を最小限にするができる。3つ目は、マスクの3D効果を低減する位相シフト効果を備えたLow-n材料（ハーフトーン型位相シフト材料）である。パターンエッジ周辺で高コントラストが得られる。そして、NILS（Normalized Image Log Slope）と呼ばれる転写像の質（コントラスト）の改善を可能にする。ハーフトーン型位相シフト マスクは、NILS向上とドーズ低減の組み合わせにより、他のタイプの吸収体よりもスループット改善に有利となる。このように次世代EUV露光用の吸収体材料として、実用化に向けた開発が進められている。

5. 裏面導電膜

裏面膜は、露光時の静電チャックにおける要求より、100Ω以下の導電性が必要で、開発初期よりCrNが広く使われてきたが、より静電チャック性能を改善する要求より、2017年以降Ta系の材料（TaB）も適用されている[12)]。表2に裏面膜への要求とCrN及びTaB膜の特性を示す。TaB膜は、CrNと比べて摩耗特性など機械的な特性が優れており、静電チャック部との接触・固定によるダメージ軽減に有効となる。

表2 裏面膜への要求とCrN及びTaB膜の特性

	Requirement	CrN	TaB
Sheet Resistance	<100 Ohm/sq.	Pass	Pass
Surface roughness	≦0.6nm Rms	Pass	Pass
Scratch test	Better than CrN	Pass	Pass (2× better)
Wear rate	Better than CrN	Pass	Pass (5× better)

おわりに

EUVリソグラフィ用のマスクブランクスは、光マスクブランクスと材料や構成が大きく変わり、ゼロ膨張ガラス、反射多層膜、キャップ層と吸収体、裏面膜で構成され、先端デバイスの量産に適用されている。EUV露光に起因した多くの厳しい要求に対して、各材料の開発や製作工程の最適化が進められてきた。ゼロ膨張ガラスは、露光時の熱歪み抑制に効果があり、熱膨張特性などの素材面は、実用的なレベルに達している。ガラス基板は、EUV光の斜入射によるウエハ上の位置ずれを低減するために、高フラットネス化が必要で、局所的な加工技術を駆使して、30nmPV以下のフラットネスを持つサブストレートが実現できている。今後の微細化に伴い、さらなる高フラットネス化が求められている。多層膜は、EUV光を効果的に反射するために、SiとMoで積層され、Ruからなるキャップ層で構成されている。EUV光の中心波長（<±0.02nm）を精密に制御するために、スパッタリング成膜にて高精度な膜厚制御技術が開発されている。多層膜ブランクスは、数nm以下の高さの位相欠陥の管理と低減が求められており、欠陥検査は、EUV光を用いた検査機（ABI）において、16nm感度が実現して、16nmhpプロセスで要求される感度を有する検査機が実用化されている。多層膜ブランクスの欠陥は、色々な形状とタイプがあるが、ABI検査で検出された欠陥原因を特定することにより、量産に適用できる品質に達成しているが、さらなる改善が進められている。また、残存する微小欠陥を吸収体パターン下に配置する欠陥回避工程の実現のため、欠陥の高精度管理のためのフィディーシャルマーク作製も実用化されている。吸収体材料は、Ta系の膜において、マスク工程や露光工程に適用できる特性を実現している。さらに、次世代の吸収体開発は進められており、今後の高解像度化や高性能化に適用する準備をしている。以上のように、EUVブランクスは、優れた材料と製作工程が開発され、課題となっていたフラットネス及び欠陥品質は、着実に改善が進み量産に適用できる

レベルに達している。今後、EUVリソグラフィのさらなる微細化や高性能化のために、EUVブランクス材料の改良や改善が進んでいくことであろう。

参考文献

1）H. Kinoshita etc. 日本応用物理学会、28-ZF-15(1986)

2）SEMI P37-1109 “Specification for Extreme Ultraviolet Lithography Substrates and Blanks” See http://www.semi.org

3）Corning: https://www.corning.com/jp/jp.html

4）AGC: http://www.agc.com/products/summary/1189843_832.html

5）International Technology Roadmap for Semiconductors, 2011 (ITRS2011); http:/www.itrs.net/Links/2011Update/FinalToPost/08_Lithography2011Update.pdf (as updated)

6）T. Onoue *et. al.,* EUVL Symposium 2015

7）John Zimmerman *et. al.,* PMJ 2019

8）H. Miyai *et. al.,* EUVL Symposium 2014

9）T. Terasawa *et. al.,* Proc SPIE 5446, 804 (2004)

10）T. Shoki *et. al.,* J. Micro/Nanolith. MEMS MOEMS 12(2), 021008 (Apr–Jun 2013)

11）J. Burns *et. al.,* Proc of SPIE vol. 7823 (2010).

12）T. Onoue *et. al.,* EUVL Symposium 2016

13）G.. Zhang *et. al.,* Proc SPIE 4889, 1092 (2002)

14）T. Shoki *et. al.,* Proc. SPIE 4754, 94 (2002)

15）Y. Ikebe *et. al.,* EUVL Symposium 2016

16）Fukasawa *et. al.,* PMJ2021 (2021)

第5章　EUVリソグラフィとフォトマスク・ペリクル

第3節　クローズドペリクルの開発

三井化学株式会社　小野　陽介・石川　彰

はじめに

フォトリソグラフィ工程では、マスクに描画されたパターンをウェハ上に結像し転写する。このとき、マスク上に異物が付着するとその形状がウェハ上に結像しパターン欠陥となる。マスク用防塵カバーであるペリクルを使用すれば、異物がペリクルに付着してもその影は焦点の違いによりウェハ上に結像せず露光欠陥とならない。このように、ペリクルを利用することでマスクへの異物の付着を回避し、欠陥発生を抑制できるため、ペリクルは半導体製造に不可欠な部材となっている。

EUVリソグラフィの量産化においても、EUVマスクへのパーティクル付着確率をゼロに近づけるためにEUVペリクルの利用が不可欠である。本節では現状のEUVペリクルのコンセプト、および我々が開発したクローズドペリクルの開発状況について紹介する。

1.　EUVペリクルのコンセプト

EUVペリクルの要求特性は、従来のペリクルとは大きく異なる。まず、リソグラフィ工程では高いエネルギーを持つ波長13.5nmのEUV光が用いられ、EUV光はあらゆる元素に強く吸収される。そのためペリクル膜の透過率を高めるには膜厚を極めて薄くする必要がある。さらにペリクル膜は露光中の耐熱性や化学的安定性、機械的安定性、清浄性なども要求される。また、膜に限らず、フレーム等の部材にも従来にない特性が求められる。具体的には、EUVペリクルは真空下で使用されるため、減圧時のペリクル内外の換気のために高い通気性が、またEUV露光時のマスクへの汚染防止のために低アウトガス特性が要求される。EUVペリクルを実現するためには、これらのEUVリソグラフィの特性を理解し、要求特性に応じた開発コンセプトが必要である。以下では現在のEUVペリクルの特徴と、当社が開発したクローズドペリクルのコンセプトおよび開発状況について述べる。

1.1　現行のEUVペリクル

現在量産化されているEUVペリクルの基本コンセプトは2015年にASMLによって提唱された[1)]。また、EUVペリクルの膜材についてもASML主導で量産化技術開発が推進され[2, 3)]、耐久性・耐熱性・化学的安定性・機械的安定性・クリーン性を備えた量産化システムが構築された。2019年には三井化学がASMLからEUVペリクル事業のライセンス契約を締結し、2021年よりEUVペリクルの商業生産を行っている。この現状のEUVペリクルの特徴を以下に記す（図1a）。

①接着剤を用いることなく、マスク上に設置されたStud（鋲）にペリクルを機械的に固定する機構が採用され、ペリクルを繰り返し脱着させることが可能である。

②マスクとペリクルフレームの間にギャップが設けられており、ペリクル内外の通気路として機能する[2)]。これにより、大気圧から超高真空までの減圧工程における通気性を確保し、膜の膨らみを

0.5mm以下に抑制することが可能となっている。

③EUVペリクル膜については、MEMS加工技術を基礎としたシリコン系の薄膜が用いられており、枠に対し薄膜を積層する構造になっている。

1.2 クローズドペリクル開発コンセプト

ASMLが開発した現状のEUVペリクルとは異なるコンセプトに基づき、我々も独自の構造のペリクルであるクローズドペリクルの開発を行ってきた。クローズドペリクルの主要コンセプトは以下の3点である（図1b）。

①ペリクルとフォトマスクを固定する方法として従来のペリクルと同様に接着剤を用いた固定方式を採用する。これにより従来のペリクルと同類のインフラを活用できる。

②通気部においてフィルターを備えるペリクル構造を採用する。これにより異物の侵入リスクを低減できる。

③EUVペリクル膜として現状のEUVペリクルと同じシリコン系薄膜を搭載可能であり、枠構造やマスクへの固定方式において現行のEUVペリクルとの違いがある。

以下ではクローズドペリクル用接着剤の開発結果と、フィルターを備えた通気枠の開発結果についてそれぞれ詳細に説明する。

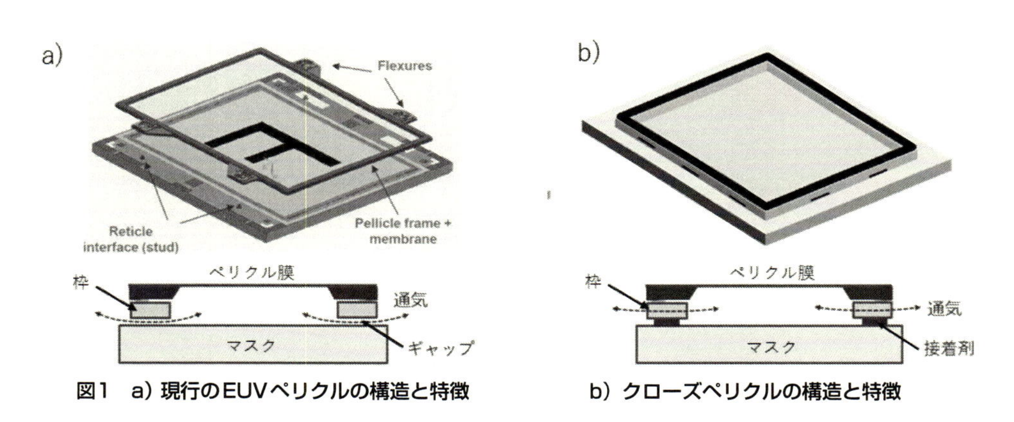

図1　a) 現行のEUVペリクルの構造と特徴　　b) クローズペリクルの構造と特徴

2. クローズドペリクル用低アウトガス接着剤の開発

既存のDUVペリクルにおいては、DUV露光時に雰囲気中のアウトガス成分がマスク表面で反応しマスク表面にヘイズを発生させるという問題がある。アウトガス成分には、ペリクル自体から発生するものだけでなく、接着剤部分に当たる迷光によって発生するものもあることは周知の事実である。

EUV露光では、DUV光に比べてエネルギーが一桁以上高いことに加え、真空中でアウトガスの拡散が促進されるため、接着剤を使用すると接着剤から生じるガスがマスクの汚染源となり、マスク反射率低下などの露光特性不良を引き起こす可能性がある。

EUVマスクにおけるアウトガスの要求値が報告されているが[4)]、ペリクルを使用した場合には、ペリクルとマスクの間の閉空間でアウトガスが滞留するため、マスクよりも厳しいアウトガス管理基準が必要になると考えられる。EUVペリクル用の接着剤の開発するうえで、実使用環境を模した評価実験環境、およびアウトガスおよびコンタミ評価環境をそれぞれ設計・構築することが必要である。

2.1　接着剤開発課題：アウトガスの抑制

EUV露光中のマスク汚染を抑制するため、接着剤から発生する以下の3種類のアウトガス抑制が必要である（図2 a～c）。

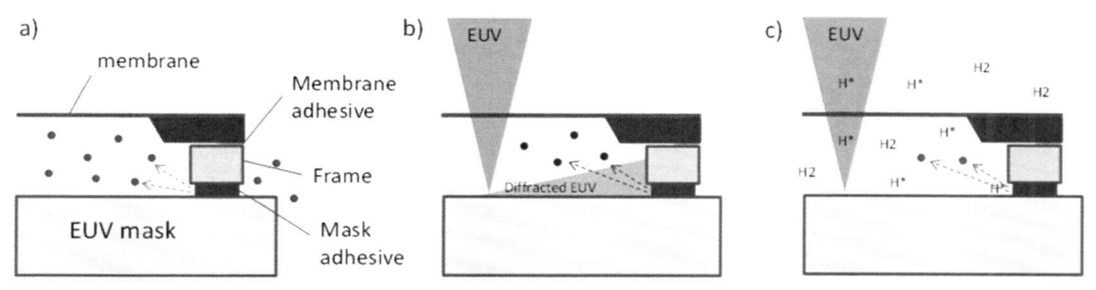

図2　マスク接着剤から発生するアウトガス
a）接着剤そのものから発生するアウトガス
b）EUV 回折光により接着剤が分解することによって発生するアウトガス
c）EUV 誘起水素プラズマによって、接着剤が分解することで発生するアウトガス

1つ目は、図2a）のように、接着剤自身に含まれるオリゴマーやモノマー、添加剤などの揮発性有機化合物に由来するアウトガス種である。

2つ目のアウトガス種は、図2b）に示すように、EUV回折光が接着剤に照射され、接着剤の分子構造が分解することで発生する。真空中でアウトガスがほとんど発生しない低アウトガス接着剤を使用したとしても、高エネルギーのEUV回折光が接着剤に照射されると接着剤の分子が分解し、アウトガスが発生することがある。0次や低次の回折光はマスク表面での回折角が小さいため、ペリクルフレームや接着剤に向かうことはない。しかし高次のEUV回折光はマスク側面に向かうため、条件が揃えばマスク表面に対してほぼ水平方向に沿って回折光が発生し、マスク接着剤やフレームなどのペリクル部材にEUV光が照射される。

具体的には、100nmのL/Sパターンを有するマスク表面に対して、約10°の広がりを持ったEUV光がマスク表面に照射すると、7次回折光の回折角度は約60～90°の範囲におよぶため、ペリクル枠の側面部分に広く回折光が照射されることが予想される。その回折効率は0.0026と見積もられ[5]、回折角度の広がりや、照射エリアなどを考慮すると最大数mW/cm^{2}の照射強度でマスク接着剤にEUV回折光が照射すると見積もられる。接着剤や枠などのペリクル部材にはこのような高次EUV回折光照射に対する耐性が要求される。

さらには、接着剤へのEUV照射ダメージが蓄積し、接着剤の硬化や脆化をもたらす可能性がある。脆化した接着剤が露光中に破片となって飛散し、マスク表面を汚染する可能性があるため、接着剤には高いEUV照射耐性が要求される。

3つ目は、EUV露光中に発生する水素ラジカルの暴露により発生するアウトガス種である（図2c)。EUV露光中、スキャナ内のマスクステージ周辺は数Paの水素ガス雰囲気に維持され、EUV光で励起された水素プラズマ（イオン成分やラジカル成分）が発生している。数Paの水素ガス雰囲気の平均自由工程はmmオーダーであり、EUV露光フィールドの端からペリクルフレームや接着剤までの距離は数mmであるため、EUV照射により発生した水素プラズマが接着剤まで到達し接着剤表面と衝突・反応する。その結果接着剤はダメージを受け、分解生成物由来のアウトガスが発生する可能性がある。このような理由から、接着剤にも水素プラズマ耐性が求められる。

2.2 コーティング接着剤の開発

接着剤由来のアウトガス発生を抑制するための方策として、図3に示すようにマスク接着剤へのコーティングを実施した。

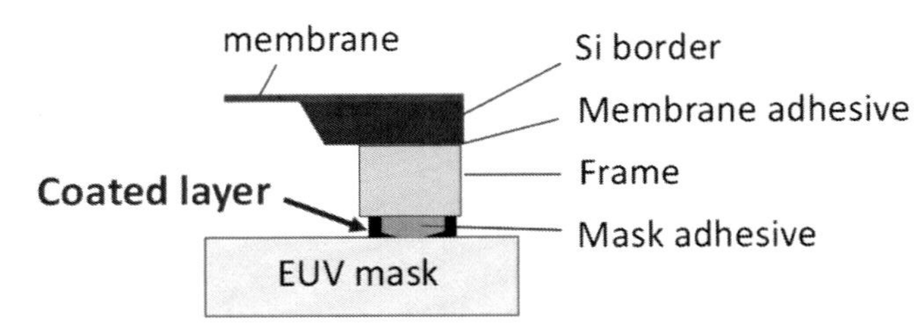

図3　アウトガス発生を抑制するためにマスク粘着剤をコーティングしたクローズペリクルの断面図

コーティング層の主要機能は、以下の3つである。

①ガスバリア機能：接着剤層から拡散・発生するアウトガスを抑制すること。

②EUVの遮蔽機能：接着剤をEUV照射によるダメージから守ること。

③水素プラズマ遮蔽機能：接着剤を水素プラズマ曝露によるダメージから守ること。

コーティング層は、高いEUV照射耐性、EUV吸収特性、および水素ラジカル耐性を有する金属や無機系の材料で構成される。コーティング層の厚みは、EUV透過率が1％以下となるような厚みで成膜され、ペリクルの内部に露出している接着剤の側面部分は上記コーティング層で完全に覆われており、ペリクル内部に向かって接着剤由来のアウトガスが拡散しないような特徴を有する。また、接着剤とマスクが接触する領域においては接着剤をコーティングせず、接着剤の側面領域をコーティングすることによって、マスクとペリクルを接着剤で固定する機能とアウトガス抑制機能を両立している。

2.2.1 アウトガス評価

以下の手順でアウトガス評価用ペリクルを作成した。サンプル A、B、Cはいずれも同様のアルミ製フレーム（サイズ 151×118.5mm、幅4mm、高さ2mm）を用いた。サンプルAとBについては、どちらも同じ種類の接着剤を用い、塗布幅1～3mm、厚みは0.1～0.5mmとした。サンプルAの接着剤について、接着剤とマスクが接触する面の一部をマスキングし、マスク接着剤の側面をコーティングした。

図4に示すように、それぞれのフレームサンプルA、B、Cをステンレス製基板に固定し、ニュースバル放射光施設のBL09cチャンバーのQMSを用いて高真空環境下におけるアウトガス測定を実施した。サンプルAとBは、露出した接着部分の接着力でペリクル枠を基板に固定した。サンプルCは、基板との接着機構を持たないため、上のペリクル枠をガイドで機械的に支えることで、ホルダーに固定した。

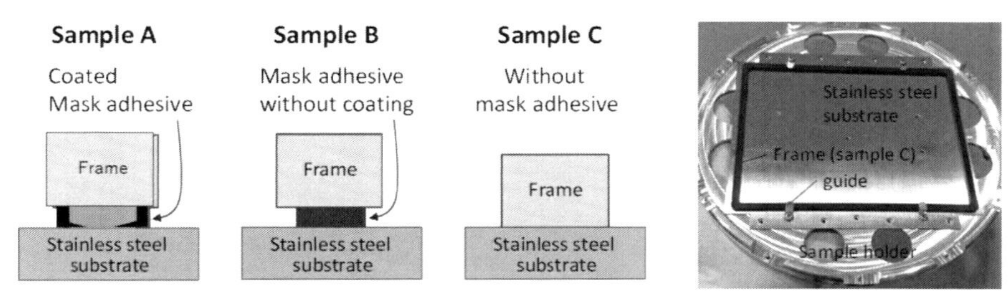

図4　EUV照射なしでのアウトガス評価用サンプルの構造

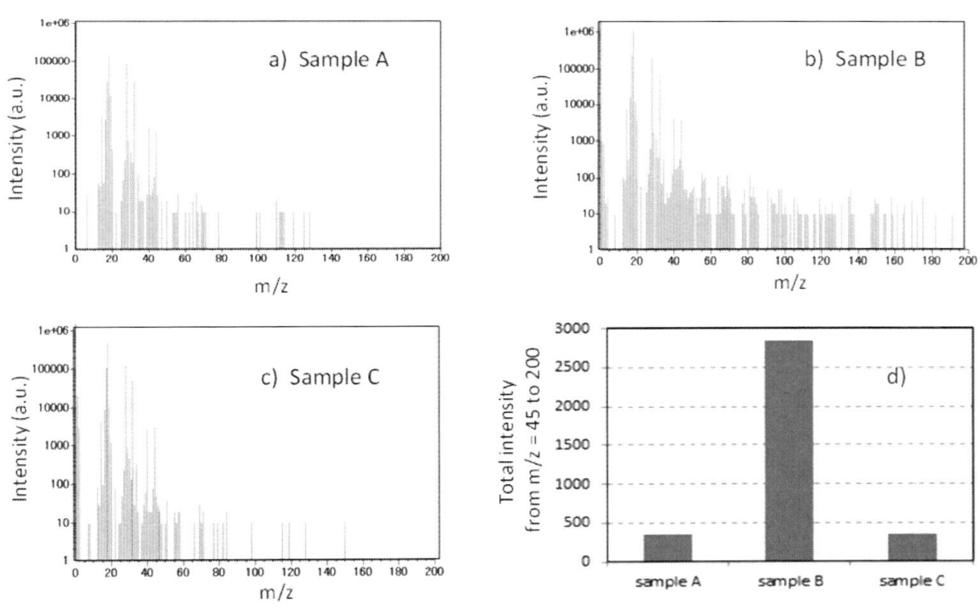

図5　a)、b)、c) サンプルA、B、CのQMSスペクトル。
d) サンプルA、B、Cそれぞれについてm/z=45～200の範囲にあるQMSスペクトルの総強度

図5にQMSスペクトルを示す。サンプルBのQMSスペクトルには、m/zが45以上の質量範囲において約14周期でピークが現れる。これらのピークは汚染源になりうる炭化水素系アウトガスに帰属され、接着剤から発するアウトガスに由来する。一方でサンプルAとCについては、約55～70の領域にピークが見られるが、その強度は10～20程度と低く、チャンバー内部に残留しているバックグラウンドのアウトガスレベルに近いため、サンプルBに比べアウトガス発生量が極めて少ないことが分かる。図5d) に示すように、m/zが45から200の範囲におけるピーク強度の総和はそれぞれ、

サンプルAは360、サンプルBは2845、サンプルCは352であった。基板に貼り付けられたサンプルA（すなわちコーティングした接着剤）は、接着剤を使用していないC並みのアウトガスバリアが実現できていることが分かる。

2.2.2 コンタミ付着特性評価

次に前項で用いたサンプルA～Cを用いてEUV照射実験を行い、ペリクル閉空間内部に滞留するアウトガス由来のコンタミ付着評価を次の手順に従って実施した。サンプルA～Cを固定したステンレス基板上に、マスク表面を模倣したEUV照射ターゲット基板を機械的に固定した（図6a）。EUV照射ターゲット基板は、マグネトロンスパッタリング法で厚さ約 100nmのTaNを製膜したサイズ1.5cm×2cmのSiウェハを用いた。ペリクル枠にダミーの膜としてステンレス製の板を貼り付けた。板には、0.2mm ϕ の貫通孔（vent hole）が形成されており、板の中心近くには、EUV光を透過して、ペリクル内部へ導くための穴があけられている。板の穴の位置に、厚さ約50nmのSiN自立薄膜（EUV透過率約75％）を貼り付けることで穴をふさぎ、ペリクル閉空間を模擬的に構築した（図6b）。SiN膜のサイズは1～1.5cmとした。サンプルをホルダーに固定した。ニュースバルBL09cのビームラインを用いて、ペリクル閉空間内部にあるTaNターゲット基板に向かって、照射強度約 60mW/cm^2で約135分間、EUVを連続照射した。照射面積は約4mm×2mm、露光チャンバーの真空度は 2×10^{-6}～1×10^{-5}Paの範囲であった。ダミー膜上に配置した蛍光板でEUVの照射位置を確認した後、ステージを動かしてターゲット基板表面にEUV照射が配置されるようにして、EUV照射位置を調整した。

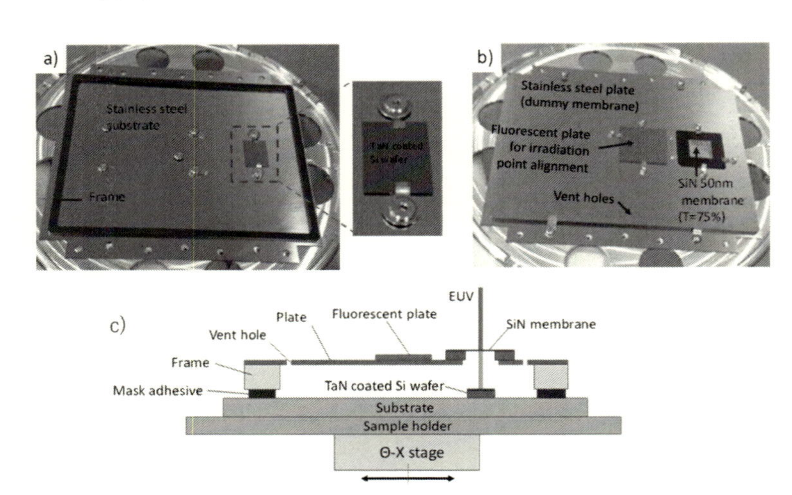

図6　a）ステンレス基板に固定された枠とターゲット基板（TaN基板）の外観図
b）a）のペリクル枠にダミー膜を固定し、膜の上に蛍光板と、EUV透過窓となるSiN膜を固定することで作成した、ペリクルサンプル
c）ペリクル閉空間内部におけるコンタミ付着特性評価実験概略図

EUV照射後のターゲット基板の写真を図7に示す。図中の矢印はEUV照射部を指しており、サンプルA、Cについてはいずれも EUV照射部に変色は見られなかったが、サンプルBについては照射部に明らかな着色がありコンタミ付着が目視でも確認された。EUV照射後のそれぞれのターゲット基板

について、EUV照射領域の断面TEM観察およびXPS測定を行い、コンタミ層の厚み測定とコンタミ層の元素分析を行った結果を表1に示す。

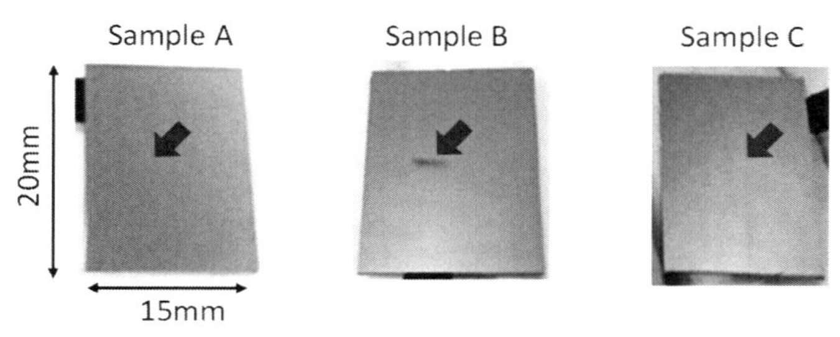

図7　EUV135分照射後のTaNコートSiウエハ基板の写真

表1　EUVを135分連続照射した後のTaN製膜基板表面における
コンタミの厚みとカーボン量の関係

	Contamination thickness (TEM) [nm]	Carbon content (XPS) [%]
Sample A	2.9 ± 0.9	65.0 ± 5.2
Sample B	17.5 ± 3.5	90.5 ± 0.6
Sample C	2.7 ± 1.1	62.1 ± 9.1

サンプルB（コーティングしていない接着剤）では、コンタミの付着厚みは17.5±3.5nmであり、XPSでは90.5±0.6％と炭素に厚く覆われている様子が確認された。これは、接着剤表面から発生した炭化水素系のアウトガスが、TaN表面に炭素のコンタミとなって厚く付着したことを表している。一方でサンプルA、Cについてはコンタミ層の厚みとXPSにおける炭素の割合は、いずれも誤差範囲で概ね一致する値を示した。サンプルA（コーティング接着剤）のコンタミ厚みが有機系の成分を含まないサンプルCと同じであることから、接着剤由来のアウトガス発生がコーティグ層によりほぼ抑制されていると考えられる。コーティングされたマスク接着剤を用いることで、ペリクル内部で接着剤由来のアウトガス滞留とコンタミ付着は生じないと結論付けられる。

2.2.3　コーティング接着剤のEUV照射耐性

以下3種類のサンプルについて直接EUV光を照射し、接着剤やコーティング層へのダメージ評価を行った。

サンプルD：シリコンウェハ上に接着剤を厚さ約100umで塗布後、コーティングしたもの。

サンプルE：シリコンウェハ上に接着剤を厚さ約100umで塗布後、コーティング無し。

サンプルF：シリコンウェハ

それぞれのサンプルを2cm×1.5cmのサイズにカットし、ニュースバルBL09cを用いて、照射強度 約250mW/cm^{2}でそれぞれのサンプル表面に対して15分間連続照射した。EUV照射エリアは約4×2mmであった。

図8に、EUV照射中のチャンバーの圧力と時間の関係を示す。サンプルEにおいては、EUV照射直後に著しい圧力上昇が見られた。この圧力上昇はEUV照射によって接着剤が分解し、分解物によるアウトガス発生を意味している。一方、サンプルDとFについてはEUV照射による圧力上昇はほとんど見られず類似した挙動を示した。この結果は、コーティングした接着剤ではEUVを照射しても分解物由来のアウトガスが生じないことを意味している。なお、サンプルDおよびFについて、EUVをONにしたときのわずかな圧力上昇は、シャッターをOPENにし、EUVをチャンバー内部に誘導することで発生する、装置由来のベースライン増分の寄与である。

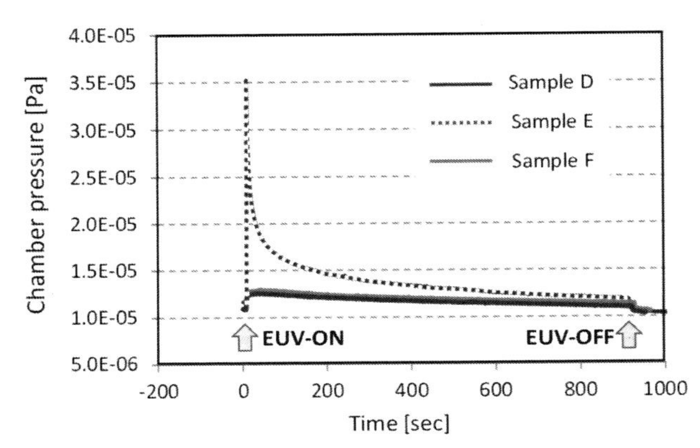

図8　各サンプルのチャンバー内圧力とEUV照射時間の関係

EUV照射後のサンプルの外観写真を図9に示す。サンプルEではEUV照射部に着色やクラック、変形がみられたのに対し、サンプルDとFは、EUV照射部に変化はほとんど見られなかった。これらの結果は、コーティングした接着層が高強度のEUV照射に対して十分な耐性を有しており、EUV量産において高次回折光や水素プラズマに曝露されてもダメージをほとんど受けないことが十分に期待できる。

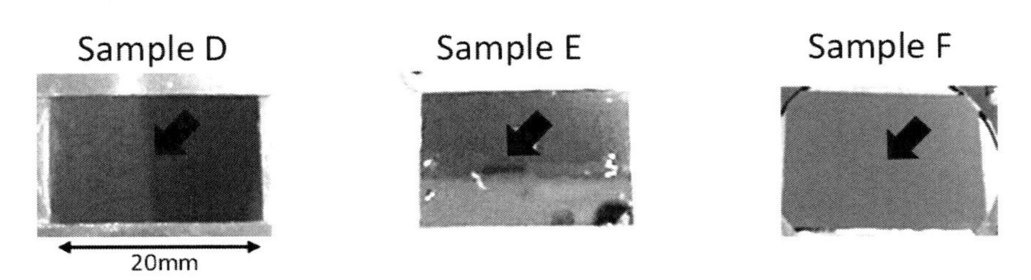

図9　EUV15分照射後のサンプルD, E, Fの写真

3.　通気枠の設計

次に、クローズドペリクルにおける通気枠の開発について説明する。現状のシリコンベースのEUVペリクル膜を適用しクローズドペリクルを構築するためには、枠に通気孔を設けてフィルター配置する必要がある。しかしながら、EUVペリクルに許容される寸法や配置には制約があり[6)]、ペリクル枠

に許される寸法は、幅約4mm高さ約1.8mmである。粘着剤を用いてペリクル膜／枠やペリクル／マスクを固定し閉空間を構成する場合、枠の高さは更に低くなるため、枠の側壁にフィルターを配置する設計では、十分なフィルター面積の確保が困難である。

そこで我々は、ペリクル膜のSiボーダー部分に通気口を形成し、Siボーダー上にフィルターを配置することでクローズドペリクルを作成する手法をこれまでに提案してきた[7]。ところがこの場合はペリクル膜側に通気口を形成するための特別な加工が必要となるため、現状とは異なる複雑な膜加工プロセスが必要となってしまう。

次に我々は、薄板材を積層化することにより流路を形成する手法を適用し、枠内部に通気孔とフィルター配置空間を有する通気枠の作成を試みた。図10は通気枠およびペリクルの断面と、通気枠の作製方法を示す概念図である。切り欠きや開口を有する薄板を積層しクランク状の通気孔を形成するとともに、通気孔の端部にフィルターを配置する空間を確保した。枠の幅方向にフィルターを配置できるため、枠の側壁にフィルターを配置する設計に比べ大きなフィルター面積を確保することが可能である。

通気枠の上下部にそれぞれ粘着剤を配置することで、既存のペリクル膜を簡単に貼り付けることができ、従来と同様にマスクにペリクルを貼り付けることも可能となる。

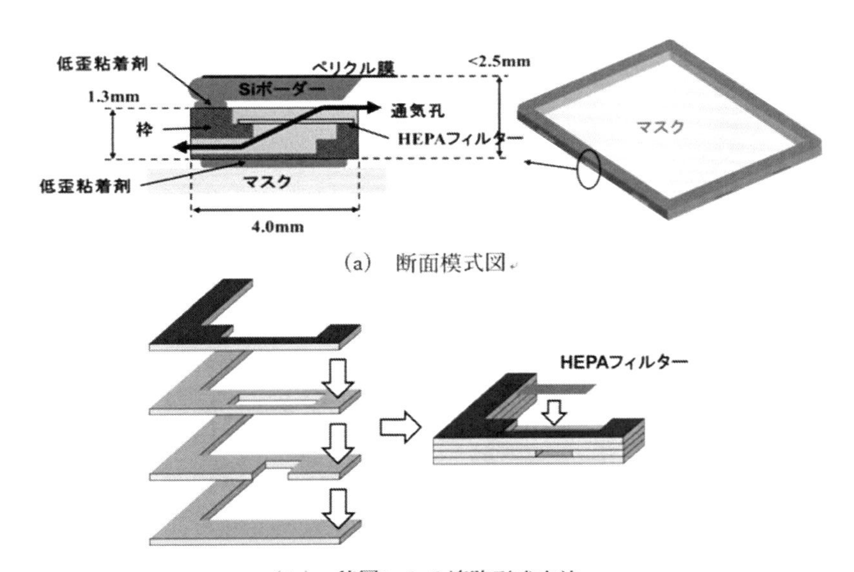

(a)　断面模式図

(b)　積層による流路形成方法

図10　通気枠の断面模式図と積層による流路形成

3.1　通気枠の試作

試作した通気性フレームの写真を図11に示す。薄板材には厚さの種類が多いステンレス材を用い、薄板の積層には熱拡散接合法を適用した。枠には10か所の通気経路があり、枠の表面／内側にHEPAフィルター（2mm×30mm）の配置スペースを備え、換気孔の出口は枠の外壁側に配置されている。

(a)通気性フレームの全体図

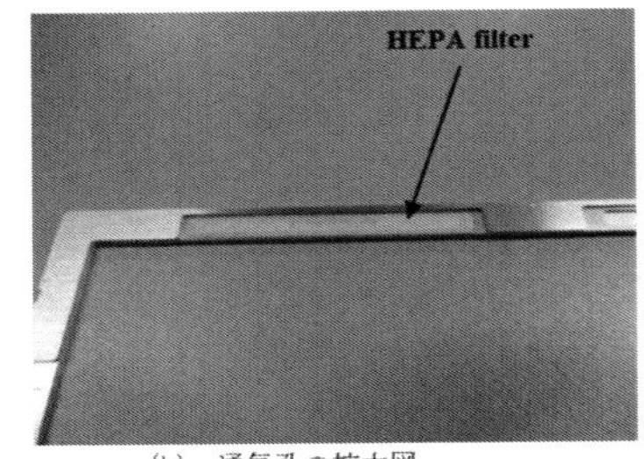

(b) 通気孔の拡大図

図11 通気性フレームの写真

3.2 通気性評価

試作した通気枠に対し、ペリクル膜及びマスクと接着させるために、前述したコーティング粘着剤を通気枠両面に対して加工した。次に、粘着剤を加工した通気枠のペリクル膜面側にポリマー膜を張り付けることで通気性評価用のクローズドペリクルを作成し、粘着剤を介して6025基板へ固定して、下記手順に従い粘性流と中間流領域における通気性評価を行った。真空チャンバーにクローズドペリクルを挿入し、1Pa以下まで排気した後、N_2ガスをチャンバーに導入した。その際、クローズドペリクル内外の差圧により生じたポリマー膜の変位をレーザー変位計で測定した。サンプル構成と実験装置の概念図を図12に示す。また、計算に用いたペリクル膜寸法とポリマー膜とp-Si膜の物性値を表2-2に示す。

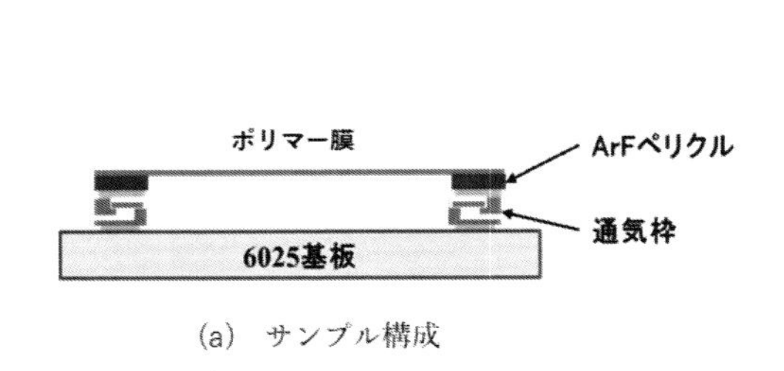

(a) サンプル構成

レーザー変位計
観察窓
真空チャンバー
圧力計
6025基板
排気/ベント

(b) 装置の概念図

図12 通気性評価のサンプル構成と装置の概念図

表2-1 ペリクル膜のサイズ

ペリクル膜(自立部)の寸法 [mm]	X	111	Y	145

表2-2 ペリクル膜の物性値

ペリクル膜	膜厚 [nm]	ヤング率 [GPa]	膜応力 [MPa]	ポアソン比 [-]
ポリマー膜	280	1.5	6	0.42
p-Si	50	180	160	0.3

差圧$\varDelta P$と膜変位dの関係は式（1）で示される[8)]。ここで、tは膜厚、σは膜応力、aは膜短辺の1/2の長さ、Eは膜のヤング率、νは膜のポアソン比である。またC_1とC_2は、膜の形状因子で、それぞれ、2.00、1.03である。

$$\Delta P = C_1 \frac{td\sigma}{a^2} + C_2 \frac{Etd^3}{(1-\nu)a^4} \qquad (1)$$

これより、p-Siペリクル膜の0.5mmの膜変位と等価なポリマー膜の変位量は2.34mmとなる。測定結果の一例として、フィルター面積480mm^{2}を有するクローズドペリクルにおける様々なチャンバー圧力範囲でのポリマー膜の変位量とベント速度の関係を図13a)に示す。チャンバー圧力が高くなるに従いベント速度と変位の曲線の傾きは小さくなる。この結果は、同じ膜変位を維持しながらベントを行う際、チャンバー圧力が高くなる程、早いガス導入速度でベント可能であることを意味している。膜変位を2.34mmに維持しながらベントする際のガス導入速度は、それぞれ、140Pa/sec @ 1～1kPa、376Pa/sec@1k～10kPa、430Pa/sec@10k～20kPa、667Pa/sec@20k～30kPa、689Pa/sec@30k～50kPa、1075Pa/sec@50k～101kPaと見積もられ、1Paから101kPaのベントに必要な計算上の時間は145secである。

図13 b)はフィルター面積と1Paから101kPaのベントに必要な計算時間の関係を示している。作製した通気枠は600mm^{2}のフィルター面積を有しており、計算上のベント時間は131secと見積もられる。ポリマー膜の2.34mmの膜変位は、p-Si膜の0.5mmの膜変位と等価なので、通気枠とp-Siを組み合わせたクローズドペリクルに関してもベント時間は131secであると予想される。ペリクル枠に許容される寸法より、我々のコンセプトにおけるフィルターの最大面積は約800mm^{2}と想定される。従って、1Paから101Paのベント時間は、110sec程度まで低減することが可能と見積もられる。

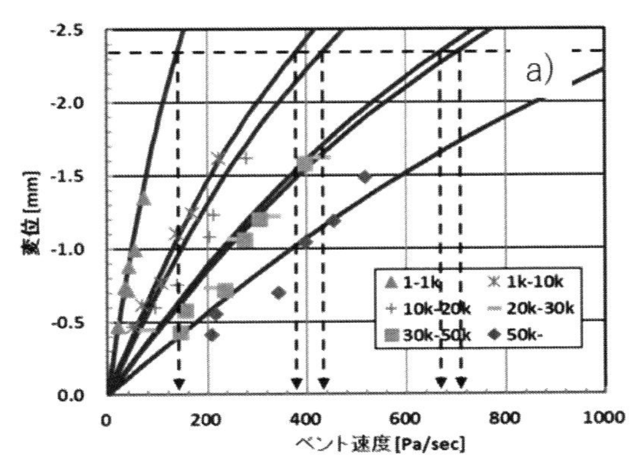

図13　a) 様々なチャンバー圧力範囲でのポリマー膜の変位量とベント速度の関係（フィルター面積480mm^2）

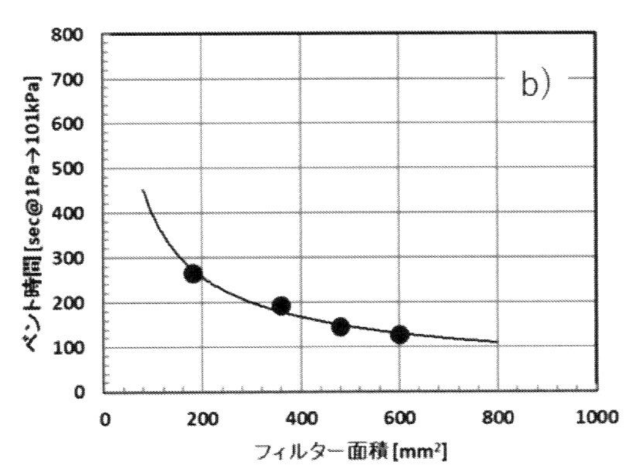

図13　b) フィルター面積と1Paから101kPaのベントに必要な計算上時間の関係

おわりに

本節では、クローズドペリクルの実現化に向けたアウトガスおよびマスク汚染抑制のためのコーティング接着剤開発と、通気性および清浄性を両立するためのフィルター内蔵型通気枠の開発状況について報告した。これらの接着剤と通気枠に加え、既存のペリクル膜を組み合わせることによってクローズドペリクルの実現化が可能となる。

参考文献

1) C. Zoldesi, SPIE advanced lithography (2015)

2) D. Brouns, Proc. of SPIE, 9776, 97761Y (2016)

3) P. J. van Zwol, Proc. of SPIE, 10451, 104510O (2017)

4) S. Singh, IEUVI Mask TWG (2013)

5) H.W. Schnopper, Applied Optics, 16, 1088 (1977)

6) D. Brouns, IEUVI Mask Pellicle TWG (2016)

7) Y. Ono, Proc. of SPIE, 9985, 99850B (2016)

8) S. Maruthoor, S, Journal of Microelectromechanical Systems, 22, 140-146 (2013)

第 6 章

EUVリソグラフィ技術のまとめ、並びにBeyond EUVLの展望

～目指すべき半導体業界の将来像～

第6章　EUVリソグラフィ技術のまとめ、並びにBeyond EUVLの展望
～目指すべき半導体業界の将来像～

兵庫県立大学　渡邊　健夫

1.　EUVリソグラフィ技術のまとめ

EUVリソグラフィ技術は2019年より7 nm＋世代のロジックデバイスの量産技術に適用が開始されて以来、今後の先端・次世代半導体の量産技術として必須の技術となっている。IRDS半導体ロードマップによると2037年の0.5 nm世代のロジックデバイスまで利用されることになっている[1)]。

この状況の中で、表1のIRDS国際ロードマップに示すとおり、EUV High NA＝0.55の量産展開が予定されている[2)]。EUV High NA=0.55で使用される露光光学系はマスクへの入射角が従来の6度に対して10度になるとともに、図1に示すように、入射光と反射光のコーンの拡がりが重ならないように紙面の左右方向の倍率を8倍にし、締めの奥行方向の倍率を従来の4倍とするアナモフィックな露光光学系が採用される。また、High NAでは図2に示すようにウエハ上の焦点深度が小さくなる。例えばNA＝0.55では従来の約1/3の焦点深度である45 nmに、またNA＝0.75では24 nm程度に、さらにNA＝0.85では20 nm以下になるため、レジストの膜厚は従来に比べるとより薄膜である20 nm程度に薄くする必要がある。このため、LWR低減がより困難になるという課題がある。また、マスクの吸収体では、シャドウ効果によりhigh *k*吸収体材料が要求される。一方で、位相シフトマスクへの適用を考慮するとlow *k*吸収体材料が要求されており、吸収体材料開発の条件が相反関係にある。したがって、これらの材料選定にあたってはドライエッチング技術との整合性を考慮する必要がある。

今後のEUVリソグラフィ技術開発の課題解決に向けてさらなる基盤技術開発が必要である。この意味でも、本書がEUVリソグラフィ技術関連の研究者・技術者・学生にとって、有益な教科書であることを期待している。

表1　今後の各種リソグラフィについてのポテンシャルソリューション

	2022	2025	2028	2031	2034	2037
Logic node	3 nm	2.1 nm	1.5 nm	1.0 nm	0.7 nm	0.5 nm
Node	G48M24	G45M20	G42M16	G40M16T2	G38M16T4	G38M16T6
Minimum ½-pitch	12 nm	10	8 nm	8 nm	8 nm	8 nm
Primary options for logic	EUV 0.33.NA multiple patterning	EUV 0.33.NA multiple patterning EUV 0.55.NA single patterning	EUV 0.55.NA single patterning EUV 0.55.NA multiple patterning	EUV 0.55.NA single patterning EUV 0.55.NA multiple patterning Beyond EUVL (λ=6.X nm)	EUV 0.55.NA single patterning EUV 0.55.NA multiple patterning Beyond EUVL (λ=6.X nm)	EUV 0.55.NA single patterning EUV 0.55.NA multiple patterning Beyond EUVL (λ=6.X nm)
Potential solutions for cost reduction, LER reduction		Optical + DSA EUV + DSA	Optical + DSA EUV + DSA	Optical + DSA EUV + DSA	Optical + DSA EUV + DSA	Optical + DSA EUV + DSA

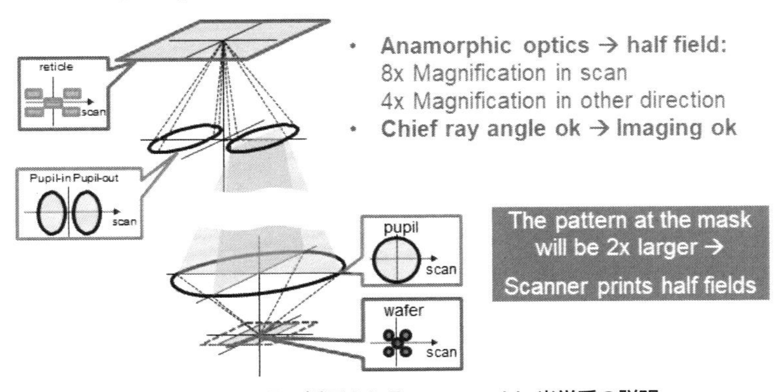

図1　NA=0.55で採用されるanamorphic光学系の説明

2 nm世代以降のパタン形成用のEUV露光工学系の高NAについて

$$Resolution = k_1 \frac{\lambda}{NA}$$

短波長および高NAにより微細加工を実現

$$DOF = k_2 \frac{\lambda}{(NA)^2}$$

$NA = 0.33, DOF = 124$ nm（$k_2 = 1.0$）
$NA = 0.55, DOF = 45$ nm（$k_2 = 1.0$）
$NA = 0.75, DOF = 24$ nm（$k_2 = 1.0$）
$NA = 0.85, DOF = 19$ nm（$k_2 = 1.0$）

高NAの焦点深度（DOF）は従来の約１/3であるため、レジスト膜厚の薄膜化が必要

薄膜化でLWRが増大

図2　ウエハ上の焦点深度の開口数依存性

2.　Beyond EUVLの展望

上述したとおり、EUV High NAでは多くの技術課題を抱えている。

これまでの半導体技術開発の歴史の中で、半導体微細加工技術はリソグラフィ技術を中心に短波長の採用と露光光学系の高開口数の実現により進展してきた。このため、EUV High NAの開発と並行して、EUVの短波長化によるBeyond EUVリソグラフィ[3)]技術開発の可能性について検討をする必要がある。この技術では露光波長6.7 nmを想定しており、これは従来の露光波長13.5 nmに約半分の波長に相当する。EUVリソグラフィの実用化に約35年掛かったが、IRDS半導体ロードマップで示されているとおり、早くて2031年に導入することを想定し、兵庫県立大学では2018年からBeyond EUVリソグラフィの基盤技術開発を進めている。図3に各種材料について波長6.7 nmの屈折率nと消衰係数kを示す。多層膜材料として2つの材料の屈折率差が大きくて、消衰係数が小さい材料を選定する必要がある。そこで、候補となっているのが、La系の材料である。LaB_4Cの多層膜の反射率スペクトルの測定結果を図4に示す。これらの反射率スペクトルはそれぞれ米国ローレンスバークレー国立研究所のCXRO（Center for X-ray Optics）および兵庫県立大学高度産業科学技術研究所のニュースバルで測定した反射率スペクトルを示している。ここで、両者の測定で入射角がそれぞれ10度と6度で異なっているが、これを考慮すると両者の反射率はほぼ一致している。現在は中心反射率が50％足らずではあるが、今後は反射率の向上が期待できる。図5(a)と(b)はそれぞれ、露光波長が13.5 nmと6.7 nmの多層膜の反射率スペクトルの理論値を示す。両者の中心反射率を比較すると6.7 nmの方が75％を超える反射率を有していることが分かる。一方で、半値幅は6.7 nmでは13.5 nmのそれと比べると約1/4程度になっており、BEUV光源で高パワー光源が要求される。このため、従来のレーザープラズマX線源に代わる光源の開発が必要であり、有力候補としては自由電子レーザーが期待されている。

次に図6に質量数60までの元素の波長6.7 nmの原子吸光断面積を示す。BEUVレジストの材料として有効な材料はシリコン系レジスト材料等の無機材料を含む材料である。これは金属材料レジストがEUVLで使用可能となれば、BEUVLでもこれらのレジストを用いることでBEUVLへの展開が可能となると期待できる。

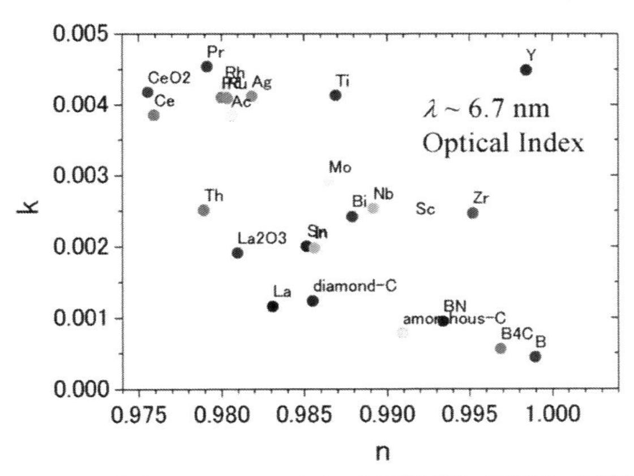

図3　露光波長6.7 nmにおける多層膜材料の屈折率nと消衰係数k

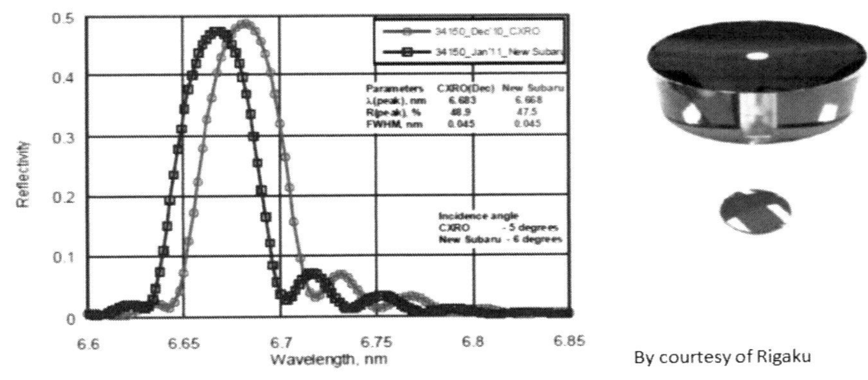

図4　LaB_4Cの多層膜の反射率スペクトルの測定結果

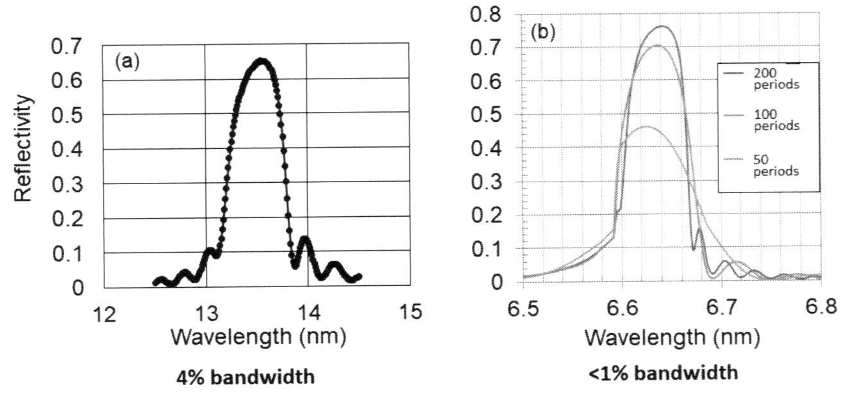

図5　露光波長が13.5 nmと6.7 nmの多層膜の反射率の理論値スペクトル

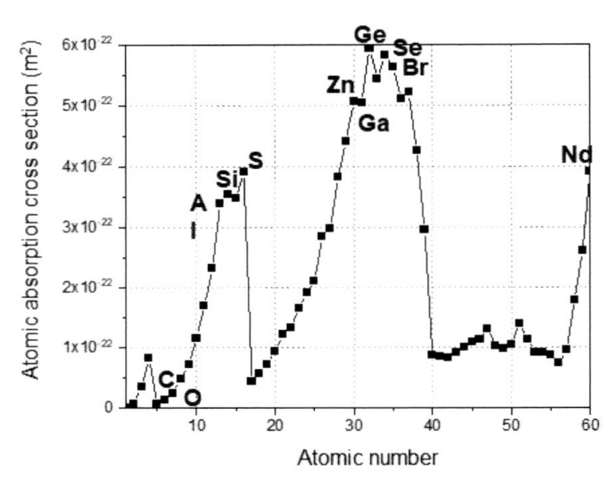

図6　質量数60までの元素の波長6.7 nmの原子吸光断面積

3.　日本の半導体技術復活に向けて

幕末の頃に振り返るが、このころは尊王攘夷派と幕府派の激しい争いが展開されていた。一方で、ペリーをはじめ、諸外国の来訪者により、国家の存亡に係る出来事が多くあった。その中で、武器商人として外国人と日本人の密約交渉の中で、国内の内乱に付け込んで、日本を植民地化する計画があったことは言うまでもない。

現在は世界グローバルの中で、日本経済の発展を進める必要があるが、ウクライナ問題の中で、諸外国は自国の経済発展を目指した政策に変えつつある。本来は諸外国と協力し合って、全体の経済発展にのぞむことが必要であるが、中々そのように考えていない国がある。

このような状況の中で、半導体は国家安全保障や経済安全保障上非常に重要となっていることは言うまでもなく、日本として経済発展を遂げるためにはやはり半導体市場規模は72兆円に達しており、2030年には100兆円規模になると予想されている。この中で、日本の半導体市場は全世界の僅か10％程度しかない。1980年代後半は50％以上の世界シェアがあったにもかかわらずである。今後の日本半導体復活に向けて考えてみたい。結論を先に述べるが、①国内で先端半導体量産技術の立ち上げとこれらの生産を目指し、②国内の半導体需要を高め、半導体利用分野も含め業界全体で中長期的に利益が出せるシナリオのもとで産業化に復興を目指す。すなわち、中長期的にマーケットを構築して、先端半導体の量産を目指すことである。

参考文献

1）世界半導体市場統計（WSTS）(jeita.or.jp)

2）https://irds.ieee.org/editions/2022

3）Takuto Fujii, Shinji Yamakawa, Tetsuo Harada, and Takeo Watanabe, "Beyond EUV measurement at NewSUBARU synchrotron light facility," *Proc. SPIE,* **11908**, Photomask Japan 2021: XXVII Symposium on Photomask and Next-Generation Lithography Mask Technology, 119080T.

EUV リソグラフィ技術

～レジスト材料・光源・露光装置技術・各種構成の変遷と現状～

発行　令和 5 年　5 月 22 日発行　第 1 版　第 1 刷

定　価　　44,000 円（本体 40,000 円 + 税 10%）
監　修　　渡邊健夫（兵庫県立大学）
発行人・企画　陶山正夫
編集・制作　青木良憲、牛田孝平、金本恵子、渡邊寿美
発　行　所　株式会社 AndTech
〒 214-0014
神奈川県川崎市多摩区登戸 1936-104
ＴＥＬ：044-455-5720
ＦＡＸ：044-455-5721
Email：info@andtech.co.jp
ＵＲＬ：https://andtech.co.jp/

印刷・製本　倉敷印刷株式会社